영양학·조리학 전공자를 위한

식품학

임희수·문성원 공저

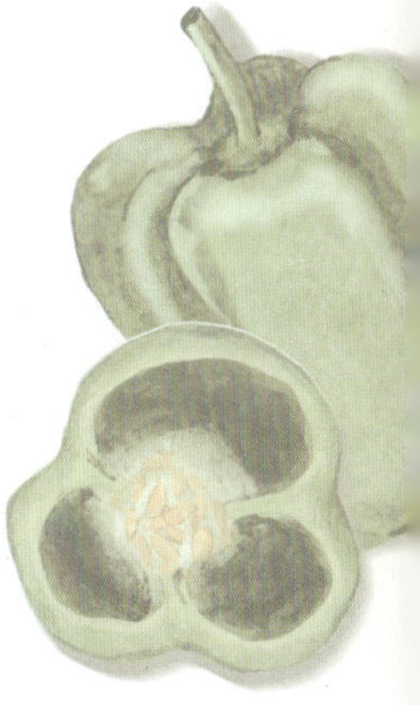

FOOD
SCIENCE

개정판을 내면서

사람은 식품을 통해 영양분을 섭취하므로 좋은 식품을 선택하는 것은 생명과 건강을 유지하기 위해 매우 중요한 일이다. 더욱이 최근 들어 경제 수준이 높아지고 사람들의 의식구조도 변화하면서 식생활에서도 큰 변화가 나타나고 있다. 바람직한 식생활을 영위하기 위해서는 식품을 올바르게 이해하고 미래의 발전적인 식품을 개발하는 등 식품에 대한 전반적인 전문지식이 뒷받침되어야 한다.

본서는 식품학의 내용을 보다 체계적으로 이해할 수 있도록 중요 부분은 표로 만들어 요약하였으며, 영양학과 조리학 전공자뿐만 아니라 식품학에 관심이 많은 일반인들에게도 도움을 주기 위하여 쉽고 간결하게 기술하고자 노력하였다. 또한 일상생활에서 접할 수 있는 식품 사진과 함께 여러 가지 성질 등을 자세하게 설명하여 실제 식생활에도 잘 활용할 수 있도록 하였으며 최근 식품 정보 및 식품 수급 현황과 농촌진흥청 2011년도 8차 개정을 토대로 한 식품 성분 분석표를 수록하여 식품전반에 대한 이해도를 높였다.

집필을 마치고 나니 여러 가지 미흡한 점이 눈에 띈다. 이러한 사항들은 앞으로 계속해서 수정하고 보완하고자 한다.

끝으로 이 책의 출간을 위해 힘써주신 도서출판 효일 김홍용 사장님과 편집부 직원 여러분께 진심으로 감사드린다.

2017년 2월
저자 씀

영양학·조리학 전공자를 위한

식품학

FOOD
SCIENCE

CONTENT

FOOD SCIENCE

제1장

총론

1. 식품이란
2. 식품의 기본요소

1. 식품이란

식품(food material)은 사람에게 필요한 영양소를 한 가지 이상 함유하는 유해하지 않은 천연식품, 반조리식품 및 조리식품, 가공식품의 총칭이다. 우리나라 식품위생법에서는 "식품이란 모든 음식물을 말한다." 고 정의하고 있으며 FAO/WHO에서는 "인간이 섭취할 수 있도록 완전가공 또는 일부 가공한 것 또는 가공하지 않아도 먹을 수 있는 것." 으로 규정하고 있다.

사람이 매일 섭취하는 식품은 동물과 식물은 물론 미생물까지 이용하게 되었으며, 현대에는 과학기술의 혁신으로 분자생물학적 방법으로부터 새로운 가공·저장기술도 개발되어 새로운 식품재료나 가공식품이 끊임없이 창조되고 있다.

2. 식품의 기본요소

건강한 일상생활을 영위하기 위해서는 양질의 식품을 섭취해야 한다. 식품으로서 갖추어야 하는 기본적인 요소는 다음과 같다.

(1) 영양성

식품을 먹는 주된 목적은 신체의 성장·유지 및 조직의 대사 등에 필요한 성분과 에너지원을 보충하는 일이기 때문에 영양소가 잘 조화되고 소화·흡수도 좋아야 한다.

식품에 함유된 주된 영양소에 따라 식품군을 구분하면 곡류 및 서류(탄수화물 공급), 육·어·난류 및 두류(단백질 공급), 채소 및 과일류(무기질, 비타민 공급), 우유 및 유제품류(칼슘 공급), 유지류(지질 공급) 등이며, 한국인 영양권장량에서는 매일 각 식품을 일정량 이상 섭취하도록 권장하고 있다.

(2) 안정성

식품은 생명을 지키고 건강을 유지하기 위한 것이기 때문에 안심하고 먹을 수 있어야 한다. 식품첨가물의 안정성, 저장 중의 성분변화에 의한 유해성, 미생물에 의한 독성의 생성, 식품 재료 속의 독소 등이 모두 고려되어야 한다.

(3) 기호성

식품은 영양소가 충분히 함유되어 있고 안전해도 색, 냄새, 질감 등 기호성이 나쁘면 식욕이 감퇴한다. 식품은 기호성이 좋을 때 우선적으로 선택되며, 섭취했을 때 식욕 증진뿐만 아니라 소화액의 분비를 촉진시켜 영양소의 흡수율도 높일 수 있다.

(4) 경제성

식품을 구입할 때 경제성을 고려하지 않을 수 없다. 식품의 값은 생산량, 수급관계, 자급률, 외관, 맛 등에 의해 좌우되므로 식품 유통정보를 잘 활용하여 품질 좋은 식품을 값싸게 사는 것이 중요하다.

FOOD SCIENCE

제2장

식품 속의 수분

1. 식품 속 수분의 함량과 역할
2. 자유수와 결합수
3. 수분활성도
4. 등온흡습곡선·등온탈습곡선

1. 식품 속 수분의 함량과 역할

수분은 모든 생명체와 식품의 구성요소이며 중요한 기능을 가지고 있다. 식품 내의 수분은 식품의 신선도, 보존성, 유동성, 맛 등에 큰 영향을 미친다. 특히 식품 중에 존재하는 수분의 형태는 보존성과 관련하여 매우 중요한 역할을 한다.

곡류, 콩류 등은 수분이 20% 미만으로 비교적 적은 양을 함유하고 있지만 일반 식품은 50~90%에 이르는 수분을 함유하고 있어 양적으로는 식품 중에 가장 많이 들어 있다.

식품 속에서 수분의 역할은 첫째, 물질을 용해하거나 콜로이드 상태로 만들어 물질의 이동과 화학 반응을 진행시키며 둘째, 세포의 팽압을 일정하게 해줌으로써 세포의 모양을 정상 상태로 유지해주고 셋째, 신선한 식품에서는 그 식품의 생리 작용에 관여하여 변질을 일으키고 품질을 떨어뜨리기도 하며 넷째, 미생물의 성장에 이용되어 식품의 저장성을 저하하기도 한다.

표 2-1 식품의 수분 함량 (단위 : %)

곡 류	10~11	육 류	60~76
콩 류	11~15	알 류	74~75
감자류	65~82	유 류	82~88
채소류	90~95	어 류	64~82
과일류	82~90	조개류	74~85

2. 자유수와 결합수

식품 중에 들어 있는 물은 보통의 물과 같은 형태의 자유수(free water)와 식품의 조직성분과 단단히 결합하고 있는 결합수(bound water)로 나눈다.

(1) 자유수

자유수란 식품 속에서 유리 상태로 존재하는 수분으로 일반적인 물의 성질을 가지고 있다. 즉 수용성 물질을 녹이는 용매로서 작용하며, 상압(760mmHg) 0℃

에서 얼고, 100℃에서 증발하여 수증기가 된다. 식품을 건조시키면 쉽게 증발되며, 미생물이 이용할 수 있는 수분이다.

(2) 결합수

식품의 구성성분인 단백질, 탄수화물 등과 주로 수소 결합을 통해 강하게 결합되어 있거나 이와 같은 성분에 흡착되어 있는 물이다. 결합력 즉, 속박력이 대단히 강하여 보통의 물 즉, 자유수처럼 0℃에서 얼지 않으며, 100℃에서 끓지도 않는다. 또한 압착하여도 쉽게 스며 나오지 않으며, 당류나 염류에 대한 용매로서의 작용도 없다.

한 식품에서 자유수와 결합수는 각각 독립하여 존재하는 것이 아니고 서로 가역적으로 이동하고 있으며 그 평행은 온도, 용질의 종류, 양 등에 의한다. 즉, 한 식품 속의 자유수라도 어떤 온도에서의 평행을 위해 결합수가 되기도 하고 반대로 결합수도 자유수가 될 수 있다. 0℃ 이하일 경우 자유수가 얼음이 되어 함량이 감소되면 일부 결합수는 자유수로 되어 평행을 유지하고자 한다. [표 2-2]는 자유수와 결합수의 성질을 비교한 것이다.

표 2-2 자유수와 결합수의 성질

성질	자유수	결합수
용매	용질에 대해 용매로 작용	용질에 대해용매로 작용하지 않음
건조	건조로 쉽게 제거	압력을 가해도 제거되지 않음
동결	0℃ 이하에서 동결	0℃ 이하에서도 동결되지 않음
미생물 증식	미생물 생육 번식 가능	미생물 생육번식에 이용되지 않음
결합상태	동적인 물로서 자유 상태	식품 성분들과 강하게 수소결합

3. 수분활성도

식품 중의 수분은 온도, 습도 등에 의하여 증발 또는 흡습을 한다. 즉, 대기가 건조하여 습도가 낮으면 식품 속의 수분이 증발하여 건조해지므로 수분 함량이 적어지며, 반대로 식품 주변의 대기습도가 높으면 식품이 주변의 수분을 흡수하게 된다. 이와 같이 식품의 수분 함량은 대기 중의 상대습도에 영향을 받기 때문에 평형을 이룰 때까지 흡습하든지 건조한다.

따라서 식품의 저장성이나 반응성을 나타내고자 할 경우, 수분의 함량은 퍼센트(%) 함량보다 대기의 수분 함량을 고려하고 미생물이 이용 가능한 상태의 수분 함량을 나타낼 수 있는 수분활성도(water activity, Aw)를 사용하는 것이 적합하다.

수분활성도는 어떤 임의의 온도에서 그 식품이 나타내는 수증기압 P에 대한 그 온도에 있어서의 순수한 물의 최대 수증기압 P^o의 비율로 정의된다.

$$Aw = \frac{P}{P^o}$$

한편, 한 식품의 수증기압은 그 식품에 녹아있는 용질의 종류와 양에 영향을 받으므로 용매 즉, 물의 몰수를 n_1, 이 용액에 녹아 있는 용질의 몰수를 n_2라 표시하면 다음과 같다.

$$Aw = \frac{P}{P^o} = \frac{n_1}{n_1 + n_2}$$

수분 25%와 설탕 20%를 함유한 식품의 수분활성도를 위의 식으로 계산하면 다음과 같다(분자량: 수분 18, 설탕 342).

$$Aw = \frac{\frac{25}{18}}{\frac{25}{18} + \frac{20}{342}} = \frac{1.390}{1.390 + 0.058} = 0.96$$

즉, 식품의 수분활성도는 용매의 몰분율로 나타낼 수 있는데, 이것은 식품 속에 존재하는 미생물에 이용 가능한 자유수의 몰분율이다. 이 식에서 보는 바와 같이 식품의 저장성을 높이기 위해 수분활성도를 적게 해주려면 용질의 몰농도가 높거나 몰수가 많아야 한다. 몰수는 농도(함량)/분자량이므로 용질의 농도가 높거나 분자량이 적은 것이 좋다. 용질의 농도는 음식의 맛에 큰 영향을 미치므로 사용량에도 한계가 있다.

식품은 수분 이외에 탄수화물, 단백질 등 가용성 성분이 용해되어 있으므로 대부분 식품의 수분활성도는 1보다 작다. 쌀이나 콩과 같이 수분이 적은 식품의 수분활성도는 0.60~0.64 정도이고, 과일이나 생선과 같이 수분이 많은 신선한 식품의 수분활성도는 0.99~0.98 정도로 높다. 수분활성도가 0.80보다 높아지면 미생물의 번식이 가능하므로 식품 저장이 어려워진다. 식품 저장에 적당한 수분활성도는 0.70~0.75 정도라고 알려져 있다.

따라서 식품의 저장성을 높이기 위하여 건조하거나 소금, 설탕 등을 넣어 수분활성도를 낮추어 줌으로써 미생물의 번식을 억제하고 식품의 변패를 막을 수 있다.

이러한 목적으로 수분활성도를 0.65~0.85로 해주거나 수분 함량을 20~40% 정도로 낮추어 준 식품을 중간 수분 함유식품(intermediated moisture foods)이라 한다. 중간 수분 함유식품에는 잼, 젤리, 건조 과일, 드라이 소시지, 양갱, 훈제품, 말린 생선 등이 있다.

일반적으로 미생물의 생육 및 번식이 가능한 수분활성도는 곰팡이의 경우 0.80 이상, 효모 0.88 이상, 세균 0.90~0.94 이상으로, 수분활성도가 큰 식품일수록 미생물이 번식하기 쉬우며, 저장성도 나쁘다.

4. 등온흡습곡선·등온탈습곡선

식품 중의 수분 함량은 대기 중 수분 함량인 상대습도와 평행을 이루게 되며 이때의 수분 함량을 평행수분 함량(equilibrium moisture content)이라고 한다. 대기의 상대습도와 식품의 평행수분 함량 사이를 표시한 곡선을 등온흡습곡선(moisture sorption isotherm) 또는 등온탈습곡선(moisture desorption isotherm)이라 한다. 식품이 대기 중에서 수분을 흡수하여 평행수분 함량에 도달하는 곡선은 등온흡습곡선, 수분을 방출하여 얻어지는 곡선은 등온탈습곡선이다.

일반적으로 수분 함량이 많은 식품은 등온탈습곡선으로, 건조식품과 같이 수분이 적은 식품은 등온흡습곡선으로 나타낸다.

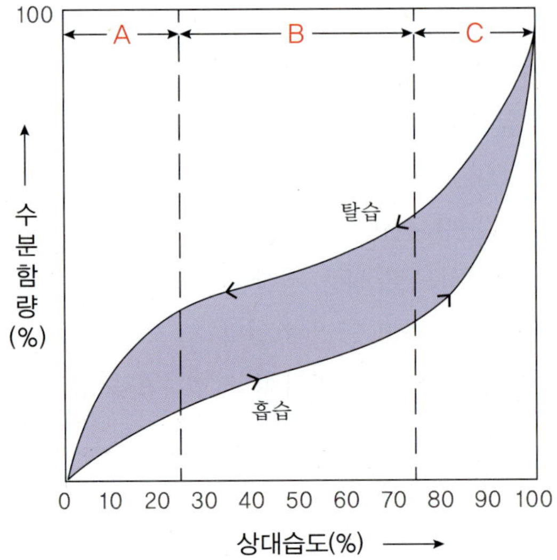

[그림 2-1] **등온흡습곡선과 등온탈습곡선**

식품의 등온흡습 또는 탈습곡선은 [그림 2-1]에서 보는 바와 같이, 대부분 역 S형 곡선을 나타낸다. 이 곡선의 경사와 굴곡점은 그 식품의 수분과의 결합력(water binding capacity) 또는 자유수와 결합수의 상대적인 양과 비율을 나타낸다.

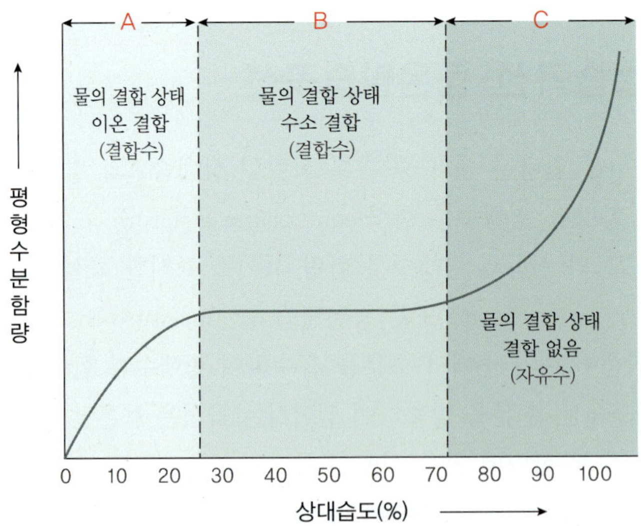

[그림 2-2] **등온흡습곡선**

등온흡습곡선은 [그림 2-2]와 같이 3가지 영역으로 구분할 수 있다. 즉, A영역은 식품 중 수분 함량이 5~10%에 해당되며, 물의 결합 상태는 카르복실(carboxyl)기나 아미노(amino)기와 같은 이온기와 강한 이온 결합을 형성하고 있다. B영역은 상대습도의 증가에 따라 수분 함량이 급격하게 증가하는 영역이다. 주로 이온화되지 않은 여러 기능기와 수소 결합을 하고 있는 비극성 결합으로 A영역보다 느슨히 결합되어 있다. B영역은 건조식품의 경우 가장 안정성과 저장성이 큰 최적수분 함량(optimum moisture content)을 나타낸다. C영역은 식품의 모세관에 수분이 자유로이 응결되며 식품성분에 대해서 용매로 작용하는 부분이다. 이 영역에서는 식품의 품질저하를 가져오는 여러 가지 화학 반응 및 효소에 의한 반응이 촉진될 뿐 아니라 미생물의 증식도 일어나는 부분이다.

FOOD SCIENCE

제3장

식품의 빛깔

1. 식물성 식품의 빛깔
2. 동물성 식품의 빛깔
3. 식품의 갈변

식품의 빛깔은 맛, 냄새 등과 함께 식욕에 크게 영향을 주는 주요 요소이며, 식품의 신선도와 품질을 평가하는 기준이 된다. 즉, 채소나 과일, 육류의 자연적인 빛깔은 식욕을 돋우어 주며, 천연식품에 존재하는 색소들은 대부분 그 본래의 빛깔이 밝고 선명하므로 식품의 빛깔 변화는 곧 식품 내부의 선도나 품질변화를 나타내는 척도가 되기도 한다.

색소는 파장이 짧은 자색(380nm)에서 파장이 긴 적색(760nm)의 파장 중 일부분은 흡수하고 나머지 부분은 반사하거나 또는 통과시키는데, 이것이 우리들의 눈에는 여러 가지 색으로 나타나는 것이다. 색소가 나타내는 색은 그들의 특징적인 화학구조에 따라 달라지게 된다.

일반적으로 색소들은 발색단이라고 하는 길게 연결된 공액이중결합을 가지고 있는데, 이 부분이 빛을 흡수한다. 색소는 발색단 이외에 이것과 결합한 조색단을 가지고 있는 경우가 많다. 조색단은 빛의 흡수를 긴 파장 쪽으로 옮기는 기능을 가지고 있다.

표 3-1 발색단과 조색단의 종류

발색단(chromophore)	조색단(auxochrome)
C=O(carbonyl기)	NH_2(amino기)
–C=C(ethylene기)	OH(hydroxy기)
–N=N–(azo기)	$-SO_3H$(sulfo기)
–N=O–(nitroso기)	–COOH(carboxy기)
NO_2(nitro기)	

표 3-2 식품색소의 분류

<table>
<tr><th>구분</th><th>용해성</th><th colspan="2">색소</th><th>빛깔</th></tr>
<tr><td rowspan="5">식물성 색소</td><td rowspan="3">지용성</td><td colspan="2">클로로필(Chlnophyll)</td><td>녹색</td></tr>
<tr><td rowspan="2">카로티노이드 (Carotenoid)</td><td>카로틴(Carotene)</td><td>노란색, 주황색</td></tr>
<tr><td>잔토필(Xanthophyll)</td><td>등황색, 빨간색</td></tr>
<tr><td rowspan="2">수용성</td><td rowspan="2">플라보노이드 (Flavonoid)</td><td>안토잔틴(Anthoxanthin)</td><td>무색, 노란색</td></tr>
<tr><td>안토시아닌(Anthocyain)</td><td>빨간색, 보라색</td></tr>
</table>

구분	용해성	색소	빛깔
동물성 색소	수용성	미오글로빈(Myoglobin)	빨간색
		헤모글로빈(Hemoglobin)	
	지용성	카로티노이드(Canotenoid)	빨간색

1. 식물성 식품의 빛깔

식물성 식품의 색소는 채소, 과일 등에서 볼 수 있는 녹색, 황색, 적색 등으로 클로로필(chlorophyll), 카로티노이드(carotenoid), 플라보노이드(flavonoid)의 3종류로 분류된다. 이 중에서 클로로필과 카로티노이드는 세포의 원형질 내에 있는 유색체(plastids)에 들어 있으며 지용성이고, 플라보노이드는 세포액에 녹아 있으며 수용성이다.

(1) 클로로필

식물체의 잎과 줄기에 널리 분포되어 있는 녹색의 색소로서, 카로티노이드와 함께 단백질 또는 지단백(lipoprotein)과 결합한 상태로 엽록체(chloroplast)에 존재하고, 식물의 광합성 작용에 중요한 역할을 한다. 클로로필의 구조는 a, b, c, d의 4종류가 있는데 고등식물에는 a, b만이 존재하며 c, d는 해조류에 존재하는 것으로 알려져 있다. 일반적으로 녹색 잎의 클로로필 a(청록색), b(황록색)의 함유 비율은 3:1이다. 클로로필 a와 b의 구조상의 차이는 포르피린환의 외곽 즉, a는 메틸기(CH_3), b는 알데히드(CHO)가 결합되어 있으며, 그 외의 기본적인 화학적 성질에는 별 차이가 없다. 클로로필의 기본구조는 4분자의 피롤(pyrrole)이 4개의 메틸기(-CH=)와 환상으로 연결된 포르피린(porphyrin) 골격을 갖고 있으며 환 전체가 안정된 공명구조로 되어 있다. 포르피린환 구조의 중심부에는 마그네슘이 결합되어 있어 마그네슘-포르피린이라고 한다.

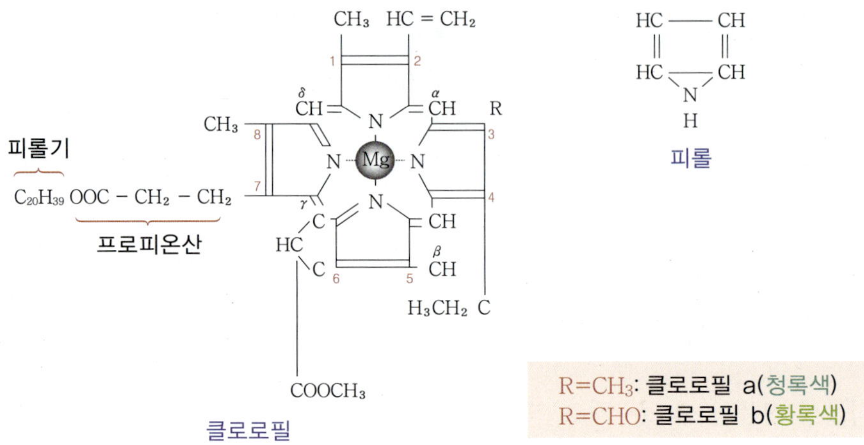

[그림 3-1] 클로로필의 구조

1) 산과의 반응

클로로필은 불안정하기 때문에 조리, 가공할 때 변하기 쉽다. 클로로필은 산으로 처리하면 중심 부위의 마그네슘이온이 수소(H+)이온으로 치환되어 갈색의 페오피틴(pheophytin)으로 변한다.

이 페오피틴에 계속해서 산이 작용하면 클로로필에 존재하는 피톨(phytol)이 떨어져 나가 갈색의 페오포비드(pheophorbide)가 형성된다. 또한 처음부터 강산으로 처리하여도 마그네슘과 피톨이 동시에 떨어져 나가 페오포비드가 형성된다.

이러한 변화는 조리과정 중에 많이 나타나는 현상으로, 녹색 채소를 천천히 오래 삶으면 갈색으로 변한다. 이것은 클로로필을 안정화시키고 있던 단백질과의 결합이 끊어져 클로로필이 유리되어 조직 중의 유기산과 반응하여 페오피틴이나 페오포비드를 생성하기 때문이다.

이러한 변색을 억제하기 위해서는 물이 끓으면 채소를 넣고 뚜껑을 열어 채소 속에 들어 있는 휘발성 산을 신속히 증발시키고 고온에서 단시간 가열한 후 냉수로 헹군다.

또한 김치를 담근 후 배추나 오이의 녹색이 갈색을 띠는 것은 발효에 의해 생성된 아세트산이나 젖산 등의 유기산이 클로로필과 작용하여 페오피틴을 형성하기 때문이다.

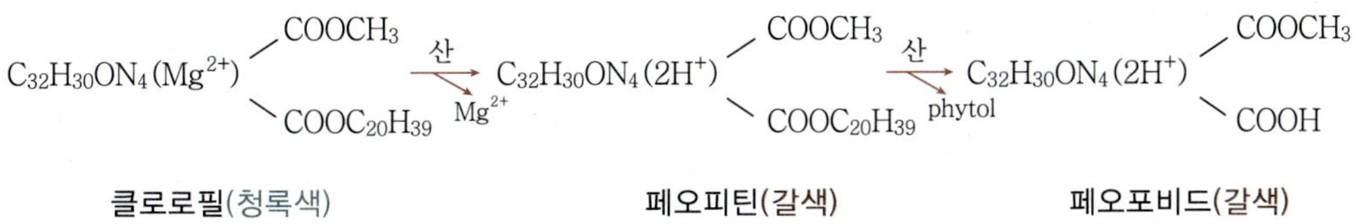

[그림 3-2] **클로로필의 산에 의한 변화**

2) 알칼리와의 반응

클로로필은 알칼리에 의해서 다음과 같이 가수분해된다. 클로로필은 알칼리 용액으로 가열하면 피틸 에스테르(phytyl ester)결합이 가수분해되어 선명한 녹색의 수용성인 클로로필리드(chlorophyllide)를 형성하며, 다시 메틸 에스테르(methyl ester)결합이 가수분해되어 수용성인 진한 녹색의 클로로필린(chlorophyllin)을 형성한다.

녹색 색소를 가열할 때 조리수에 중조($NaHCO_3$)와 같은 알칼리를 가하면 녹색은 보존되나 채소 중에 들어 있는 비타민 C를 비롯하여 알칼리성에서 불안정한 다른 비타민들이 파괴되고 채소가 지나치게 연화되어 좋지 않다.

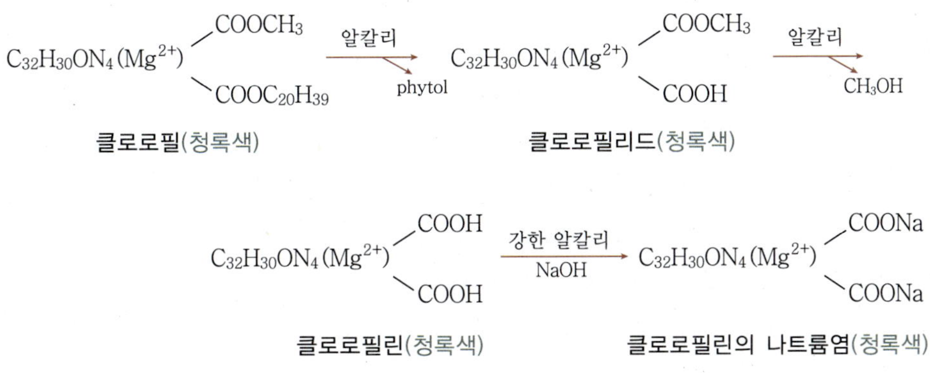

[그림 3-3] **클로로필과 알칼리의 반응**

3) 효소에 의한 변화

식품조직에 분포되어 있는 클로로필라아제(chlorophyllase)는 식물조직이 파괴될 때 유리되며, 피톨기가 제거되어 선명한 녹색인 클로로필리드가 생성된다. 클로로필에 클로로필라아제가 작용하여 클로로필리드를 생성하는 반응은 알칼리가 작용했을 때와 같다. 녹색 채소를 끓는 물에 데치면 선명한 녹색을 띠는 것은 식품 조직 내에서 유리된 클로로필라아제가 클로로필을 분해하여 클로로필리드를 생성하기 때문이다.

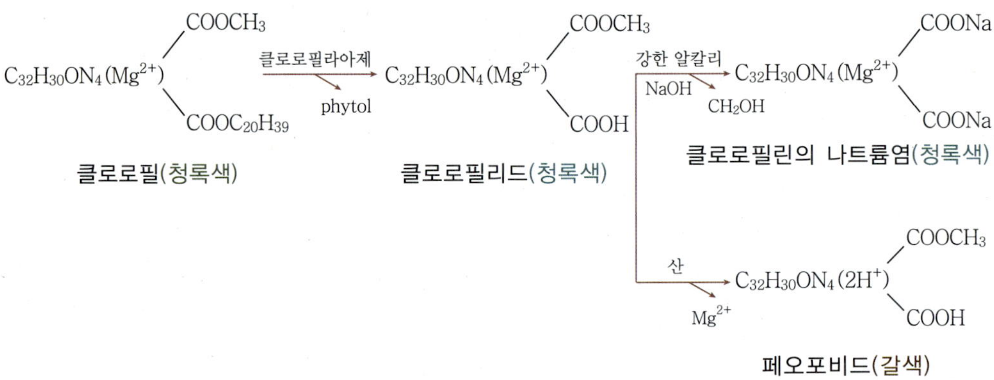

[그림 3-4] **클로로필과 효소의 반응**

4) 금속과의 반응

클로로필 분자의 마그네슘은 구리, 철, 아연이온으로 치환되어 안정된 청록색을 띠게 되나 물에는 잘 녹지 않는다. 그러나 알칼리로 가수분해하여 구리 클로로필린, 철 클로로필린 나트륨염이 되면 물에 잘 녹게 되고 색깔도 안정되므로 착색제로 이용할 수 있다.

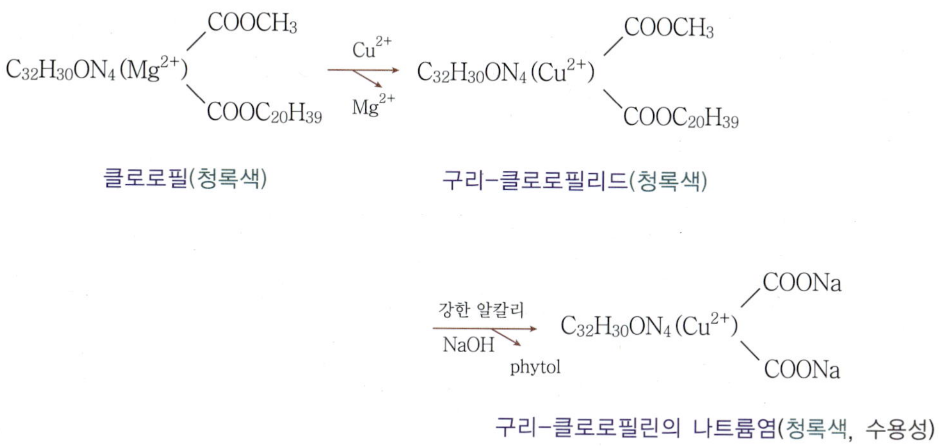

[그림 3-5] 클로로필과 금속의 반응

옛날부터 우리나라에서 전해오는 비법으로, 오이지를 담글 때 놋그릇을 닦은 수세미를 넣어 주면 오이의 색이 누렇게 변하지 않는 것도 놋그릇 닦을 때 나오는 구리이온을 이용한 예이다.

완두 등의 녹색 채소를 통조림으로 만들 때 가열살균 과정에서 소량의 황산동($CuSO_4$)을 사용하여 녹색을 보존한다.

(2) 카로티노이드

카로티노이드는 동·식물성 식품에 널리 분포하는 황색, 적황색의 색소인데 당근에서 얻은 색소라 하여 카로티노이드라 불린다.

클로로필과 함께 존재할 때는 녹색이 우세하여 잘 나타나지 않으나, 클로로필이 일단 분해되면 카로티노이드 색소가 나타난다. 식물체에 존재할 때는 지방산과 결합하여 비교적 안정되어 있지만 카로티노이드가 떨어져 나오면 변질 또는 변색되기 쉽다.

1) 카로티노이드의 성질

카로티노이드의 성질은 물에 녹지 않으나 지방 또는 유기용매에는 잘 녹고, 열에 비교적 안정되어 있으며, 조리에 사용될 정도의 약산이나 약알칼리에는 파괴되지 않는다. 조리과정 중에 성분손실은 거의 없으나 불포화도가 높아 산화되기 쉽다. 공기 중의 산소, 산화효소, 금속이온 등에 의해 쉽게 산화되어 퇴색되며 햇빛은 이러한 산화를 더욱 촉진시킨다. 이러한 현상은 고춧가루가 오래되면 색이 퇴색하거나, 김치를 썬 후에 도마에 묻어 있는 붉은 고춧가루의 색이 시간이 지난 후에 없어지는 현상 등에서 볼 수 있다.

카로티노이드의 변색을 방지하려면 가열에 의한 효소의 불활성화, 탈기나 가스 치환에 의한 산소와의 접촉 방지, 항산화제를 이용한 산화 방지, 건조 전의 고분자 물질에 의한 피막화, 햇빛 차단을 위한 포장이나 용기의 선택 등 세심한 주의가 필요하다.

2) 카로티노이드의 구조와 종류

카로티노이드의 구조는 C_5H_8의 아이소프렌(isoprene) 단위가 8개 결합한 tetra terpene(아이소프렌 단위가 두 개이면 monoterpene)으로 분자 내 7개 이상의 공액 이중결합을 가지고 있다.

카로티노이드는 카로틴과 잔토필로 분류할 수 있다. 카로틴(hydrocarbon carotenoid)은 탄소와 수소로만 구성되어 있으며, 잔토필(oxygenated carotenoid)은 카로틴의 산화 유도체로, 분자 내에 –OH, >C=O 등의 형태로 산소원자가 들어 있는 것이 특징이다.

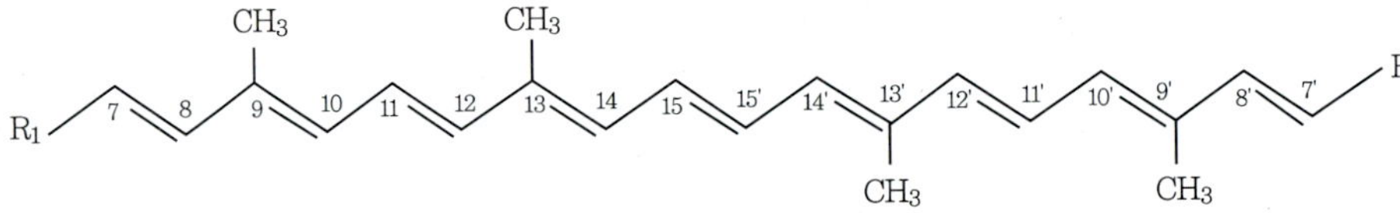

[그림 3-6] 카로티노이드의 일반식

① 카로틴

카로틴은 당근, 토마토, 고추, 감 등에 들어 있는 색소로서 α–, β–, γ–카로틴, 리코펜(lycopene)으로 나눈다. 이 중에서 α–, β–, γ–카로틴은 β–이오논(ionone) 핵을 가지고 있어서 체내에서 분해되어 비타민 A의 효과를 나타낸다.

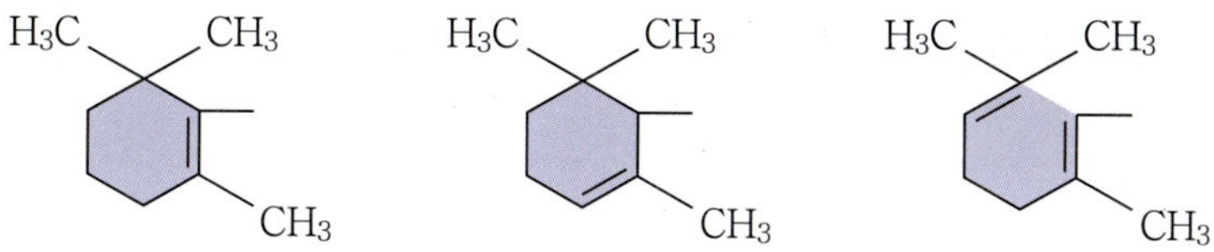

β-이오논 핵　α-이오논 핵　슈도 이오논 핵

[그림 3-7] **이오논핵의 종류**

표 3-3 카로틴의 분류와 구조

분류	구조	특징	식품
α-카로틴	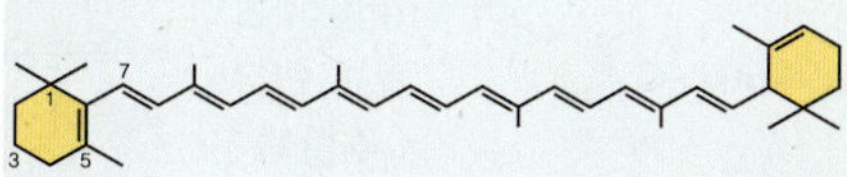 β-이오논　α-이오논	1분자의 비타민 A 생성 황색-주황색	당근, 차, 밤, 수박, 콩기름
β-카로틴	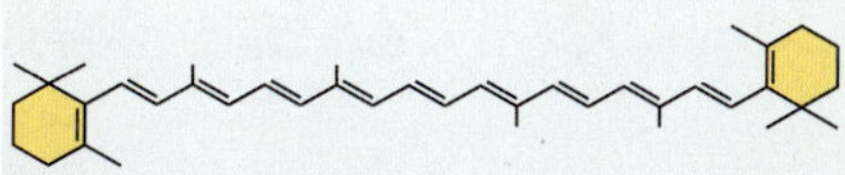 β-이오논　β-이오논	2분자의 비타민 A 생성 주황색	당근, 녹엽, 오렌지, 고구마, 고추
γ-카로틴	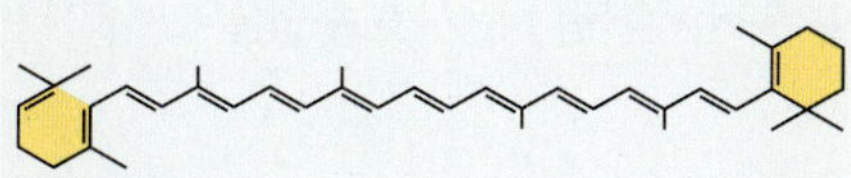 슈도 이오논　β-이오논	1분자의 비타민 A 생성 옅은 황색	당근, 살구, 야자유
리코펜	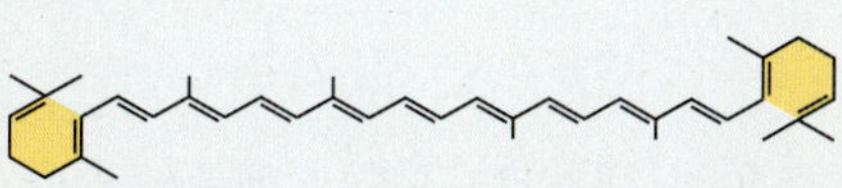 슈도 이오논　슈도 이오논	비타민 A 효과 없음 적색	수박, 감, 토마토, 살구

② 잔토필

카로틴의 수소 원자가 산소 원자 또는 -OH, =CO 등으로 치환된 것이며, 그 구조나 성질이 카로틴과 매우 유사하다.

표 3-4 잔토필의 분류와 구조

분류	구조	특징	식품
크립토잔틴	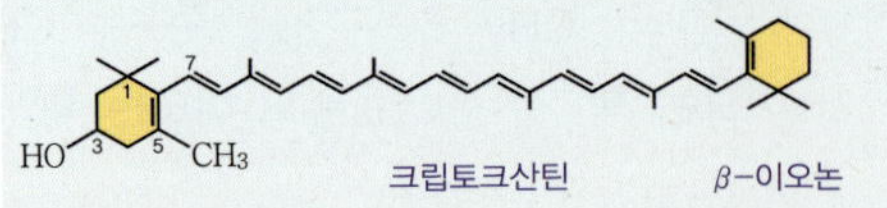	1분자의 비타민 A 주황색	옥수수, 오렌지, 감, 파프리카
루테인	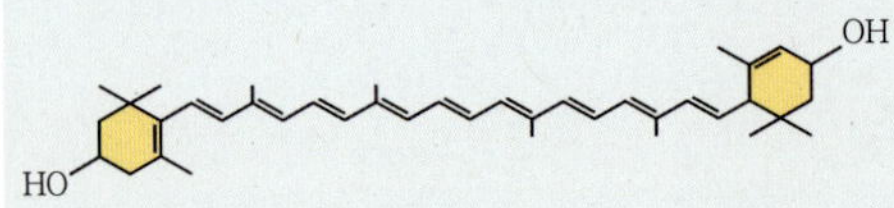	비타민 A 효과 없음 황색	녹엽, 호박, 밀의 배종유
제아잔틴	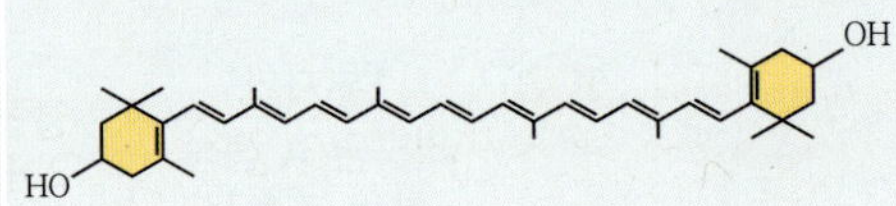	비타민 A 효과 없음 주황색	옥수수, 토마토, 복숭아, 호박, 오렌지
아스타잔틴	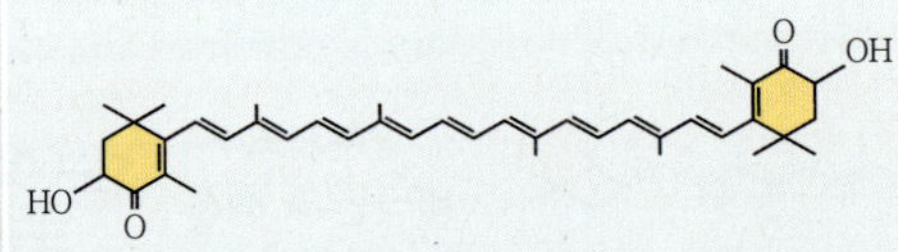	비타민 A 효과 없음 주황색	새우, 가재, 연어
캡산틴	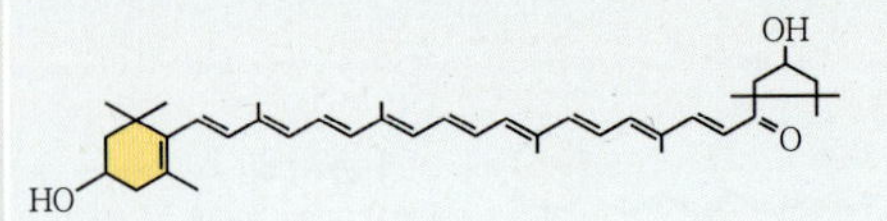	비타민 A 효과 없음	고추, 파프리카

(3) 플라보노이드

식물성 식품에 널리 존재하는 수용성 색소로 구조는 벤졸(benzol)핵에 세 개의 탄소($C_6-C_3-C_6$)로 연결된 것이다. 플라보노이드는 넓은 의미에서 안토잔틴(anthoxanthin), 안토시아닌(anthocyanin), 카테킨(catechin)이 있으나 좁은 의미의 플라보노이드는 안토잔틴만 지칭한다.

1) 안토잔틴

안토잔틴은 그 이름(antho-xanthin=flower-yellow)이 시사해 주듯이 노란색을 가지고 있으며 수용성이다.

① 안토잔틴의 성질

안토잔틴은 가열하면 배당체가 가수분해 되어 당류가 분리되어 노란색이 더욱 진해진다. 감자, 고구마, 옥수수를 가열하면 조리 전보다 색이 더욱 진해진다. 일반적으로 산에 대해서는 안정되지만, 알칼리에서는 불안정하여 짙은 황색으로 변한다. 알칼리성인 약수로 밥을 지으면 밥의 색이 노랗게 되며, 밀가루에 중조를 첨가하여 빵이나 튀김옷을 만들면 황색이 된다. 또한 중국 면이 황색을 띠는 것은 면이 잘 늘어나도록 하기 위해 밀가루 반죽을 알칼리성으로 해주어 밀가루의 플라보노이드 색이 변한 것이다.

② 안토잔틴의 구조와 종류

안토잔틴은 식물체에 유리 상태로 존재하는 일은 드물고 대부분이 당류(rhamnose, glucose, rutinose)와 결합된 배당체(glycoside)로 존재한다. 식물계에는 플라본(flavone), 플라보놀(flavonol), 플라바논(flavanone), 이소플라본(isoflavone) 등이 있다.

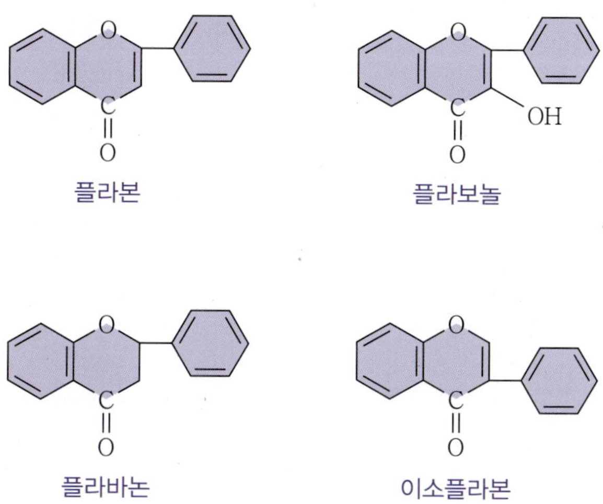

[그림 3-8] 안토잔틴류의 구조

표 3-5 **안토잔틴의 분류와 구조**

종류	색소명	구조	소재
플라보 (flavone)	아피게닌 (apigenine)	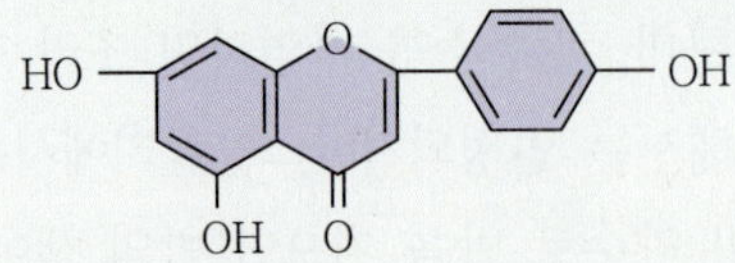	옥수수
	트리틴 (tritin)	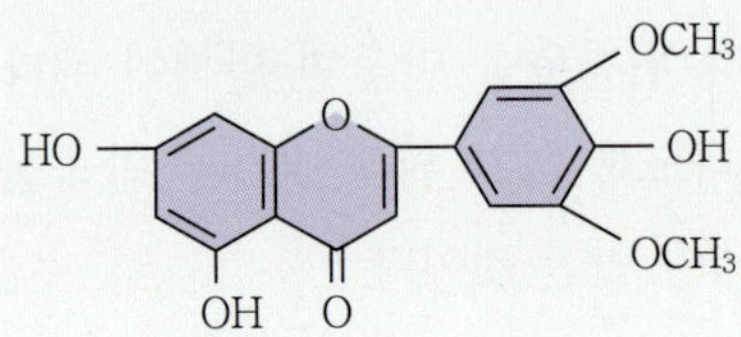	밀가루
플라보놀 (flavonol)	퀘세틴 (quercetin)	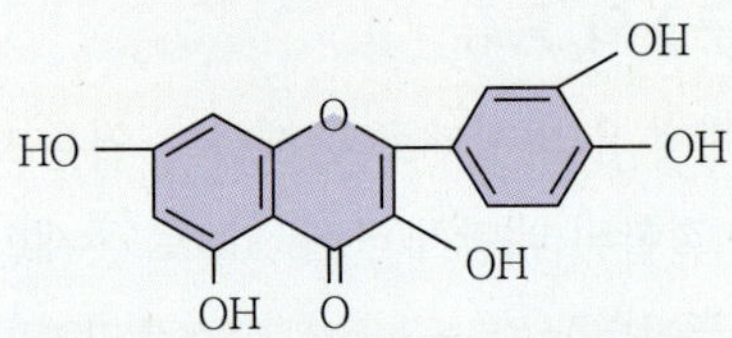	양파껍질, 사과껍질
	루틴 (rutin)	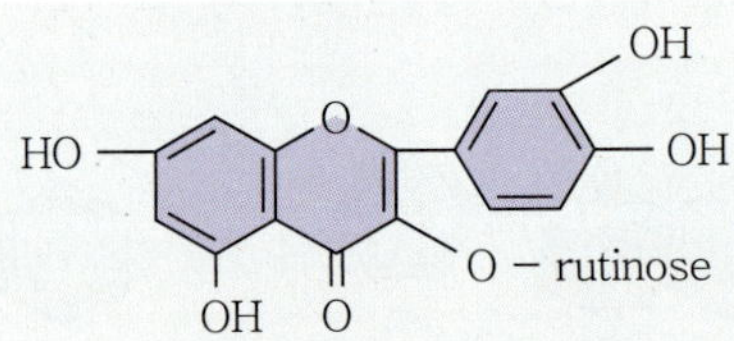	메밀
플라바논 (flavanone)	헤스페리딘 (hesperidin)	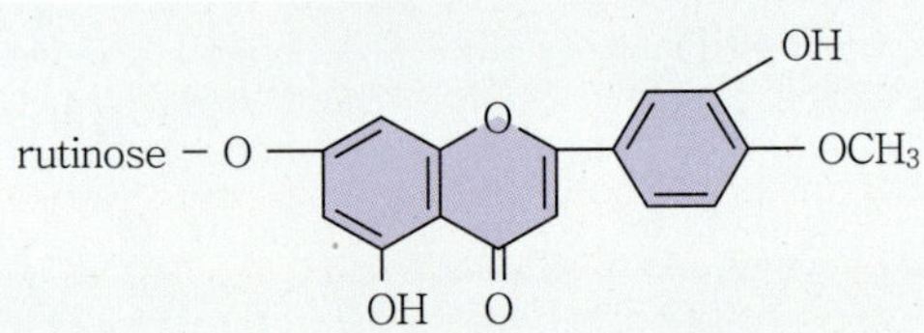	감귤껍질
	에리오딕틴 (eriodictin)	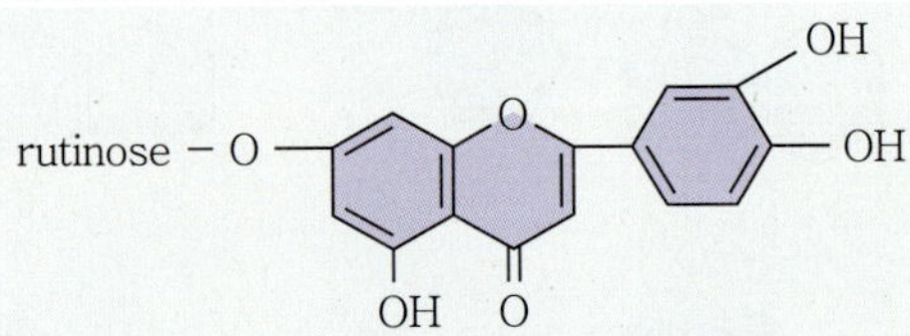	
	나린진 (naringin)	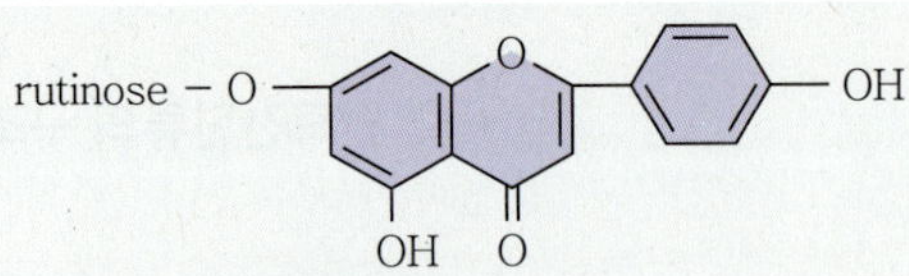	
이소플라본 (isoflavone)	다이드진 (daidzin)	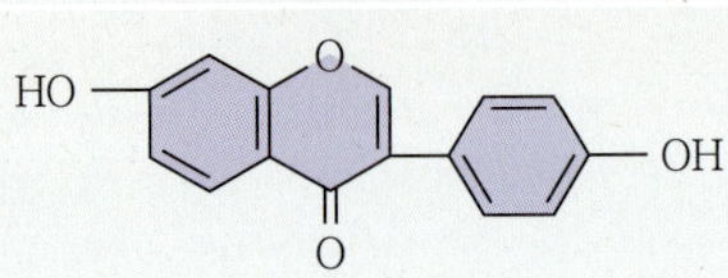	황색콩

헤스페리딘(hesperidin)은 감귤에 함유되어 있는 성분으로 감귤을 통조림 하였을 때 형성되는 백탁의 원인이 되며, 나린진(naringin)은 감귤의 내과피에 존재하는 쓴맛 성분이다. 또한 루틴(rutin), 헤스페리딘(hesperidin), 퀘세틴(quercetin)은 모세혈관의 증강작용을 하는 비타민 P로서의 생리 작용을 갖는데, 이들은 유지의 항산화제로 작용하며 비타민 C의 효과를 높이기도 한다.

2) 안토시아닌

안토시아닌은 플라보노이드 중에 하나이며 과일, 채소류, 꽃에 들어 있는 적·자색의 색소로서 그 이름(antho-cyanin=flower-blue)이 시사해 주듯이 빨간색, 자색, 청자색을 가진 수용성 색소이다. 가지, 적양배추, 검정콩, 흑미, 적포도, 딸기, 체리, 블루베리 등에 많다.

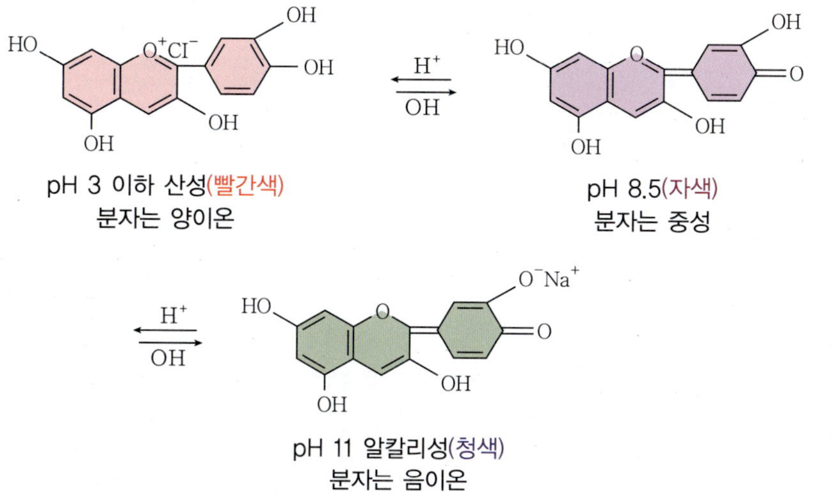

[그림 3-9] **안토시아닌 분자의 pH에 따른 분자구조와 색깔 변화**

① 안토시아닌의 성질

안토시아닌의 색소는 산성·중성 및 알칼리성에서 2분자가 양이온, 중성이온, 음이온 형태로 존재할 뿐만 아니라 그 색깔도 대체로 [그림 3-9]와 같이 변화한다.

안토시아닌 색소는 [표 3-6]과 같이 pH 변화에 따라 색이 변하는데, 산성에서는 안정하여 적색이 되고, 중성에서는 자색이 되며, 알칼리성에서는 청색이 된다. 이와 같은 성질을 이용하여 적양배추로 샐러드를 만들 때 식초를 조금 넣은 물에 담그거나, 가지나물에 식초를 넣어주면 붉은색이 된다. 딸기잼이나 포도잼을 만들 때 유기산인 구연산 등을 첨가하는 것 등도 안토시아닌이 산성 용액에서 적색이 되는 것을 응용한 예이다.

안토시아닌 색소는 금속과 반응하면 고운 청색이 되는데, 가지 절임을 할 때 쇳조각을 넣어 두면 갈변이 방지되고 고운 청색을 띤다.

안토시아닌의 구조에서 볼 수 있는 폴리페놀은 항산화성이 있으며 적포도주의 항암효과나 성인병 예방효과 등은 이들 성분에 의한 것으로 오늘날 많은 관심을 모으고 있다.

표 3-6 안토시아닌이 산성, 중성, 알칼리성에서의 색소 변화

과일	pH 2.4~4.0에서의 색깔	pH 7.0~9.0에서의 색깔	pH 9.0 이상에서의 색깔
사과	빨간색	회색, 짙은 자색	녹색
검은 딸기	빨간색	자색	청색, 짙은 녹색
앵두	빨간색	자색	청색, 짙은 녹색
포도	빨간색	자색	청색, 짙은 녹색
서양자두	빨간색	엷은 자색	담녹색
석류	빨간색	자색	청색, 짙은 녹색
딸기	빨간색	빨간색, 짙은 자색	담녹색

② 안토시아닌의 구조와 종류

안토시아닌 색소는 안토잔틴 색소와 마찬가지로 대부분이 당(포도당, 람노오즈, 갈락토오스)과 결합한 배당체로 존재하는데, 산·알칼리·효소 등에 의해 쉽게 가수분해 되며 비당 부분을 안토시아니딘(anthocyanidin)이라 한다. 안토시아닌과 안토시아니딘을 일반적으로 안토시안(anthocyan)이라 부른다.

안토시아닌(배당체) → 안토시아니딘(비당 부분)+당류

안토시아닌+안토시아니딘 → 안토시안

안토시아니딘의 기본 구조는 [그림 3-10]과 같이 $C_6-C_3-C_6$의 플라빌리움(flavylium) 화합물이다.

안토시아니딘은 B환의 수산기(OH)의 수와 메톡실기(-OCH_3)에 따라 [그림 3-11]과 같이 분류한다.

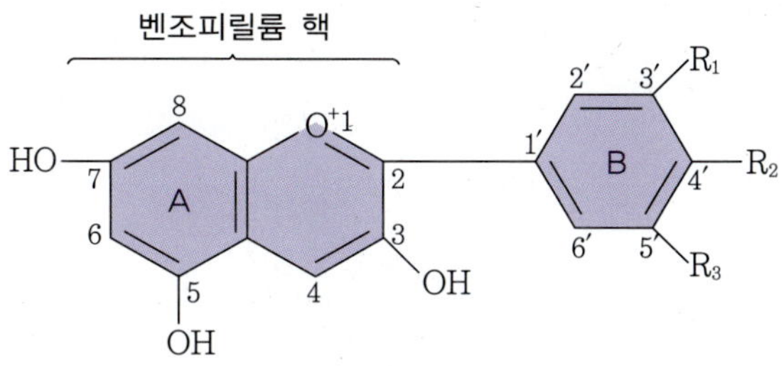

[그림 3-10] 안토시아니딘의 기본구조

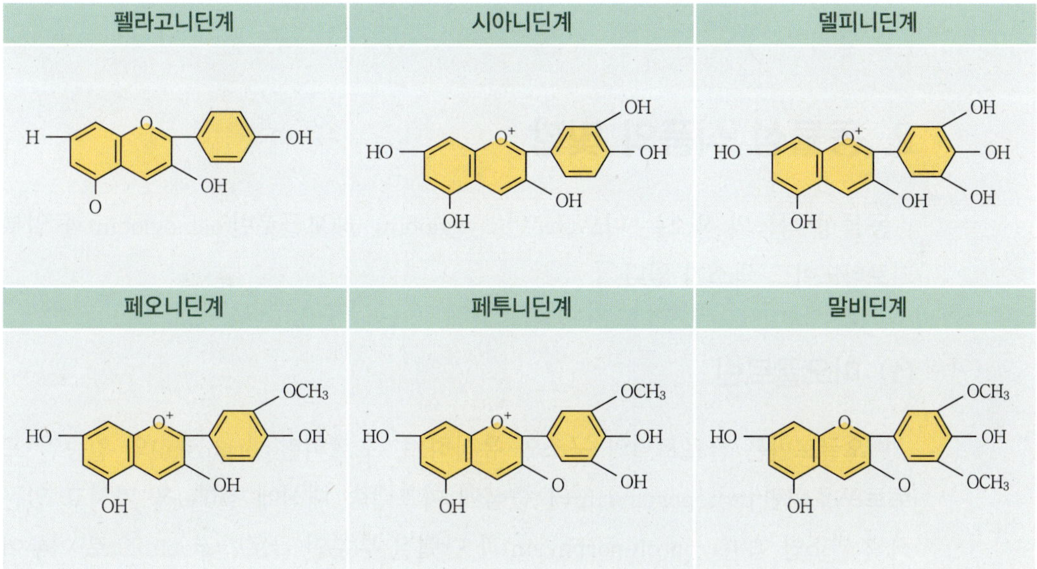

[그림 3-11] 안토시아니딘계

과일, 채소류 중의 안토시아닌계 색소는 다음과 같다.

표 3-7 안토시아닌계 색소

종류	R_1	R_2	R_3	색소명	소재
펠라고니딘 (pelargonidin)	H	OH	H	프라가린(fragarin)	양딸기
				페라르고닌(pelargonin)	석류, 나팔꽃, 달리아
시아니딘 (cyanidin)	OH	OH	H	시아닌(cyanin)	소엽, 장미
				크리산테민(chrysanthemin)	검정콩, 팥
델피니딘 (delphinidin)	OH	OH	OH	나스닌(nasunin)	가지
				델핀(delphin)	포도
페오니딘 (peonidin)	OCH_3	OH	H	페오닌(peonin)	포도껍질
페투니딘 (petunidin)	OCH_3	OH	OH	페투닌(petunin)	블루베리
말비딘 (malvidin)	OCH_3	OH	OCH_3	말빈(malvin)	포도껍질
				에닌(oenin)	포도껍질
				네글레틴(negletin)	고구마껍질

2. 동물성 식품의 빛깔

동물성 식품의 색소는 미오글로빈(myoglobin), 헤모글로빈(hemoglobin)과 일부 카로티노이드 색소가 있다.

(1) 미오글로빈

미오글로빈은 클로로필의 구조와 유사하며, 포르피린(porphyrin)의 일종인 프로토포르피린(protoporphyrin)의 중심에 마그네슘 대신에 철(Fe)을 가지고 있는 적색 색소인 헴(ferroprotoporphyrin)과 단백질 부분인 글로빈(globin)으로 이루어져 있다.

미오글로빈($Mb-Fe^{++}$)은 본래 적자색을 나타내나, 고기를 절단하여 공기 중에 노출시키면 산소와 결합하여 옥시미오글로빈(oxymyoglobin, $Fe^{++}-MbO_2$)으로 되어 진한 적색을 나타낸다. 옥시미오글로빈은 시간이 경과함에 따라 자동산화되어 갈색의 메트미오글로빈(metmyoglobin, Fe^{+++}-Met, Mb)으로 변한다.

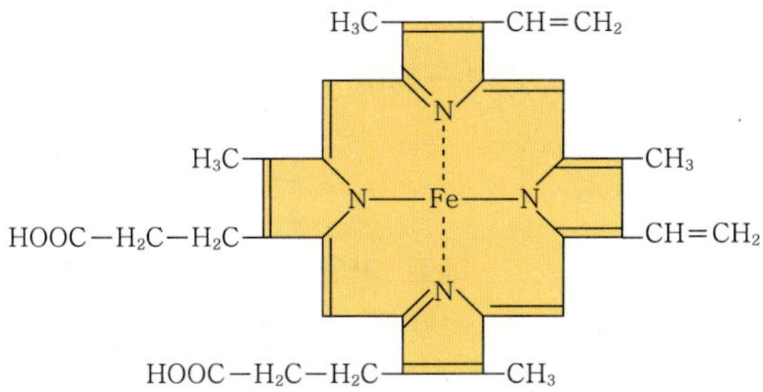

[그림 3-12] 헴의 구조

메트미오글로빈은 헴(heme)이 헤마틴(hematin)으로 되며, 유리된 상태에서 염소이온과 결합하여 염화물의 형태를 이루는 것을 헤민(hemin)이라 한다. 헤마틴과 헤민은 계속 가열하면 산화되어 갈색·회색·무색의 포르피린이 된다.

미오글로빈 $\xrightarrow[\text{산소화}]{O_2}$ 옥시미오글로빈 $\xrightarrow[\text{산화}]{}$ 메트미오글로빈

미오글로빈	옥시미오글로빈	메트미오글로빈
(Fe^{++} − Mb)	(Fe^{++} − MbO_2)	(Fe^{+++}− Met. Mb)
(Fe^{++} − protoporphyrin) −globin) (짙은 빨간색)	(짙은 빨간색)	(Fe^{+++} − protoporphyrin−globin) (갈색)

[그림 3-13] 산화에 의한 미오글로빈 변화

육류를 가공할 때 미오글로빈의 색깔을 안정화시켜 변색을 방지하고자 할 때 염절임(curing)에 식염과 함께 질산칼륨(KNO_3)이나 아질산칼륨(KNO_2) 용액을 사용한다. 절임용액 중의 질산칼륨이나 아질산칼륨은 육류 중의 젖산에 의해 아질산(HNO_2)을 형성하며 아질산에서 형성된 산화질소(NO)는 미오글로빈과 결합에 의해 선명한 빨간색의 니트로소미오글로빈(nitrosomyoglobin)이 형성된다. 니트로소미오글로빈은 가공품을 가열할 때 글로빈 부분이 변성되어 유리되고 헴 부분은 열에 매우 안정한 니트로소미오크로모겐(nitrosomyochromogen)이 된다. 그러나 계속 가열하면 니트로소미오크로모겐도 점차로 산화, 분해되어 갈색·회색·무색 등의 각종 산화된 포르피린으로 변한다.

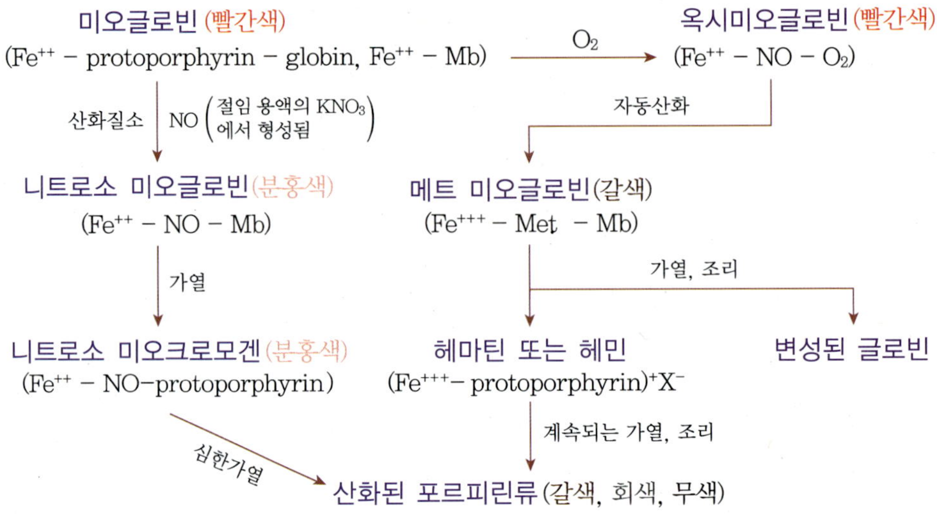

[그림 3-14] **절임육류 가공품과 일반 육류 속 미오글로빈의 가열, 조리 중 변화**

(2) 헤모글로빈

육류 중의 헤모글로빈도 미오글로빈과 마찬가지로 육류를 가열, 조리하는 동안 옥시헤모글로빈(oxyhemoglobin, Fe^{++}–Hb, O_2)을 거쳐서 갈색의 메트헤모글로빈(methemoglobin, Fe^{+++}–Met, Hb)을 형성한다. 계속 가열하였을 경우에는 갈색·회색·무색의 산화된 포르피린류가 된다.

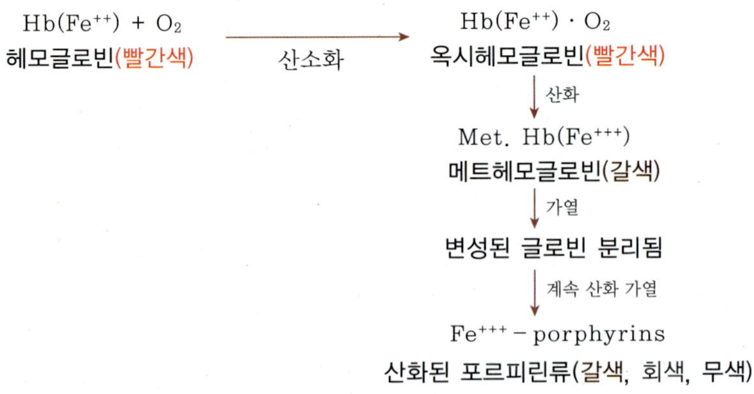

[그림 3-15] **헤모글로빈의 가열조리 시 변화**

(3) 카로티노이드

카로티노이드는 식물성 식품만 아니라 동물성 식품에도 함유되어 있다. 유지방 중에는 카로티노이드가 들어 있고 이것이 버터나 치즈의 색에 관여한다. 새우, 게 등의 껍질에는 아스타잔틴이 주체이고, 가열하였을 때 적색으로 변화되는 것은 단백질이 유리되어 아스타신(astacin)으로 변하기 때문이다. 난황의 황색은 사료 중의 카로티노이드 함량에 영향을 받으며 대부분 루테인(lutein), 제아잔틴(zeaxantin) 등이다.

3. 식품의 갈변

식품을 저장하거나 가열조리 할 때 색깔이 갈색으로 변화되는 것을 식품의 갈변이라 한다. 대부분 식품의 갈변은 외관과 풍미를 나쁘게 하며 비타민과 아미노산 등의 손실이 있어 식품의 품질을 저하시킨다. 그러나 홍차, 커피, 맥주, 제과, 제빵 등의 갈변 반응은 색뿐 아니라 향미를 좋게 하므로 식품의 품질을 향상시킨다. 식품의 갈변 반응은 여러 종류가 있으나 효소가 직접 관여하는 효소적 갈변(enzymatic browning)과 효소 없이 일어나는 비효소적 갈변(nonenzymatic browning)의 두 가지로 나뉜다.

- 갈변
  - 효소적 갈변
    - 폴리페놀 산화효소
    - 티로시나아제
  - 비효소적 갈변
    - 아미노 카르보닐 반응
    - 캐러멜화 반응
    - 아스코르브산 산화 반응

(1) 효소적 갈변

효소적 갈변은 사과, 배, 바나나, 감자, 양송이버섯 등 많은 종류의 과일과 채소의 껍질을 벗기거나 파쇄할 때 일어난다. 일반적인 효소적 갈변으로는 폴리페놀(polyphenol)을 함유하는 신선한 식물체가 손상을 받으면 공존하는 폴리페놀 산화효소(polypheol oxidase)에 의해 산화되어 갈색의 멜라닌으로 전환되는 갈변 반응과, 이와 본질적으로 같은 티로신(tyrosine)이 티로시나아제(tyrosinase, monophenol oxidase)에 의해 산화되어 갈색의 멜라닌으로 전환되는 갈변 반응이 있다.

1) 폴리페놀 산화효소

폴리페놀 산화효소는 구리를 함유하는 산화효소로 [그림 3-16]과 같이 폴리페놀류가 산소에 의해 퀴논 화합물로 산화되고, 이들 화합물이 계속 산화, 중합, 축합되어 갈색의 멜라닌 색소를 형성한다. 사과나 배를 깎아서 공기 중에 놓아두면 갈색으로 변하는데 이것은 클로로겐산(chlorogenic acid), 피로카테킨(pyrocatechin) 등의 폴리페놀류가 폴리페놀 산화효소에 의해 퀴논으로 산화되고 이것이 중합 또는 축합되어 갈색으로 변한 것이다.

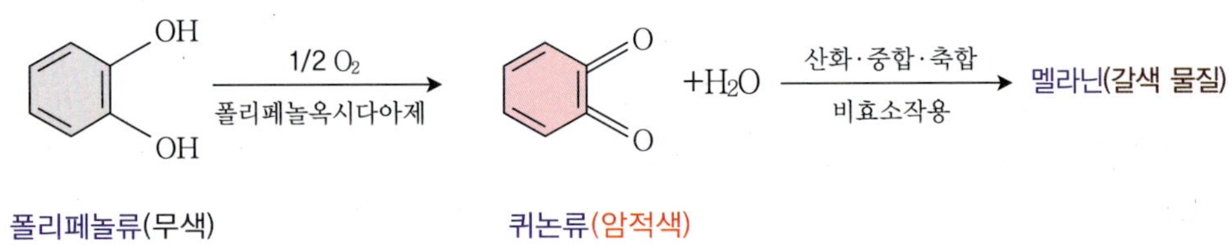

[그림 3-16] 폴리페놀 산화효소에 의한 갈변 반응

폴리페놀 산화효소는 구리나 철이온에 의해 활성이 촉진되고 염소(Cl)이온에 의해 억제되므로 사과나 배의 갈변은 금속제품을 피하고 묽은 소금물에 담가두면 갈변을 방지할 수 있다.

2) 티로시나아제

티로시나아제는 모노페놀옥시다아제로 그 성질 및 작용은 폴리페놀 산화효소와 거의 비슷하여 구리를 함유하며 구리이온에 의해 활성화되며, 염소이온에 의해 활성이 억제된다. 티로시나아제에 의한 갈변 반응은 [그림 3-17]과 같다. 티로시나아제는 산소 존재하에 DOPA(디하이드록시페닐알라닌), DOPA 퀴논을 생성하며, DOPA 퀴논은 더욱 산화되어 적색의 DOPA 크롬(chrome)을 생성하고 이것이 중합되어 갈색의 멜라닌을 형성한다. 티로시나아제는 감자, 양송이버섯, 고구마 등에 있으며, 이 효소는 수용성이므로 이들 채소류를 물에 담가두면 갈변이 일어나지 않는다.

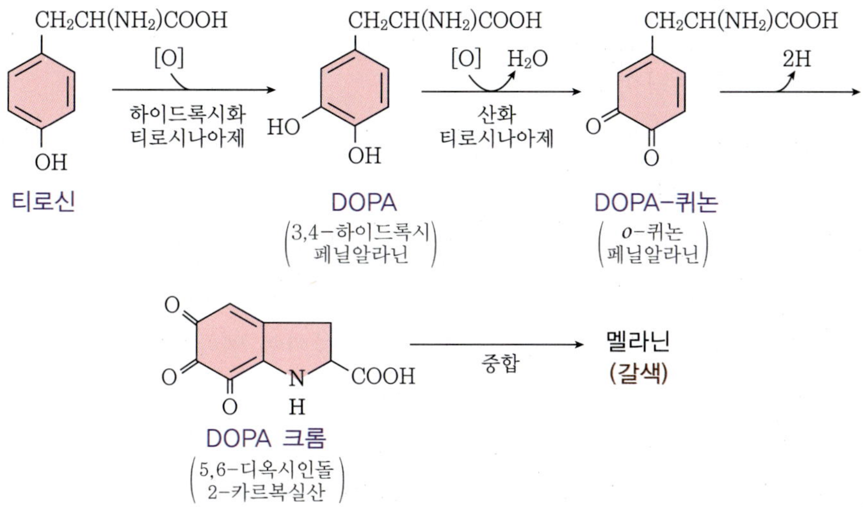

[그림 3-17] 티로시나아제에 의한 갈변 반응

표 3-8 효소적 갈변 억제방법

종류	방법	예
가열처리	가열로 효소 불활성화	채소, 과일 통조림의 블랜칭
pH 조절	pH 3 이하 산성에서 효소활성 저하	과일껍질 벗긴 후 아스코르브산, 구연산, 식초에 침지
온도조절	−10℃ 이하로 유지	냉동 저장
기질제거	갈변기질과 효소가 수용성이므로 물에 용해	감자, 고구마 껍질 벗긴 후 물에 담금
산소제거	산소는 갈변을 촉진하므로 산소제거	과일을 소금, 설탕물에 담가 산소 차단
금속이온	구리를 가진 효소로 철, 구리는 활성 촉진	금속 용기는 피하고 유리, 스테인리스 그릇 사용
과즙이용	레몬에는 구연산, V−C가 많아 환원제 역할	사과, 배, 우엉 조리 시 레몬즙 이용

(2) 비효소적 갈변

식품의 비효소적 갈변은 아미노 카르보닐(amino-carbonyl) 반응, 캐러멜(caramel)화 반응, 아스코르브산 산화 반응 등 세 가지로 분류되며, 식품은 여러 가지 성분을 모두 갖고 있어 한 가지 반응으로 이루어지는 것이 아니라 몇 가지 반응이 혼합되어 일어난다.

1) 아미노 카르보닐 반응

아미노 카르보닐 반응은 1912년 프랑스 화학자 마이얄(Maillard)이 처음 보고한 것으로 마이얄 반응(Maillard browning reaction)이라고도 한다. 아미노기와 카르복실기가 공존 시 일어나는 반응으로 카르보닐기의 급원으로 유리 알데히드(aldehyde), 케톤(ketone)기 등 카르보닐기를 가진 당류와 아미노산, 펩티드 및 단백질과 같이 아미노기를 가진 질소 화합물과 반응하여 멜라노이딘(melanoidine)이라는 갈색 색소를 형성한다.

일반적으로 대부분의 식품은 카르보닐 화합물과 아미노 화합물을 함유하고 있으므로 거의 모든 식품에서 일어날 수 있는 반응이며 토스트 빵, 비스킷, 위스키나 맥주, 구운 육류, 농축 우유, 로스팅한 커피 등이 그 예이다.

아미노 카르보닐 반응은 다른 비효소적 갈변과 달리 자연 발생적으로 일어난다.

아미노 카르보닐 반응의 진행과정은 초기단계, 중간단계, 최종단계로 나뉜다.

표 3-9 아미노 카르보닐 반응기작

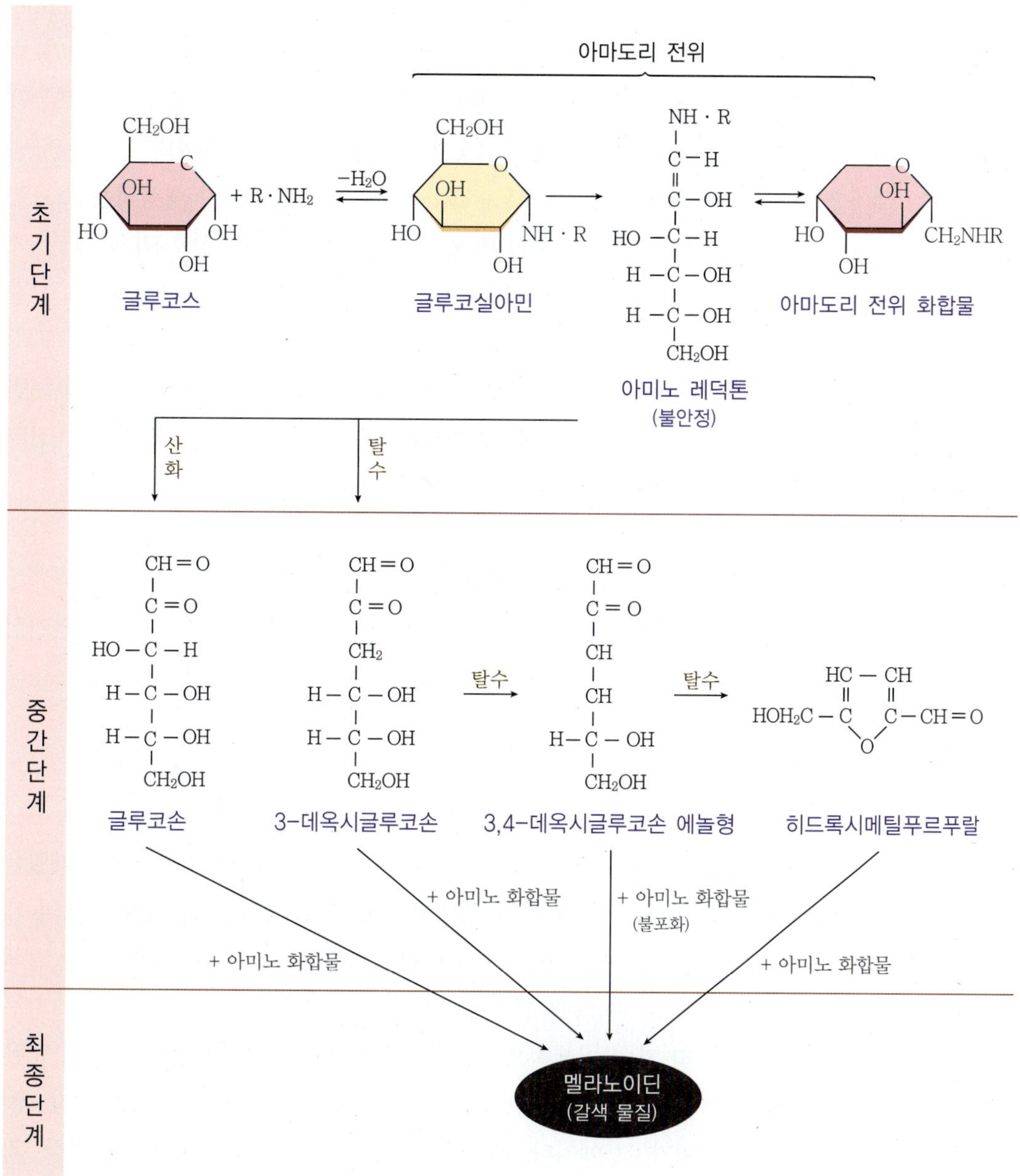

초기단계에서는 환원당과 아미노 화합물이 축합 반응에 의해 질소배당체를 형성하고, 이들이 아마도리(amadori)전위를 일으켜 글루코실아민(glucosyl amine)이 프락토실아민(fructosyl amine)으로 전위된다. 중간단계에서는 산화분해가 계속 일어나 오존(ozone), 불포화 3, 4-디데옥시오존(3, 4-dideoxyozone), 푸르푸랄(furfural) 등이 생성되며, 당의 분해산물이 형성되어 갈변에 관여되고 특유의 냄새가 난다. 최종단계에서는 알데히드(aldehyde)와 이산화탄소가 형성되는 스트랙커(strecker) 반응과 알돌(aldol)축합 반응, 중간단계의 생성물 상호 간의 중합·축합 반응과 여기에 다시 아미노 화합물의 계속적인 축합으로 불포화도가 크고 갈색을 띤 멜라노이딘을 형성한다.

아미노 카르보닐 반응은 반응온도에 크게 영향을 받으며 온도가 10℃ 오르면 갈변속도가 2~3배 증가한다. pH는 알칼리성으로 될수록 갈색화 반응이 촉진되며, 수분은 10~15%에서 가장 쉽게 갈변된다.

당의 종류에 따라 반응속도가 달라지는데 일반적으로 환원성 단당류가 갈색화속도가 크며 5탄당보다는 6탄당이 반응속도가 크다.

아미노 화합물은 아미노산의 사슬길이가 길수록 반응속도가 증가되고 염기성 아미노산(lysine, arginine)이 중성아미노산(glysine)이나 산성아미노산(glutamic acid)보다 갈변속도가 빠르다.

2) 캐러멜화 반응

캐러멜화 반응(caramelization)은 당류만을 고온(180~200℃)으로 가열하였을 때 산화·탈수 및 분해 반응에 의한 생성물들이 서로 중합·축합되어 갈색의 캐러멜이 생기는데 이러한 현상을 캐러멜 반응이라고 한다. 캐러멜화에 의한 갈색화 반응은 초기에는 어떤 형태이든 에너지의 공급이 필요하다. 즉, 아미노 카르보닐 반응과는 달리 자연 발생적으로는 일어나지 않는다. 캐러멜화는 당이 많은 식품들을 가열할 때 흔히 발생하는데, 설탕이나 물엿을 주원료로 하는 과자, 빵, 비스킷 등의 갈색화가 그 예이다. 캐러멜 색소는 장류, 청량음료, 양주, 약식, 과자류 등의 착색제로 사용된다.

캐러멜 반응은 산성조건에서는 5-HMF(5-hydroxy methylfurfural), 푸르푸랄 물질을 거쳐 레덕톤(reductone), 퓨란(furan) 유도체, 레뷸리닉산(levulinic acid), 락톤(lactone) 등을 형성하고 이들 분해 산물들이 산화, 중합, 축합을 하여 흑갈색의 휴민(humin)물질을 형성한다.

알칼리 조건하에서는 1, 2-enol형이 형성되고 이어 글리세르알데히드(glyceraldehyde), 트리오즈 엔디올(triose endiol)로 분해된 다음 이들이 중합·축합되어 휴민이 형성된다.

3) 아스코르브산 산화 반응

아스코르브산(ascorbic acid)은 강한 환원력을 갖고 있어 항산화제 또는 항갈색화제로 채소, 과일 등의 가공식품의 갈변방지를 위해 사용된다. 그러나 아스코르브산이 일단 비가역적으로 산화되면 산화 생성물들은 계속 산화·중합하여 갈색 물질을 형성하므로 아스코르브산 함량이 많은 감귤류 가공품에서는 이러한 갈변이 문제가 된다.

산소 존재 시의 반응과정은 아스코르브산이 디하이드로아스코르브산(dehydroascorbic acid)으로 산화되어 디케토글로닉산(2,3-diketo gulonic acid)을 거쳐 자일오존(L-xylosone)으로 된 다음 퓨란 유도체인 5-메틸-3,4-디하이드록시테트론(dihydroxytetron)의 형태로 자체 중합·축합 반응을 일으키거나 아미노 카르보닐 반응을 통해 갈색 물질을 형성한다.

FOOD SCIENCE

제4장

식품의 맛

1. 맛
2. 식품의 맛 성분의 종류

우리가 섭취하고 있는 모든 식품은 각기 고유한 맛을 지니고 있다. 맛은 그 자체가 영양가와 직접적으로 관계되는 것은 아니지만 식품의 좋은 맛은 식욕을 증진시킬 뿐만 아니라 소화흡수에도 도움을 준다.

또한 색깔의 경우와 마찬가지로 비정상적인 맛을 가졌을 때는 식품이 변했음을 알 수 있으므로 식품의 맛은 색깔, 냄새와 함께 식품의 기호적 가치뿐만 아니라 식품의 품질을 결정하여 주는 중요한 요소이다.

1. 맛

식품의 맛은 여러 종류의 정미성분이 혼합된 종합적인 것으로, 맛의 종류를 정확하게 분류하기가 어렵다.

1924년 헤닝(Henning)이 처음으로 식품의 맛을 단맛(sweet), 신맛(sour), 짠맛(saline), 쓴맛(bitter)의 4가지로 분류하고, 이것을 4원미라 하여, 맛의 사면체를 만들고, 이 외의 모든 맛을 이 사면체에 포함된 공간 중의 한 점에 배치할 수 있다고 하였다.

네 가지의 기본적인 맛 사이의 관계를 표시한 헤닝(Henning, H., 1924)의 정사면체(tetrahedron)의 모형과 실제로 네 가지 맛을 느끼는 혀 위치의 우연한 일치를 보여주는 그림

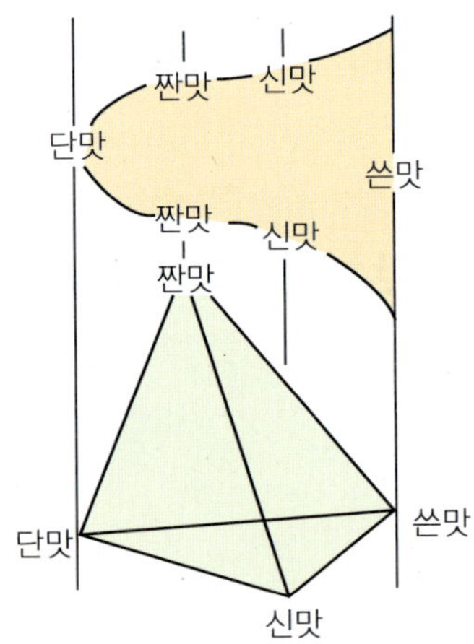

옆으로 본 맛을 느끼는 혀의 각 부분의 위치

[그림 4-1] **기본적인 네 가지 맛 사이의 관계를 표시한 헤닝의 정사면체**

동양에서는 헤닝의 4원미에 매운맛을 더하여 5미라고 한다. 맛에는 이 밖에도 떫은맛, 맛난맛, 아린맛, 금속맛, 알칼리맛, 기름맛 등 여러 가지 맛이 있다.

(1) 미각기관

식품의 맛은 미각에 의해 느끼게 되는데, 미각은 식품의 즙액 중에서 가용성 물질이 침과 합하여 혀의 표면을 생리적, 화학적, 물리적으로 자극하고 흥분시켜 줌으로써 느끼게 되는 감각이다.

미각기관은 혀의 각 부분에 돌기상으로 붙어 있는 크고 작은 여러 개의 유두(乳頭)와 그 상피 중에 있는 미뢰(味蕾)로 구성되어 있다.

유두에는 윤상유두(輪狀乳頭), 버섯상유두, 사상유두(俟狀乳頭), 엽상유두(葉狀乳頭)의 4종류가 있다. 미뢰는 폭이 약 40㎛, 길이가 약 70㎛의 달걀모양의 형태로서, 미각세포와 지지세포(支持細胞)가 분포되어 있으며 미각신경이 통해 있다.

침과 혼합된 식품의 즙액이 맛세포를 자극하기 위해 외부에서 미뢰로 들어가는 입구를 미공(味空)이라 한다. 미공의 수는 개인에 따라 다르며 나이가 많아짐에 따라 점차 감소된다고 한다.

침이나 음식물의 즙액에 녹아 있는 정미 물질은 미공을 통하여 미뢰로 들어가 미각세포를 자극하고, 미뢰 내부에 분포되어 있는 미각 신경에 의하여 대뇌의 미각 중추에 전달됨으로써 비로소 음식의 맛을 느끼게 된다.

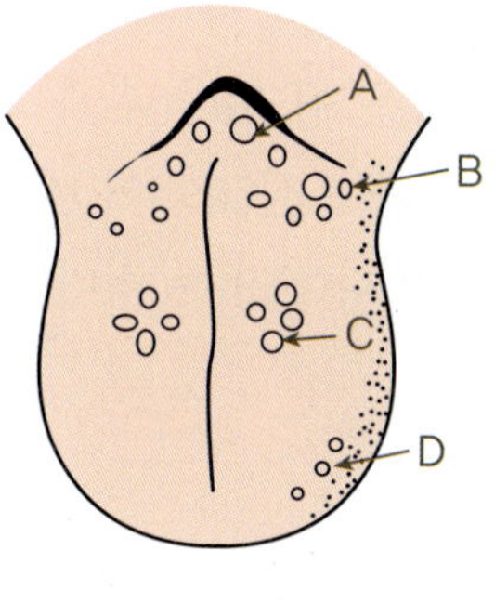

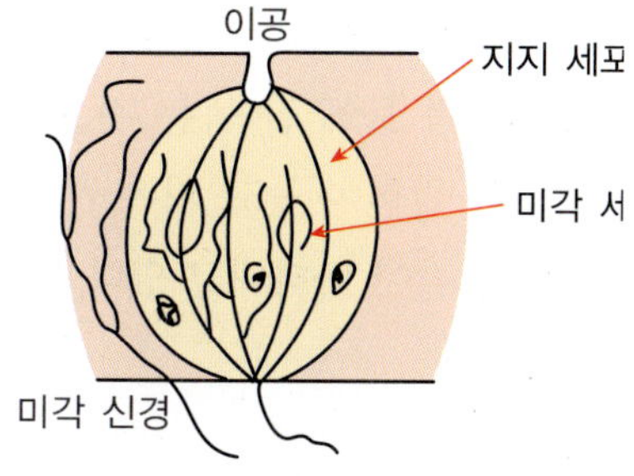

A. 윤상유두
B. 엽상유두
C. 사상유두
D. 버섯상유두

[그림 4-2] 유두의 위치와 미뢰

(2) 미각에 영향을 주는 요소

미각은 물질의 종류, 온도, 자극시간, 접촉면의 크기와 부위에 따라 다르고, 나이와 성별 등에 따라서도 다르다.

1) 혀 부위의 감수성

미뢰에 있는 미각신경은 혀의 표면에 널리 분포되어 있지만 혀의 부위에 따라 맛의 종류에 대한 감수성이 다르다. 즉 단맛은 혀끝, 쓴맛은 혀뿌리, 신맛은 혀의 양쪽, 짠맛은 혀끝과 양쪽, 매운맛은 혀끝에서 가장 강하게 느낀다. 따라서 리소우(Riesow)의 실험 결과와 같이, 혀 부위에 따라 느껴지는 정미 물질의 최소량도 다르다.

표 4-1 혀 각 부위에 있어서의 정미 물질 최소량 (단위:%)

화학적 미각	정미 물질	혀끝	혀의 양쪽	혀뿌리
짠맛	소금	0.25	0.24~0.25	0.28
신맛	염산	0.01	0.006~0.007	0.016
단맛	설탕	0.49	0.72~0.76	0.79
쓴맛	황산키니네	0.00029	0.0002	0.00005

2) 맛에 대한 시간의 영향

각 정미 물질이 혀에 닿아서 미각이 생기는 시간에도 맛의 종류에 따라 차이가 있다. 즉, 쓴맛은 혀뿌리에서 맛을 느끼기 때문에 입속에 넣은 뒤 얼마 후에 그 맛을 느끼게 되고 설탕처럼 물에 잘 녹는 것은 그 발현(發現)과 소실(消失)이 빠르고, 잘 녹지 않는 물질은 발현이 늦고 지속 시간이 길다. 마에다(前田)는 정미 물질과 반응시간을 다음과 같이 나타내고 있다.

표 4-2 미각의 반응시간

화학적 미각	정미 물질	반응시간(초)	농도(millimol)
짠맛	소금	1.1~1.6	450
단맛	설탕	1.2~1.7	170
신맛	염산	1.4~1.7	200
쓴맛	키니네	1.6~2.1	16

3) 온도의 영향

일반적으로 혀의 미각은 10~40℃일 때 잘 느껴지고, 특히 30℃ 정도에서 민감하며, 이보다 온도가 낮아질수록 미각이 둔해진다.

온도가 상승됨에 따라 단맛은 증가하고 짠맛과 쓴맛에 대한 반응은 감소된다.

표 4-3 맛을 느끼는 최적 온도

맛의 종류	온도(℃)	맛의 종류	온도(℃)
쓴맛	40~50	단맛	20~50
짠맛	30~40	신맛	25~50
매운맛	50~60		

(3) 미각의 생리현상

정미 물질을 혼합하면 다음과 같은 미각의 생리현상이 나타난다.

1) 맛의 강화

설탕에 소금을 0.15% 정도 넣어주면 단맛이 증가되고, 소금에 구연산 등 유기산을 가하면 짠맛이 증가되며, 글루탐산소다에 핵산계 조미료를 조금 첨가하면 맛난맛이 증가된다. 이와 같이 한 물질에 다른 물질이 섞여서 본래의 미각이 증가되는 현상을 맛의 강화현상 또는 상승 작용이라 한다.

2) 맛의 상쇄

단맛과 신맛, 단맛과 쓴맛을 내는 정미 물질을 적당히 혼합하면 각각의 맛이 약해진다. 이와 같이 두 가지 정미 물질을 혼합함으로써 각각 고유한 맛을 나타내지 못하고 약해지거나 없어지는 현상을 맛의 상쇄 작용이라 한다.

3) 맛의 변조

단것을 먹은 후에 사과를 먹으면 신맛이 느껴지고, 신 귤을 먹은 후에 사과를 먹으면 달게 느껴진다. 또한 쓴 것을 먹은 후에 사과를 먹으면 달게 느껴지고, 쓴

것을 먹은 직후에 물을 마시면 달게 느껴진다. 이와 같이 한 가지 맛을 느낀 직후에 다른 맛을 정상적으로 느끼지 못하는 현상을 맛의 변조현상이라 한다.

표 4-4 미각의 생리현상

종류	특징	예
강화현상 (Synergestic effect)	두 가지의 맛이 혼합되어 본래의 맛이 강화되는 현상	• 단팥죽에 소금을 넣으면 단맛이 증가 • 짠맛의 동치미국물에 신맛을 더하면 짠맛이 증가 • M.S.G에 I.M.P를 넣으면 감칠맛이 증가
상쇄현상 (Compansating effect)	두 가지 맛을 섞었을 때 주된 맛이 약해지는 현상	• 커피에 설탕을 넣으면 쓴맛 억제 • 신맛 강한 과일에 설탕을 넣으면 신맛 억제
변조현상 (Modulation)	한 가지 맛을 본 직후에 다른 맛을 정상적으로 느끼지 못하는 것	• 쓴약을 먹은 후 물을 마시면 달게 느껴짐 • 오징어를 먹은 후 귤을 먹으면 쓰게 느껴짐 • 단 것을 먹은 후 사과를 먹으면 신맛이 느껴짐

(4) 미각의 피로

같은 맛을 계속적으로 맛보게 되면 그 맛이 변하거나 미각이 둔해지는 것을 미각의 피로라고 한다. 미각 심사를 오랫동안 계속할 때 미각 판정의 정확도가 점차로 떨어지는 것은 미각의 피로 현상이 생기기 때문이다.

(5) 미맹

미각에는 개인차가 있어 식품의 맛에 대하여 다양한 반응을 보인다. 대부분의 사람들은 페닐티오카바마이드(phenyl thiocarbamide, PTC)에 대하여 쓴맛을 느끼나 일부 사람들은 전혀 맛을 느끼지 못한다. 이러한 사람들에 대해 색을 정확하게 식별하지 못하는 사람을 색맹이라고 하듯이 PTC에 대해 맛을 제대로 느끼지 못하는 사람을 미맹이라고 한다. 미맹은 유전적인 요인에 의한 것으로 보고 있다. 남자의 경우 25.9%, 여자의 경우 22.2% 정도라는 보고가 있으며 동양인보다 서양인에게 더 많다고 한다.

2. 식품의 맛 성분의 종류

(1) 단맛

단맛(sweet taste)을 갖는 화합물은 자연계에 다수 존재하는데, 당류, 당알코올, 아미노산 및 펩티드(peptide) 등이 있다. 단맛은 화학구조와 밀접한 관계를 가지며, 하이드록실기(-OH), 알데히드기(-CHO), 아미노기($-NH_2$) 등과 같은 원자단을 가지는 화합물을 감미 발현단이라 한다. 감미 물질이 단맛을 갖기 위해서는 이와 같은 감미 발현단이 있어야 하고, 여기에 $-CH_2OH$ 등과 같은 조감미발현단이 이들과 결합할 때 비로소 단맛을 나타낸다.

1) 당류

일반적으로 당류는 단맛을 가지고 있다. 당류의 종류, 이성체, 온도 등에 따라서 단맛이 다르다. 당의 감미도는 당의 입체구조와 온도에 의해 영향을 받는데 그 변화는 [그림 4-3]과 같다.

포도당(glucose)의 단맛은 α형이 β형보다 1.5배 더 달다. 수용액 상태에서 온도를 가하면 α형이 β형으로 전환되어 단맛이 약해진다. 과당의 경우에는 β형이 α형의 3배의 단맛을 가지는데, 수용액 중에서 과당은 β과당 $\leftrightarrow$ α과당의 상태로 존재하지만 저온에서는 β형으로, 고온에서는 α형으로 이행하기 때문에 온도가 증가함에 따라 단맛은 약해진다. 따라서 과일이나 주스를 차게 해서 먹을 때 단맛을 더 좋게 느끼게 되는 것도 이 때문이다.

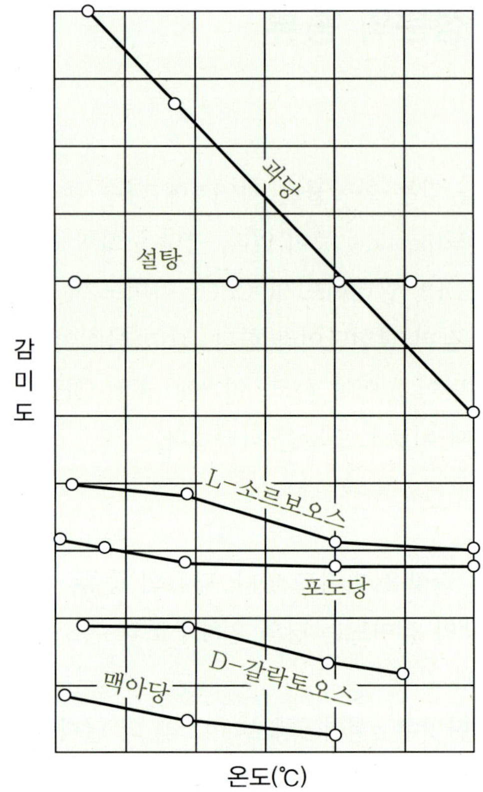

[그림 4-3] 각 당류의 온도에 의한 감미도 변화

2) 천연 감미료

천연 감미료는 식물의 잎, 종자 등으로부터 추출한 단맛이 있는 것으로 데이빗 C. 니만(David C. Nieman)이 실시한 실험에서 10% 설탕 용액의 단맛(100)에 대한 일부 당류와 당류 외의 강한 단맛을 가진 화합물들의 상대적 감미도는 [표 4-5]와 같다.

① 당류

포도당 단맛은 설탕의 75% 정도이나 사람의 기호에 잘 맞지 않는다. 과당(fructose)은 천연 당류 중에서 가장 단맛이 강하다. 과당은 단맛이 강할 뿐만 아니라 사람의 기호에 맞는 상쾌한 단맛을 준다. 설탕(sucrose)은 α, β의 이성체가 없어 단맛의 변화가 없으므로 표준 감미제로 사용된다. 맥아당(maltose)의 단맛은 온화하며 설탕의 30% 정도이다. 보통 맥아당은 β형이나 이것을 물에 타면 α형이 되어 덜 달다. 유당(lactose)은 설탕의 16% 정도로 비교적 단맛이 적다.

② 당알코올

단맛을 가지는 당알코올로는 솔비톨(sorbitol), 만니톨(mannitol), 자일리톨(xylitol) 등이 있다. 솔비톨은 포도당에 수소를 첨가하여 얻으며, 포도당과 같이 쉽게 흡수되어 혈당으로 전환되지 않기 때문에 당뇨병 환자들을 위한 감미료로 사용된다. 또한 흡수성이 좋고 수분의 보유량을 일정하게 하므로 보습제로 이용된다. 만니톨은 만노오스를 환원하여 얻은 것으로 곶감 표면의 흰 가루는 주로 만니톨이다. 자일리톨은 자일로스를 환원하여 만든 당알코올로 당뇨병 환자의 감미제로 사용되며, 입안에서 용해될 때 청량감이 있어 무설탕 껌 제조에 사용된다.

③ 아미노산

아미노산 중에서 글리신(glycine), 알라닌(alanine), 프롤린(proline), 세린(serine) 등 일반적으로 분자량이 적은 아미노산은 달고 분자량이 증가할수록 용해도가 떨어지면서 맛이 없는 아미노산이 된다.

④ 방향족 화합물

단맛을 갖는 물질에는 감초에 있는 배당체인 글리시리진(glycyrrhizin)이 있는데 설탕의 3~5배의 단맛을 가지고 있으며 담배 향료로 사용된다. 감차의 필로둘신(phyllodulcin)과 청소엽에 있는 페릴라틴(peryllartine, 일명 소엽당)도 단맛이 있으며 담배향료로 쓰인다. 스테비오사이드(stevioside)는 설탕의 200~300배로 충치예방에 효과적이다.

⑤ 황화합물

메틸메르캅탄(methyl mercaptan)과 프로필메르캅탄(propyl mercaptan)은 무, 양파의 매운맛으로 가열하면 단맛 황화합물이 된다.

표 4-5 천연감미료의 종류와 성질 (설탕 10% 용액 기준)

	종류	감미도	성질
당류	포도당 (glucose)	50~74	• α형이 β형보다 더 달다.
	과당 (fructose)	100~173	• 천연 당류 중 단맛이 가장 높고 상쾌한 단맛 • β형이 α형보다 더 달다
	설탕 (sucrose)	100	• α, β 이성체가 없어서 단맛이 일정 • 감미 표준 물질로 사용
	맥아당 (maltose)	50~60	• α형이 β형보다 더 달다. • 용액 상태에서 가열하면 감미도 증가
	유당 (lactose)	16~28	• β형이 α형보다 조금 더 달다. • 분유가 물을 흡수하면 β가 α형으로 되어 단맛 감소
당알코올	솔비톨 (sorbitol)	48~70	• 포도당을 환원하여 얻음 • 물에 잘 녹고, 청량한 감미, 흡습성, 보수성, 보향성 우수
	만니톨 (mannitol)	45	• 만노오스를 환원하여 얻음 • 상쾌한 감미, 다시마와 곶감의 흰가루 성분
	자일리톨 (xylitol)	75	• D-자일로오스를 환원하여 얻음
아미노산	L-루신산 (L-leucinic acid)	2,500	• 당뇨병환자의 감미료로 사용
	글리신(glycine), 알라닌(alanine)	60~70	• 분자량이 적은 아미노산들이 감미가 있음
방향족화합물	글리시리진 (glycyrrhizin)	30,000~50,000	• 감초의 뿌리 • 비식품용 감미료로 담배 향료로 이용
	필로둘신 (phyllodulcin)	20,000~30,000	• 감차 잎의 감미성분 • 당뇨병환자의 감미료로 사용
	페릴라틴 (perillartine)	200,000~500,000	• 차조기 잎의 단맛 성분 • 비식품용 감미료로 담배 향료로 이용
	스테비오사이드 (stevioside)	20,000~30,000	• 스테비아 잎 • 비발효성, 무칼로리로 충치예방과 다이어트에 효과적
황화합물	메틸메르캅탄 (methyl mercaptan), 프로필메르캅탄 (propyl mercaptan)	5,000~7,000	• 무, 양파, 마늘은 가열에 의해 단맛으로 변함

3) 인공감미료

인공감미료는 열량이 거의 없으며 소량을 사용해도 단맛을 낼 수 있으므로 저칼로리나 설탕을 제한해야 하는 환자에게 활용하는 경우가 많다. 우리나라에서 사용이 허가된 것은 사카린, 아스파탐, 아세설팜칼륨 등이다. 인공감미료는 [표 4-6]과 같다.

표 4-6 인공감미료의 종류와 성질 (설탕 100 기준)

종류	감미도	성질
사카린 (saccharin)	500~700	• 1879년에 처음으로 합성(세계 80여 개 나라에서 사용) • 하루 3g 이하로 섭취해야 인체에 무해
아스파탐 (aspartame)	150~200	• 1965년에 발견, 1974년 미 FDA로부터 허가 • L-아스파르트산과 L-페닐알라닌의 디펩티드 • 비가열 식품과 산성 식품에 사용 • 설탕, 과당, 포도당 등과 혼합할 경우 상승효과를 나타냄
아세설팜칼륨 (acesulfame potassium)	130	• 끝맛에 쓴맛이 거의 없으며 최근 우리나라에서 사용 허가
수크랄로오스 (sucralose)	600	• 설탕의 유도체로 국제기구에서 안전하다고 인정
둘신 (dulcin)	70~350	• 1883년에 발견 • 발암 물질로 밝혀지면서 사용이 금지
사이클라메이트 (cyclamate)	50	• 인공감미료 중 가장 설탕에 가까운 단맛을 가짐 • 발암 물질로 알려지면서 사용금지

(2) 짠맛

짠맛(salty taste)은 음식의 간을 맞출 때 기본이 되는 맛이다. 대표적인 물질로는 소금, 간장, 된장 등으로 대부분이 중성염의 맛이며, 염화나트륨(NaCl) 외에 염화칼륨(KCl), 브롬화나트륨(NaBr), 요오드화나트륨(NaI) 등이 있다.

이들 염류가 짠맛을 띠는 원인은 음이온인 염소, 브롬, 요오드 용액 때문이며 양이온은 약간의 쓴맛을 가진다. 즉, 짠맛은 무기 및 유기의 알칼리염이 해리하여 생긴 이온의 맛으로 음이온(-)은 짠맛을 내고, 양이온(+)은 짠맛을 강하게 하거나 부가적인 맛을 나타낸다.

무기염이 해리하여 생긴 음이온의 경우 짠맛의 강도는 SO_4^{-2}>Cl^->Br^->I^->HCO_3^->NO_3^-의 순이다.

짠맛의 대표적인 것은 소금(NaCl)으로, 가장 순수한 짠맛을 나타낸다. 소금이 순수한 짠맛을 내는 것은 염소이온(Cl^-)의 짠맛에 비해 나트륨이온(Na^+)의 쓴맛이 매우 약하기 때문이다.

일반적으로 국물의 소금농도는 약 1%일 때 가장 알맞은 짠맛을 낸다. 짠맛에 유기산이 섞이면 짠맛이 강화되고, 단맛에 0.1% 정도의 소금이 섞이면 단맛이 강화된다.

식염과 비슷한 짠맛을 지니고 있는 물질로는 말론산 암모늄(ammonium malonate), 세바신산 암모늄(ammonium sebacate), 사과산 암모늄(ammonium maliate) 등의 유기산염이 있다. 이러한 물질들은 신장병, 간장병, 고혈압 등의 식염 제한 환자에게 식염대용으로 사용되거나 무염간장 제조에 사용된다.

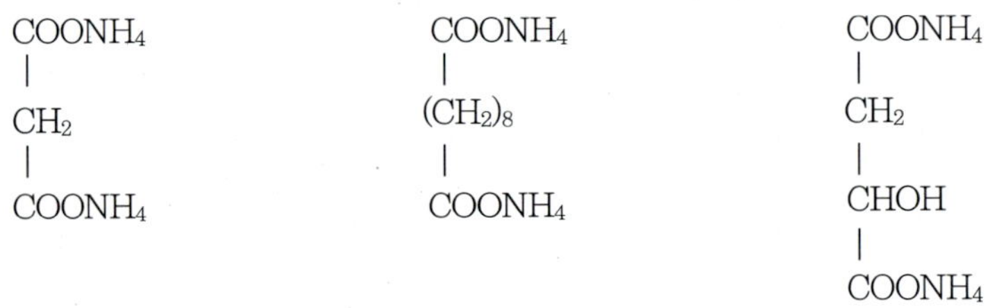

말론산의 암모늄염 세바신산의 암모늄염 사과산의 암모늄염

[그림 4-4] 짠맛을 주는 유기산의 암모늄

(3) 신맛

신맛(sour taste)은 맛과 더불어 향기를 수반하기 때문에 식품에 풍미를 더해준다. 일반적으로 신맛이 나는 것은 정미 물질의 전해질이 수용액 중에서 해리되어 수소이온(H+)을 내기 때문이다.

무기산은 일반적으로 유기산보다 신맛이 더 강하며 염산, 질산, 황산의 순서로 신맛이 강하다. 무기산은 쓴맛이나 떫은맛을 주어 불쾌한 신맛을 준다. 무기산 중에서 식품에 이용되는 것은 인산과 탄산뿐이다. 인산의 경우 청량음료에 이용되고 탄산은 청량음료와 맥주에 이용된다.

유기산의 신맛의 강도는 종류에 따라 다르며 같은 농도로 하여 신맛의 강도를 비교하면, 염산을 100으로 하였을 때 구연산 78, 사과산 72, 젖산 65, 초산 45, 낙산 32이다.

식품에 널리 들어있는 유기산은 다음과 같다.

표 4-7 유기산의 종류

종류	구조	식품	특징
식초산 (acetic acid)	CH_3-COOH	식초, 김치류	식초의 주성분
젖산 (lactic acid)	$CH_3-CHOH-COOH$	김치류 젖산음료 발효유제품	신맛, 방부성
사과산 (malic acid)	$HOOC-CH_2-CHOH-COOH$	사과, 감귤류	상쾌한 신맛
구연산 (citric acid)	$HOOC-CH_2COH-C-$ $COOH-CH_2-COOH$	복숭아, 감귤류	상쾌한 신맛
주석산 (tartaric acid)	$HOOC-(CHOH)_2-COOH$	포도	칼륨염으로 존재
낙산 (butyric acid)	$CH_3-CH_2-CH_2-COOH$	장아찌의 신맛, 신김치	불쾌한 신맛
호박산 (succinic acid)	$HOOC-CH_2-CH_2-COOH$	청주, 조개류, 사과, 딸기	감칠맛을 갖는 신맛
아스코르브산 (ascorbic acid)	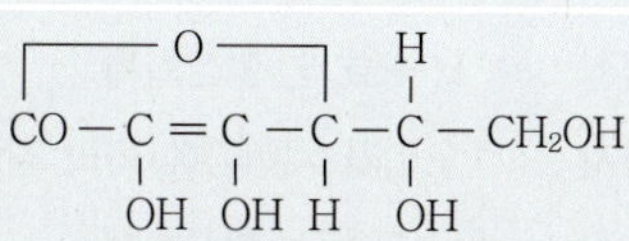	과일, 채소류	V-C 상쾌한 신맛 산화·갈변 방지
글루콘산 (gluconic acid)	$HOOC-(CHOH)_4-CH_2-OH$	곶감, 양조식품	풍미 있는 신맛

(4) 쓴맛

쓴맛(bitter taste)은 일상식품이나 기호음료에 많이 쓰인다. 식물성분인 퀴닌(quinine), 카페인(caffeine) 같은 알칼로이드(alkaloid)는 독성을 갖는 것이 많다. 쓴맛은 인간의 자기보존을 위한 본능적 감각으로 매우 적은 양으로도 민감하게 느낀다. 현재까지 보고된 쓴맛 물질의 최소 감지량은 다음과 같다.

표 4-8 쓴맛 물질의 최소 감지량

쓴맛 물질	최소 감지량(%)
스트리크닌(strychnine) 염산염	0.00006
퀴닌(quinine)	0.00005
퀴닌(quinine) 염산염	0.0016
테오브로민(theobromine)	0.004

적절한 쓴맛은 식욕을 증진하고 맛의 변화를 주므로 다른 미각과 혼합되면 독특한 풍미를 준다. 맥주의 호프, 커피, 초콜릿 등이 기호품으로 애용되는 것은 독특한 쓴맛 성분 때문이라고 할 수 있다.

쓴맛을 주는 성분으로는 알칼로이드, 배당체, 아미노산, 무기염류 등이 있다.

표 4-9 쓴맛 성분

종류		소재	특징
알칼로이드	카페인(caffeine)	차, 커피, 콜라	녹차는 2~3%, 홍차는 3%, 커피는 1%, 코코아는 0.2%의 카페인 함유 심장, 신장, 중추신경계에 흥분 작용
	테오브로민(theobromine)	코코아, 초콜릿	이뇨제
	퀴닌(quinine)	키나	쓴맛의 표준 물질 해열 진통제
배당체	나리진(naringin)	밀감의 껍질	V-P효과, 항산화제
	큐커비타신(cucurbitacin)	오이의 꼭지	오이가 익어감에 따라 감소
	케르세틴(quercetin)	양파의 껍질	V-P효과, 항산화제
케톤류	후물론(humulon) 루풀론(lupulon)	홉(맥주의 원료)	기포성, 항균성
	투존(thujone)	쑥	쓴맛을 가지나 독성이 없음
무기염류	염화마그네슘($MgCl_2$) 염화칼슘($CaCl_2$)	간수	두부응고제로 쓰임
아미노산	L-트립토판(L-tryptophane) L-루신(L-leucine) L-페닐알라닌(L-phenylalanine)	단백질 분해물	치즈, 된장, 젓갈 등 발효식품의 단백질 분해과정 중 생성

종류		소재	특징
기타	이포메아마론(ipomeamarone)	흑반병 고구마	흑반병 고구마의 쓴맛
	리모넨(limonene)	감귤류	과즙이 신선할 때는 쓴맛이 없으나 저장, 가공처리하면 쓴맛
	사포닌(saponin)	콩, 도토리	약한 유독 성분

(5) 매운맛

매운맛(hot taste)은 대개 향신료에 많이 들어 있는데, 이것은 미각신경을 강하게 자극하여 느껴지는 맛으로 식욕을 증진시킨다. 특히 우리나라의 김치, 고추장 등에 사용되는 고추의 매운맛은 다른 나라에서 볼 수 없는 한국 고유의 음식 맛을 내는 데 큰 비중을 차지한다. 매운맛은 맛에 긴장감을 주는 등 미각에 주는 영향뿐만 아니라 소화액의 분비를 촉진하여 식욕을 증진시키며 건위(健胃), 살균, 살충 작용을 돕는다.

매운맛 성분은 [표 4-10]과 같이 산아미드류, 황화합물류, 방향족 알데히드 및 케톤류, 아민류 등으로 나눌 수 있다.

표 4-10 매운맛 성분

종류		소재	특징
산아미드류	캡사이신(capsaicin)	고추	체내에서 항산화 작용
	차비신(chavicine)	후추	후추에는 0.8%의 차비신이 들어 있음
	산쇼올(sanshool)	산초	조피나무열매의 매운맛
황화합물류	시니그린(sinigrin)	흑겨자, 고추냉이	시니그린은 미로시나아제(시니그리나아제)에 의해 가수분해 되어 알릴 이소티오시아네이트를 생성
	디알릴설파이드(diallyl sulfide) 디알릴디설파이드(diallyl disulfide) 프로필알릴설파이드(propyl allylsulfide) 알리신(allicin)	부추유	마늘, 파, 양파, 부추 등의 매운맛 성분 알리신은 마늘, 양파의 매운맛 성분으로 알리인이 알리나아제에 의해 가수분해 되어 생성

종류		소재	특징
방향족알데이드 및 케톤류	진저론(zingerone) 쇼가올(shogaol) 진저롤(gingerol)	생강	생강의 매운맛
	커큐민(curcumin)	강황	강황의 매운맛으로 카레가루의 재료
	시나믹 알데히드 (cinnamic aldehyde)	계피	계피의 매운맛 성분 수정과, 과자에 쓰임

(6) 떫은맛

떫은맛(astringent taste)은 수렴성의 맛으로서, 혀 표면에 있는 점막단백질이 일시적으로 변성·응고되어 미각신경이 마비되어 일어나는 감각이다. 떫은맛이 강하면 불쾌하지만 차나 포도주에서의 약한 떫은맛은 다른 맛과 조화되어 독특한 풍미를 부여한다.

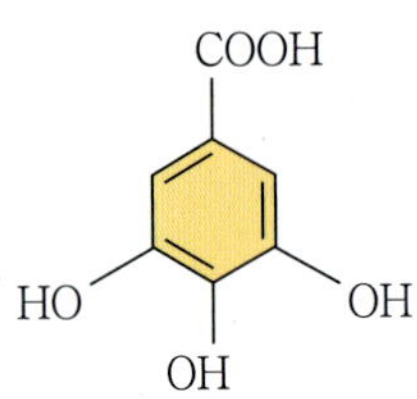

갈산

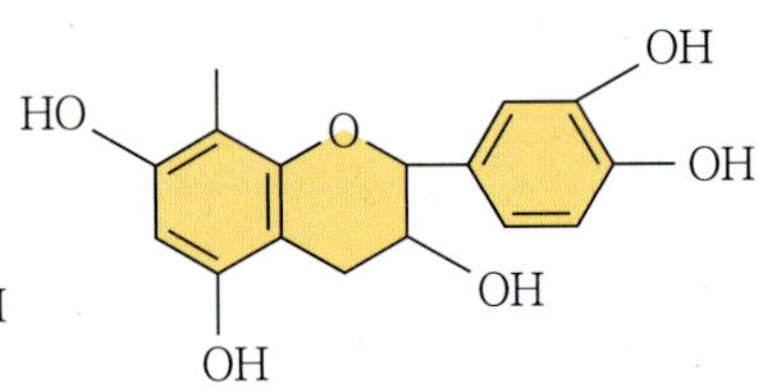

카테킨

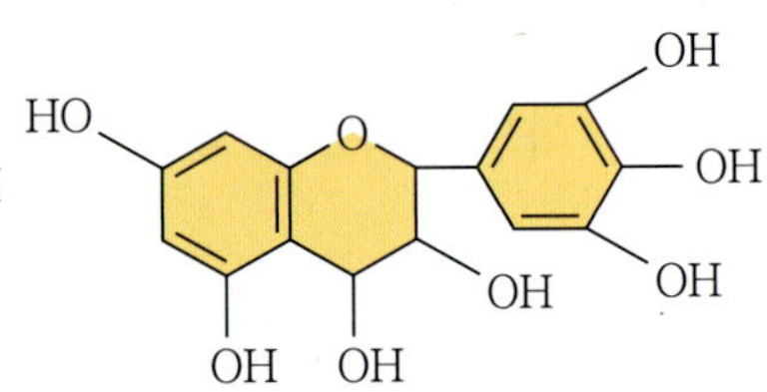

시부올

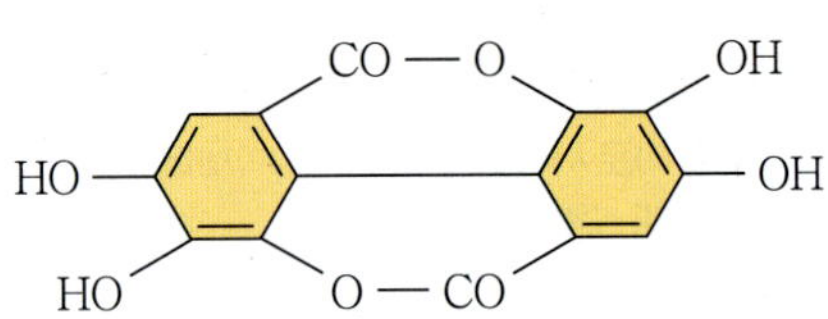

엘라지산

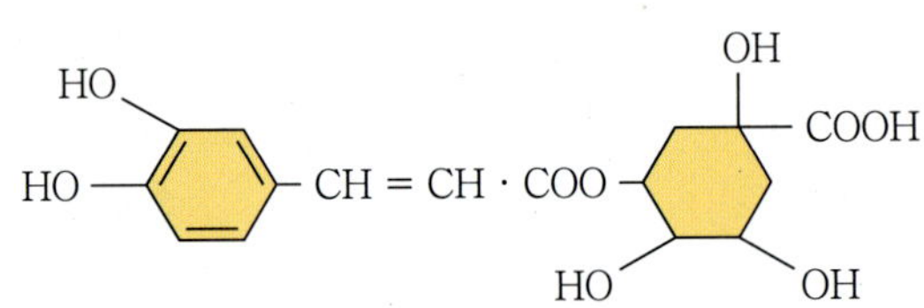

클로로겐산

[그림 4-5] **떫은맛 성분들**

표 4-11 떫은맛 성분

종류	소재	특징
시부올 (shibuol)	감	갈산과 플로로글루시놀의 축합물
엘라지산 (ellagic acid)	밤	2분자의 갈산이 축합
클로로겐산 (chlorogenic acid)	커피, 고구마, 감자, 가지, 사과, 배	카페산과 퀴닌산의 에스테르 결합 감자, 고구마, 사과 등 흑변
카테킨 (catechin)	차, 과일, 채소	녹차의 떫은맛

(7) 맛난맛

맛난맛(palatable taste)은 감칠맛, 구수한맛 등으로 표현되며, 여러 가지 정미 물질이 혼합되어 나타나는 맛이다. 고기추출액, 된장, 간장, 젓갈류, 해조류, 버섯류, 죽순 등에서 느낄 수 있는 맛이다. 맛난맛은 아미노산, 펩티드, 뉴클레오티드(nucleotide), 유기산 등이 관여하고 있다.

식품의 맛난맛 성분으로 대표적인 것은 다음과 같다.

1) 글루탐산소다

1908년 일본의 이케다(池田)가 해조에서 맛 성분을 추출하여 글루탐산이라는 것이 발견되어 그 후 글루탐산소다(mono sodium glutamate, MSG)의 염으로 조미료로 판매되었다.

2) 뉴클레오티드류

뉴클레오티드는 염기-당-인산의 3성분으로 이루어졌으며 핵산(RNA, DNA)의 구성단위가 된다.

핵산계 향미 물질인 뉴클레오티드류의 일반구조는 다음과 같다.

X = H 5′-IMP(inosine 5′-monophosphate)
= NH_2 5′-GMP(guanosine 5′-monophosphate)
= OH 5′-XMP(xanthine 5′-monophosphate)

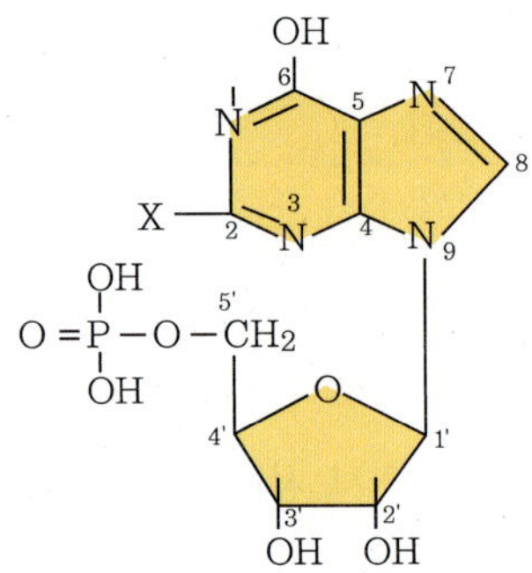

[그림 4-6] **뉴클레오티드의 구조**

향미증진 작용의 크기는 guanosine 5′–monophosphate(5′–GMP) > inosine 5′–monophosphate(5′–IMP) > xanthine 5′–monophosphate(5′–XMP)의 순서이고, 5′–GMP가 5′–IMP에 비하여 3배 정도 강한 것으로 알려져 있다.

5′–뉴클레오티드는 MSG와는 다른 맛을 내지만, 이들을 혼합하면 상승효과에 의해 맛난맛이 훨씬 강하게 된다. 이러한 원리를 이용하여 뉴클레오티드와 MSG를 혼합한 복합조미료가 제품화되고 있다.

3) 유기산

호박산(succininc acid)은 유기산의 하나로, 청주 및 조개류에 함유되어 있으며 발효생성물에도 들어 있다.

4) 아미노산류

새우, 게, 조개류에 들어 있는 글리신은 겨울철에 맛난맛을 내고 여름철에는 글리신이 메틸화한 유도체인 베타인(betaine)이 맛난맛을 낸다. 오징어나 문어 중의 타우린(taurine) 등도 맛난맛을 낸다. 그 밖에 크레아티(creatine), 크레아티닌(creatinine)은 어류, 육류의 맛난맛 성분이다.

(8) 기타의 맛

1) 아린맛

아린맛(acrid taste)은 쓴맛과 떫은맛이 섞인 불쾌한 맛으로 죽순, 고사리, 토란, 우엉, 가지 등에서 느낄 수 있다.

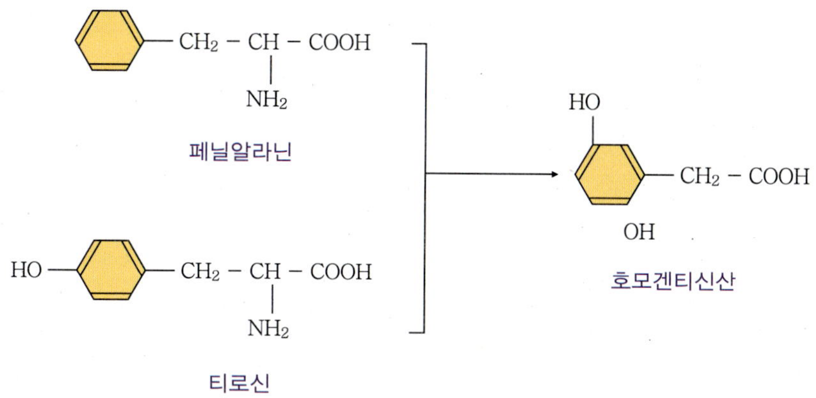

[그림 4-7] **호모겐티스산의 생성**

이들은 먹기 전에 물에 담그면 아린맛의 일부가 제거된다. 맛성분은 무기염류, 배당체, 알칼로이드, 탄닌, 유기산 등에 의하여 나타난다고 하며 아직 밝혀지지 않은 것이 많다. 죽순, 토란, 우엉의 아린맛 성분은 티로신의 대사 물질인 호모젠티스산(homogentisnic acid)이다.

2) 금속맛, 알칼리맛

금속맛(metallic taste) 철, 은, 주석 등 금속이온의 맛으로 수저나 식기 등에서 느낄 수 있다. 알칼리맛(alkaline taste)은 중조를 넣고 조리한 음식에서 느낄 수 있다.

3) 교질맛

교질맛(colloidal taste)은 식품 중에서 교질 상태를 형성하는 다당류나 단백질이 혀의 표면과 입속의 점막에 물리적으로 접촉될 때 느끼는 맛이다. 밥이나 떡의 호화전분, 찹쌀밥의 아밀로펙틴(amylopectin), 과일잼의 펙틴질, 해조류의 알긴산과 한천, 밀가루의 글루텐(gluten), 동물성 식품의 뮤신(mucin), 뮤코이드(mucoid), 젤라틴(gelatin) 등이 식품에 교질맛을 주는 예이다.

FOOD SCIENCE

제5장

식품의 냄새

1. 냄새의 분류
2. 식물성 식품의 냄새 성분
3. 동물성 식품의 냄새 성분
4. 식품의 조리·가공과 냄새 성분

식품의 냄새는 식품을 구성하는 중요한 요소 중 하나이며 미각이나 시각과 함께 식품의 외형적인 품질을 결정하여 준다.

일반적으로 호감을 주거나 즐거움을 주는 냄새를 향(香, odour), 불쾌감을 주는 냄새를 취(臭, stink)라고 한다. 음식물의 냄새를 코로 맡는 것을 aroma, 미각을 통해서 입으로 느끼는 냄새를 flavour라고 구별하기도 한다.

냄새는 종류만도 10만 가지 이상이고 각각의 냄새들은 많은 성분들로 복합적으로 이루어져 있으며, 그 함량이 매우 적고 변화되기 쉬운 휘발성이기 때문에 정확하게 냄새를 규명하기 어렵다. 그러나 최근에는 GC(gas chromatography), HPLC(hight performance liquid chromatography), MS(mass spectrometer) 등의 기술발달로 식품의 냄새 성분 분석이 활발하게 이루어지고 있다.

1. 냄새의 분류

헤닝(Henning)은 다음과 같이 6가지 종류의 기본적인 냄새로 분류했다.

- 향신료 향(spicy odour): 후추, 마늘, 생강 등의 향기
- 꽃 향(fragrant odour): 장미, 매화 등의 꽃 향기
- 수지 향(resinous odour): 테르펜유, 송정유(松精油) 등의 향기
- 썩은 냄새(foul stink): 부패된 고기, 부패된 달걀의 냄새
- 과일 향(fruiey odours): 귤, 사과 등의 향기
- 탄 냄새(brunt stink): 캐러멜 냄새

Amoore 등은 기본적인 냄새로서 장뇌 냄새(camphorous), 사향 냄새(musky), 에테르 냄새(ethereal), 박하 냄새(minty), 매운 냄새(pungent), 썩은 냄새(putrid), 꽃 냄새(floral) 등 7가지를 들고 있다.

냄새는 휘발성 물질이 코 안에서 후각신경을 자극하여 일어나는 감각이다. 냄새를 느끼는 곳은 비강 상부에 있는 코의 점막이며 여기에 냄새를 느끼는 후각세포가 밀집해 있다. 공기 중에 분산된 냄새는 후각상피 표면의 점막에 녹아 섬모와 충돌하면 후각세포가 흥분되고 이 자극은 후각신경을 통하여 뇌에 전달되어 냄새를 느끼게 된다.

2. 식물성 식품의 냄새 성분

(1) 과일류의 향기 성분

과일은 그 향기 성분이 미량으로 함유되어 있으나 전체적인 식품의 품질 평가에 있어서 향기의 비중이 크다. 대표적인 과일의 향기 성분들은 다음과 같다.

1) 사과의 향기 성분

사과는 약 40종의 향기 성분을 가지고 있는 것으로 밝혀졌다. 사과의 냄새 성분은 알코올류, 알데히드, 케톤류와 같은 휘발성 카르보닐 화합물(volatile carbonyl compounds), 초산, 프로피오산, 뷰티르산 등의 유기산과 그 에스테르(ester)류가 주 성분으로 알려져 있다. 사과의 향기 성분은 에틸 뷰티레이트(ethyl butyric), 에틸 프로피오네이트(ethyl propionate), 에틸 아세테이트(ethyl acetate) 등의 에스테르류이다.

$CH_3CH_2CH_2COOCH_2CH_3$	에틸 뷰티레이트(ethyl butyrate)
$CH_3CH_2COOCH_2CH_3$	에틸 프로피오네이트(ethyl propionate)
$CH_3COOCH_2CH_3$	에틸 아세테이트(ethyl acetate)

[그림 5-1] 사과의 향기 성분

2) 감귤류의 향기 성분

레몬, 오렌지, 자몽 등 감귤류의 공통적인 향기 성분은 리모넨(limonene), 코페인(copaene), 큐베벤(cubebene) 등의 테르페노이드(terpenoid) 화합물이 중요한 향기 성분이다.

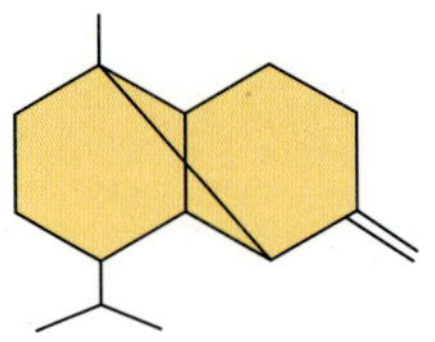

β-코페인

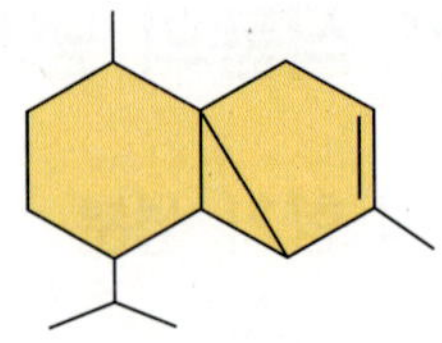

α-큐베벤

[그림 5-2] 감귤 속의 휘발성 향기 성분

3) 바나나의 향기 성분

바나나의 향기 성분은 메틸 아세테이트(methyl acetate), 에틸 아세테이트(ethyl acetate), 아밀 아세테이트(amyl acetate), 이소아밀 아세테이트(isoamyl acetate) 등의 에스테르류이다.

CH_3COOCH_3	메틸 아세테이트(methyl acetate)
$CH_3COOCH_2CH_3$	에틸 아세테이트(ethyl acetate)
$CH_3COOCH_2CH_2CH_2CH_2CH_3$	아밀 아세테이트(amyl acetate)
$CH_3COOCH_2CH_2CH_2CH(CH_3)-CH_3$	이소아밀 아세테이트(isoamyl acetate)

[그림 5-3] 바나나의 향기 성분

(2) 채소류의 향기 성분

채소류의 향기 성분은 각종 휘발성 유황 화합물 또는 유황 화합물의 분해생성물 등이며, 그 외의 과일류와 마찬가지로 알데히드류, 케톤류, 유기산 등의 휘발성 화합물 등에 의해서 냄새가 난다.

1) 오이의 향기 성분

오이의 중요 향기 성분은 2, 6-노나디엔알(nonadienal)이며, 그 외에 에탄올(ethanol), 프로판올(propanol), 헥산알(hexanal) 등이 있다.

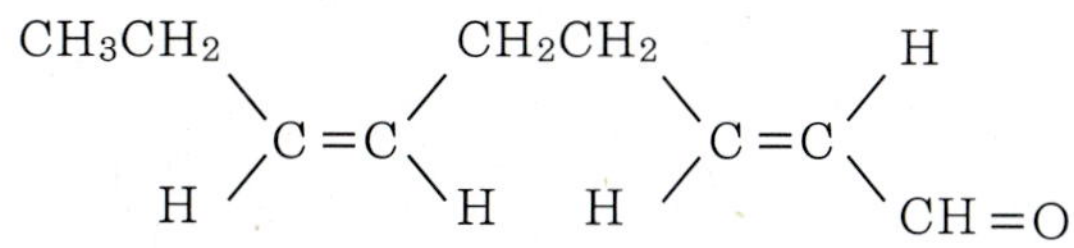

[그림 5-4] **2, 6-노나디엔알**

2) 당근의 향기 성분

당근의 특이한 향기 성분으로는 테르피놀렌(terpinolene), 미리스티신(myristicin) 등이 있다.

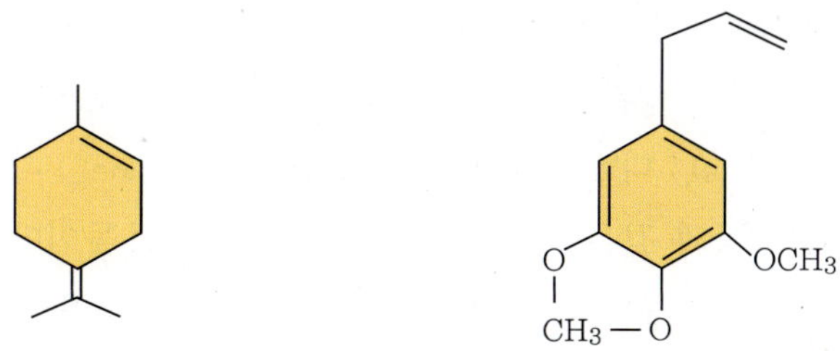

테르피놀렌 미리스티신

[그림 5-5] **당근의 향기 성분**

3) 배추, 양배추, 무의 향기 성분

배추, 양배추, 무 등은 비교적 많은 양의 유황아미노산을 함유하고 있다. 이들 채소는 가열하거나 조리 전에는 강한 냄새를 갖고 있지 않으나 가열, 조리함으로써 아미노산들이 분해되어 황화수소가 형성되어 특유의 냄새를 갖게 된다.

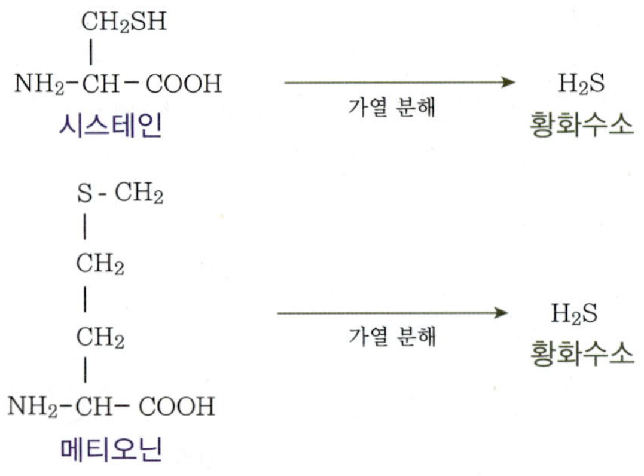

[그림 5-6] **함황아미노산들의 가열에 의한 황화수소 형성**

4) 파, 양파, 마늘 등의 향기 성분

배추나 무와는 반대로 가열, 조리 전에는 매우 강한 자극적 냄새를 갖고 있으나 가열, 조리 후에는 자극적인 냄새가 거의 사라진다.

파, 양파, 마늘의 향기 성분들은 디메틸설파이드(dimethyl sulfide), 디프로필설파이드(dipropyl sulfide), 디알릴디설파이드(diallyl disulfide), 디알릴트리설파이드(diallyl trisulfide) 등과 같은 휘발성이 강한 함황 화합물들이다.

마늘에는 냄새를 내는 물질로 알리인이 존재하는데, 마늘을 썰거나 다지면 마늘 조직이 파괴되고 이때 알리나아제가 접촉하여 알리신을 생성한다. 알리신은 마늘의 주요 매운 냄새와 매운맛 성분이다.

$CH_3 - S - CH_3$ 디메틸설파이드

$CH_3CH_2CH_3 - S - CH_3CH_2CH_3$ 디프로필설파이드

$CH_2 = CH - CH_2 - S - CH_2 - CH = CH_2$ 디알릴설파이드

$CH_2 = CH - CH_2 - S - S - CH_2 - CH = CH_2$ 디알릴디설파이드

$CH_2 = CH - CH_2 - S - S - S - CH_2 - CH = CH_2$ 디알릴트리설파이드

[그림 5-7] **파, 양파, 마늘의 휘발성 황화합물**

5) 겨자과 식물의 향기 성분

겨자과에 속하는 배추, 양배추, 순무, 겨자, 유채씨 등의 씨에는 글루코시놀레이트(glucosinolate)로 알려진 황화합물을 함유하고 있다. 특히 겨자씨에 함유된 글루코시놀레이트인 시니그린(sinigrin)은 원래 냄새가 없으나, 이것을 마쇄할 때 그 조직 내에 존재하는 효소 미로시나제에 의하여 가수분해 되어 자극성을 가진 냄새 성분인 알릴 이소티오시아네이트를 형성한다.

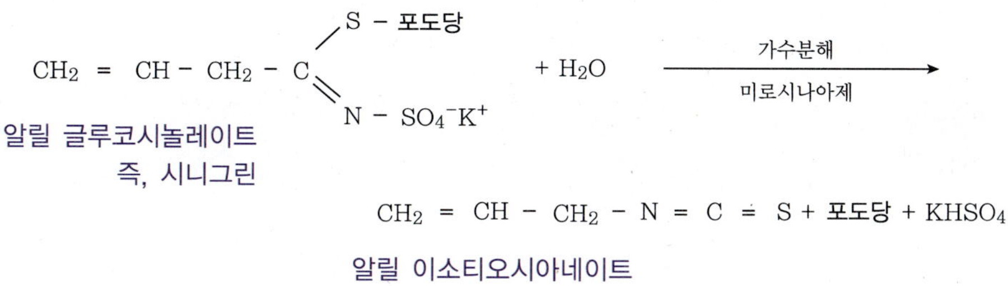

[그림 5-8] **겨자의 향기 성분**

6) 셀러리의 향기 성분

셀러리는 향기 성분인 휘발성 유황 화합물들 이외에 특유한 향기 성분인 세다놀리드(sedanolide) 등이 있다.

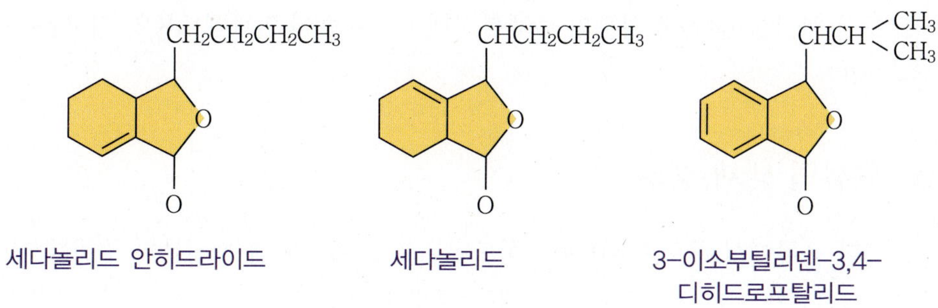

[그림 5-9] **셀러리의 향기 성분**

7) 땅콩류의 향기 성분

땅콩류를 볶거나 가열처리를 하면 바람직하게 고소한 향기를 갖게 된다. 가열처리된 땅콩류의 향기 주성분은 피라진(pyrazine) 유도체들이 있다. 피라진 유도체들은 땅콩뿐만 아니라 대두나 커피콩 또는 기타 콩류를 볶거나 가공 처리할 때 형성되는 바람직한 향기의 주요성분의 하나이다. 이 피라진 유도체들은 땅콩과 같은 두류 속에 함유된 당류와 아미노산 사이에 일어나는 마이얄 갈색화 반응(Maillard browning reaction)의 결과 형성되는 것으로 알려져 있다.

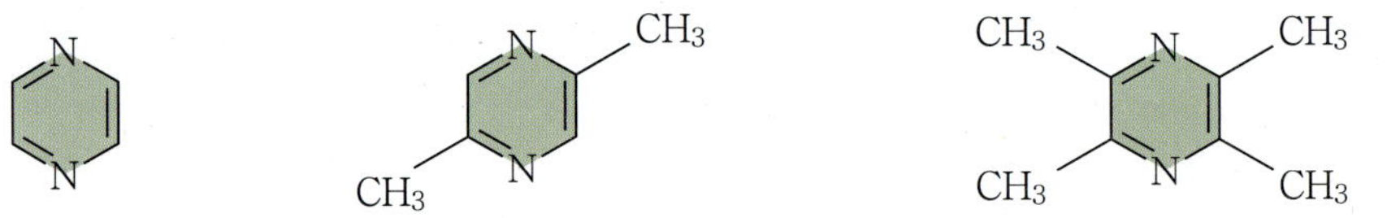

피라진 　 2, 5-디메틸 피라진 　 2, 3, 5, 6-테트라메틸 피라진

[그림 5-10] **땅콩류의 향기 성분**

3. 동물성 식품의 냄새 성분

동물성 식품인 육류, 어류 등의 냄새 성분은 단백질, 아미노산, 기타 질소 화합물의 분해에 의한 휘발성 아민 화합물들이다. 우유 및 유제품에는 지방산 및 카르보닐 화합물이 냄새 성분의 주체를 이루며 그 밖에 알데히드류와 알코올류 등이 있다.

(1) 육류의 냄새 성분

신선한 육류에서 주로 아세트알데히드(acetaldehyde)가 냄새 성분의 주체를 이룬다. 신선도가 떨어지는 육류는 불쾌한 냄새가 나는데, 이것은 육류 중의 단백질, 아미노산, 기타 질소 화합물들이 미생물의 작용에 의하여 휘발성 아민류, 황화수소(H_2S) 등을 생성하기 때문이다.

가열, 조리한 육류는 특유의 향기를 가지는데, 주로 아미노산 및 다른 질소 화합물들이 당과 함께 반응하는 마이얄 갈색화 반응의 결과로 형성된 휘발성 카르보닐 화합물과 퓨란(furan), 퓨라논(furanone), 피라진(pyrazin)과 같은 환상 화합물이 형성된다.

H_2S 황화수소 CH_3-S-CH_3 디메틸설파이드

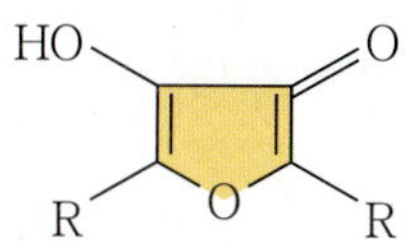

퓨라논 유도체

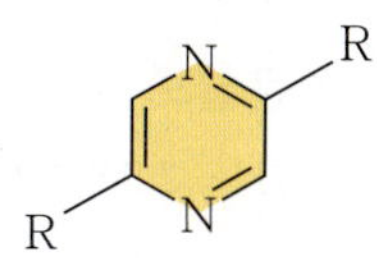

피라진 유도체

[그림 5-11] **가열한 육류의 냄새 성분**

(2) 우유와 유제품의 냄새 성분

우유와 유제품의 냄새 성분은 주로 아세톤(acetone), 아세트알데히드, 낙산(butyric acid) 및 메틸설파이드(methyl sulfide)에 의한 것이다. 가열 살균된 우유, 연유 등의 유제품의 특유한 냄새 성분으로서 델타-락톤류(δ-lactone)가 검출되고 있다.

버터의 냄새 성분은 원래 우유가 가지고 있던 냄새 성분과 발효 및 제조과정 중에 생성된 냄새 성분으로 구성되어 있다. 버터의 중요한 냄새 성분은 디아세틸(diacetyl)과 아세토인(acetoin)이다.

$CH_3COCOCH_3$	디아세틸(diacetyl)
$CH_3CHOHCOCH_3$	아세토인(acetoin)
$CH_3(CH_2)_4CH(CH_2)_3C{=}O$ └ O ┘	델타-데카락톤(δ-decalactone)

[그림 5-12] **우유와 유제품의 냄새 성분**

치즈의 특유한 냄새 성분은 베타-메틸메르캅토프로피온에이트(β-methylmercapto

-propionate)인데 이것은 메티오닌(methionine)의 광분해와 산화에 의해 생긴 것이다.

(3) 어류의 냄새 성분

신선한 어류의 경우 특유의 비린내는 거의 없다. 그러나 신선도가 떨어지면 비린내가 강해지므로 생선의 냄새는 신선도를 판단하는 척도가 된다.

어류의 냄새 성분들로는 주로 질소함유 화합물들, 유황함유 아미노산들의 분해에 의해서 형성되는 휘발성 물질들이다.

질소함유 화합물로는 본래 냄새가 없는 트리메틸아민 옥사이드(trimethylamine oxide)가 미생물의 작용에 의하여 트리메틸아민(trimethylamine)으로 환원되어 비린내가 나게 된다. 이것은 선도가 저하됨에 따라 증가하므로 어류의 선도를 측정하는 척도가 될 수 있다.

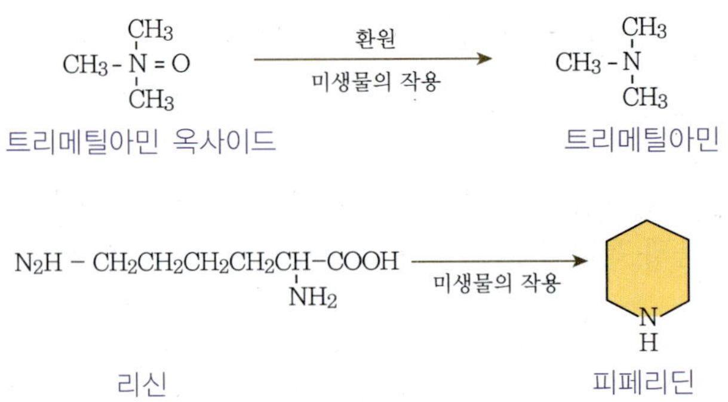

[그림 5-13] **어류의 냄새 성분**

또 생선의 신선도가 떨어지면 아미노산이 분해되어 황화수소, 인돌(indole), 스카톨(skatole), 카다베린(cadaverine) 등이 생성되어 상한 생선 냄새를 풍긴다. 그리고 상어, 홍어 등의 연골어의 체액 중에는 약 20%가량의 요소가 함유되어 있으며 신선한 어육에서도 요소가 분해되어 암모니아 냄새를 낸다. 전라도 지방의 삭힌 홍어 회의 독특한 톡 쏘는 맛은 암모니아의 풍미에 의한 것이다.

민물고기는 트리메틸아민 옥사이드가 매우 적으므로 그 냄새의 본체는 트리메틸아민이 아니고 아미노산인 리신(lysine)에서 생성된 피페리딘(piperidine)이다.

4. 식품의 조리·가공과 냄새 성분

(1) 가열에 의한 냄새 성분

식품을 가열하면 여러 가지 냄새가 난다.

밥을 할 때 식욕을 돋우는 냄새, 커피와 차를 볶는 구수한 냄새, 빵이나 고기를 구울 때 입맛을 돋우는 냄새, 채소를 삶을 때 휘발성 황 냄새, 우유를 가열하면 좋지 않은 가열취가 난다.

이들의 냄새는 주로 당과 아미노산의 반응으로 생성되는 휘발성 물질들과, 지질의 분해와 함황화합물의 분해 산물 등에 의한다.

표 5-1 가열에 의한 냄새 성분

분류	생성 물질	내용
밥의 냄새	아세트알데히드, 암모니아, 저급 알데히드 등	밥을 지을 때 식욕 촉진
캐러멜냄새	푸르푸랄, 히드록시푸르푸랄 등	설탕 등 당류의 가열, 분해, 산화 과정 중 풍미물질 생성
삶은 채소 냄새	황하수소, 아세트 알데히드, 메틸프로필 메르캅탄 등	채소를 삶을 때 휘발성 황 화합물, 감미물질 생성
빵의 냄새	디아세틸, 풀푸랄, 피라진 등	빵 굽는 동안 카르보닐화합물 생성
우유의 냄새	황화수소,카아보닐화합물, 락톤 등	열변성에 의한 황화합물 등 좋지 않은 가열취
커피의 냄새	피라진, 퓨란, 피롤메틸메르캅탄, 디메틸 디설파이드, 암모니아, 아민	커피 빈을 볶는 과정에서 아미노-카르보닐화합물 생성

(2) 발효, 훈연에 의한 냄새 성분

발효식품의 냄새 성분은 원료식품의 성분이 효소에 의해 분해되어 생성되거나 이들의 혼합물에 의한 것이다.

청주, 맥주, 된장, 간장, 김치 등의 냄새는 탄수화물, 단백질, 아미노산 등의 성분으로부터 미생물 대사에 의하여 생성된 여러 가지 유기산, 알코올, 알데히드, 케톤 등의 혼합취이다.

치즈의 향기 성분은 뷰틸알코올(butyl alcohol), 에틸알코올(ethyl alchol), 에틸뷰티레이트(ethyl butyrate), 뷰타논(2-butanone) 등이다.

훈연식품인 햄, 베이컨의 풍미는 연기의 성분인 저분자의 피라진 등이 식품 표면에 부착하여 독특한 풍미를 형성하며 살균력과 항산화 작용도 커진다.

(3) 효소에 의한 냄새 성분

겨자과에 속하는 겨자, 양배추, 무 등의 채소와 파과에 속하는 마늘, 양파, 파, 부추 등의 채소는 조리 과정 중 효소가 작용하여 자극적인 냄새를 낸다.

겨자, 양배추, 무, 고추냉이 등에 들어 있는 알릴 글루코니놀레이트(시니그린)는 미로시나아제에 의해 이소티오시아네이트(겨자유)를 생성하여 매운 맛과 냄새를 낸다.

마늘에는 냄새를 내는 전구물질로 알리인(alliin)이 있는데, 마늘을 썰거나 다지면 조직이 파괴되어 알리나아제(allinase)와 반응하여 알리신(allicin)이 생성되어 매운 냄새가 난다.

양파, 파, 부추 등에 함유되어 있는 냄새는 황화합물로 각종 디설파이드(disulfide)류이다. 이러한 성분들은 가열 시 메르캅탄으로 환원되면서 단맛을 나타내는데, 프로필 메르캅탄은 설탕의 50~70배의 단맛을 낸다.

(4) 부패에 의한 냄새 성분

미생물에 의해 식품이 부패되면 다양한 악취를 낸다. 신선도가 떨어진 단백질 식품의 부패취는 단백질이나 아미노산이 분해되어 생긴 인돌(indole), 스캐톨(skatole), 황화수소(H_2S), 메틸메르캅탄(methyl mercaptan), 암모니아(NH_3), δ-아미노발레르알데히드(δ-aminovaleraldehyde) 등이다. 또한 쉰밥의 냄새는 유기산인 뷰티르산(butyric acid)으로 시큼한 냄새가 난다. 오래된 유지류는 산패로 인하여 저급 지방산, 알데히드(aldehyde)와 케톤(ketone) 등이 생성되어 불쾌한 냄새를 나타낸다.

제6장

식품의 물성

1. 식품의 텍스쳐
2. 식품의 콜로이드
3. 식품의 리올로지

1. 식품의 텍스쳐

식품의 조직구조가 사람의 촉감에 미치는 물리적 성상을 식품의 텍스쳐(texture)라고 한다. 그 어원은 라틴어의 textura(짜여진 베)로서 섬세함과 성상을 나타낸 식품 조직감의 성상을 수량화 하고 품질의 검정에 응용하기 위하여 각종의 측정방법이 고안되었다. 널리 사용되는 방법은 식품에 가해진 외력과 그것에 의하여 생기는 변형률과의 관계를 구하는 것으로 보통 표준품과 비교하여 실용적인 품질평가에 응용되고 있다.

식품의 조직감은 기계적 성질과 기하학적 성질로 크게 나눌 수 있다. 최근에는 텍스투로미터(texturometer)와 같은 기기를 사용하여 조직감에 대한 주관적, 감각적 평가는 물론, 객관적 측정값에 의한 종합적 평가를 실시하는 경우가 많다. 식품의 조직감은 식품의 기호적 가치와 밀접한 관계가 있다.

표 6-1 식품 조직감의 특성 분류

성질		용도	특성의 내용
기계적 성질	견고성 응집성	부드럽다 – 단단하다	변성하기 위해 필요한 힘 내부적 결합력
	취약성	바삭바삭하다 – 푸석푸석하다	파쇄 하는 데 필요한 힘
	저작성	연하다 – 질기다	고형의 음식을 씹는 데 필요한 힘
	점착성	부스러지기 쉽다 – 풀 같다 – 껌 같다	반고형의 음식을 씹는 데 필요한 힘
	점성	묽다 – 되다	단위의 힘에 의해 유동하는 거리
	탄력성	소성이다 – 탄력성이다	외력을 제거하였을 때 모양이 본래의 상태로 되돌아가는 성질
	부착성	미끈미끈하다 – 끈적끈적하다	입안에 붙어 있는 것을 떼어내는 데 필요한 힘
기하학적 성질	섬유성 결정성	박편상, 섬유상, 펄프상 분상, 입상	입자의 모양과 구조 입자의 크기와 모양
기타 성질	수성 유성 크림성	마르다 – 촉촉하다 – 축축하다 기름지다 미끈미끈하다(크림 상태)	수분 함유 정도 유지의 함유 성분 비율

2. 식품의 콜로이드

(1) 콜로이드의 종류

콜로이드 용액을 구성하고 있는 입자의 직경은 1~100nm 정도이다. 콜로이드 입자는 진용액보다 크고 부유 상태보다 작아서 용해되거나 침전되지 않고 분상 상태로 존재한다. 예를 들면, 전분이나 분유를 물에 풀었을 때 침전이나 용해되지 않고 콜로이드 입자로 물에 분산된다. 콜로이드 용액의 전 체계를 이어주는 것을 분산매(연속상)라고 하고 녹아 있는 물질을 분산질(분산상)이라고 한다.

표 6-2 분산질의 분류

항목	진용액	콜로이드	현탁액
분산질의 크기	분자 또는 이온	비교적 큰분자	분자 덩어리
직경	1nm 미만	1nm~0.1μm	0.1μm
관찰	현미경으로 관찰 불가	현미경으로 관찰 가능	눈으로 관찰 가능
운동성	분자 운동	브라운 운동	중력에 의한 운동

콜로이드의 분류는 분산매와 분산질에 따라 여러 가지로 분류된다.

식품에는 분산매가 액체인 콜로이드가 가장 많다. 물과 기름같이 서로 섞일 수 없는 액체가 미세하게 분산되어 있는 콜로이드 상태를 유화액(emulsion)이라 하며, 액체인 분산매에 고체가 분산되어 있는 콜로이드 상태를 현탁액(suspension)이라 한다.

표 6-3 분산계의 분류

분산매	분산질	분산계	식품
기체	고체	분말	밀가루, 설탕, 전분
액체	기체	거품	맥주, 휘핑크림, 청량음료의 거품
	액체	유화액	마요네즈, 우유, 버터
	고체	현탁액	주스, 수프, 된장국
고체	기체	고체 거품	쿠키, 빵
	액체	고체 유탁	젤리, 아이스크림, 동결 두부

(2) 콜로이드 상태

1) 졸

콜로이드 분산매가 액체이고 분산질이 고체이거나 액체로 전체적인 분산계가 액체 상태 일 때를 졸(sol)이라 한다. 식품 중에서는 우유, 전분 액, 수프, 된장국 등이다.

2) 겔

한천 및 젤라틴을 물에 넣어 가열한 것을 냉각시키면 굳어져 일정한 모양을 가지는데, 이와 같은 상태를 겔(gel)이라 한다. 겔 식품은 한천 젤리, 젤라틴 젤리, 묵, 두부, 어묵, 삶은 달걀 등이다.

겔을 오래 방치하면 분상사의 그물눈이 수축하여 분산매를 분리하는 수가 있는데, 이 현상을 이액현상(syneresis)이라고 한다. 겔을 건조한 것을 제로겔(xerogel)이라 하는데 건조 한천, 건조 젤라틴, 껌 등이다.

(3) 콜로이드 특성

콜로이드 용액은 소금, 설탕 등을 물에 녹인 진용액과 그 성질이 다르며, 다음과 같은 특성을 갖는다.

1) 브라운 운동

영국의 브라운(Robert Brown)이 처음 발견한 것으로 액체 또는 기체 내에 미립자가 떠다니면서 불규칙적인 운동을 계속하는 것을 의미한다. 콜로이드 입자는 브라운 운동에 의해 모든 방향으로 움직이고 분자들끼리 충돌함으로써 중력에 저항하여 가라앉지 않는다.

2) 반투성

소금, 설탕 등 작은 분자는 셀로판 막과 같은 반투막을 통과 할 수 있으나, 단백질, 한천, 전분 등과 같이 분자의 크기가 큰 콜로이드 입자는 반투막을 통과하지 못한다.

3) 흡착

콜로이드 입자는 숯과 같이 그 체적에 비하여 표면적이 대단히 크기 때문에 다른 물질에 대하여 흡착 작용이 강하다.

4) 응고

전분 및 젤라틴 수용액에서 분산상과 물이 단단하게 결합한 친수 졸은 전해질을 넣어도 비교적 안정하여 침전하지 않으나 소수 졸은 전해질을 넣으면 콜로이드 입자가 곧 침전한다. 이 현상을 응고(coagulation)라 한다.

소수 졸에는 입자의 전하에 의하여 주로 분산되어 있으므로 소량의 전해질을 넣어 전하를 증가시키면 불안정하던 입자가 서로 집합하여 쉽게 응집된다. 그러나 친수성 졸에서는 전해질을 넣어도 잘 침전되지 않는데, 이 경우에는 전하의 중화 외에 입자와 결합하고 있는 물의 분자를 유리시켜야 한다. 따라서 많은 양의 전해질을 가하면 친수성 졸을 침전시킬 수 있는데 이것을 염석(salting out)이라 한다.

5) 거품

분산질이 기체이고, 분산매가 액체인 교질을 거품(foam)이라 한다. 유화액에 유화제가 첨가되어야만 안정되듯이 거품에도 기포제가 첨가되어야 안정된다. 반대로 두부, 물엿, 발효제품 제조 시에는 거품이 바람직하지 않으므로 찬공기, 지방산 에스테르와 같은 소포제를 사용하여 거품을 없앤다.

3. 식품의 리올로지

(1) 식품의 리올로지 특성

식품의 리올로지(rheology) 특성은 식품의 기호적 가치에 큰 영향을 미치는데 리올로지와 관련된 기본적 성질은 탄성, 점성, 점탄성, 소성 등이다.

화학공업에서는 액체와 기체의 리올로지에 관하여 많이 다루고 있으나 식품공업에서는 반고체, 고체, 분체 등을 많이 다루고 있다.

1) 탄성

탄성(elasticity)이란 외부의 힘에 의하여 변형을 받고 있던 물체가 외부의 힘이 제거될 때 원래의 상태로 되돌아가려는 성질을 말한다. 모든 물체는 약간의 탄성을 가지고 있으며, 일반적으로 탄성이 있는 물체는 탄성 한계 내에서 외부의 힘을 제거하면 원상태로 되돌아가는 탄성변형(elastic desormation)을 한다. 탄성변형에는 늘어나기, 줄어들기, 층밀리기, 휨, 비틀림 등이 있다.

2) 점성

액체가 흐르기 쉬운지 어려운지를 가리키는 성질을 점성(viscosity)이라 한다. 잘 흐르는 물, 간장, 식초는 점성이 낮고, 수프나 소스는 점성이 중간이며 물엿이나 꿀은 흐름에 대한 저항이 커서 점성이 높다. 액체는 온도를 올리면 점성이 낮아진다.

3) 점탄성

밀가루에 물을 넣고 반죽한 것을 잡아당기면 늘어나기도 하고 그 모양이 바뀌기도 하는데, 이처럼 탄성변형과 점성유동이 동시에 일어나는 복잡한 성질을 점탄성(viscoelasticity)이라 한다. 밀가루 반죽, 인절미, 막대기 모양의 엿 등이 점탄성을 나타내는 식품이며 점탄성은 온도 및 그 변화, 시간 등에 영향을 받는다.

점탄성체는 다음과 같은 성질을 가지고 있다.

① 예사성

청국장이나 일본의 낫또, 달걀 흰자위 등에 젓가락을 넣어 당겨 올리면 실을 빼는 것과 같이 되는 성질을 예사성(spinability)이라 한다.

② 바이센베르크 효과

연유에 젓가락을 세워서 회전시키면 연유가 젓가락을 따라 올라가는 성질이 바이센베르크(weissenberg)효과이다.

③ 경점성

점탄성을 나타내는 식품의 경도를 말하며 반죽 또는 떡의 경점성은(consistency)을 파리노그라프(farinograph)를 이용하여 [그림 6-1]과 같이 각종 밀가루의 파리노그람을 측정한다.

④ 신전성

신전성(extensibility)은 국수처럼 늘어나는 성질을 말하며 브라벤더 엑스텐소그라피(Brabender extensograpy) 등의 측정장치를 사용하여 [그림 6-1]과 같이 각종 밀가루의 엑스텐소그람(extenxogram)을 측정한다.

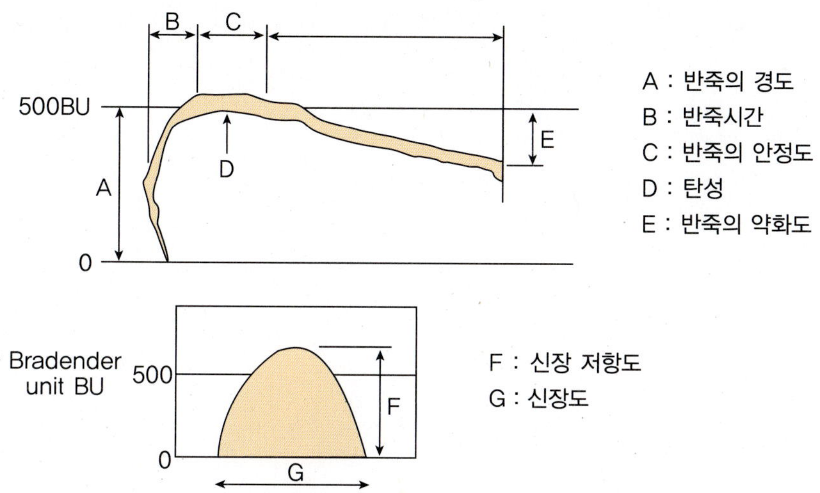

[그림 6-1] 파리노그람과 엑스텐소그람

4) 가소성

외부에서 일정한 값 이상의 힘을 주면 변형이 일어나지만, 힘을 없애도 처음으로 되돌아가지 않는 성질을 가소성(plasticity)이라 한다. 버터, 마가린, 쇼트닝은 가소성을 지닌 식품으로 외부에서 작은 힘을 주어도 탄성변형, 점성유동이 일어나지 않아 최종식품의 형태를 유지해 주는 역할을 한다.

(2) 유체 및 반고체 식품의 리올로지

1) 뉴턴 유체

뉴턴(Newton) 유체는 외부의 힘과 유동속도가 비례하는 물체를 말하는데, 이는 균일한 형태와 크기를 가진 단일 물질로 구성되어 있다. 즉, 화학적으로는 순수하고 물리적으로는 균일한 물체이다. 차, 맥주, 커피, 청량음료, 술, 우유 등이 이에 해당된다.

2) 비뉴턴 유체

비뉴턴(non-Newton) 유체는 외부의 힘과 전달속도 사이에 비례관계가 성립하지 않는 모든 유체를 말하는데 토마토 케첩이나 젤리 등이 이에 해당된다.

제7장

기능성 식품

1. 기능성 식품의 정의
2. 기능성 식품의 종류

1. 기능성 식품의 정의

기능성 식품이란 식품이 갖는 생체 방어, 신체 리듬 조절, 질병의 예방과 치료, 면역 활성, 알레르기 감소, 비만 방지, 노화 억제 등의 기능을 생체가 발휘하도록 설계하여 가공된 식품으로 일상적으로 섭취 가능한 식품을 의미한다.

2. 기능성 식품의 종류

(1) 식이섬유

식이섬유(dietary fibers)란 인간의 소화효소로서 소화되지 않는 식품 성분을 말하며 물에 녹지 않는 불용성과 물에 잘 녹는 수용성 식이섬유로 나눈다. 불용성 식이섬유에는 식물의 세포벽을 구성하는 셀룰로오스, 헤미셀룰로오스, 리그닌 등이 있고, 수용성 식이섬유에는 수용성 펙틴, 검류, 해조다당류 등이 있다. 식이섬유는 식품 내에서는 보수성, 용해성, 점성, 흡착성 등의 중요한 물리·화학적 특성에 관여하는 성분이다. 인체 내에서는 변비 억제, 혈당상승 억제, 혈중 콜레스테롤 저하, 혈압강하, 장내 세균총의 개선, 대장암의 억제 등 생리활성을 나타낸다.

표 7-1 식이섬유의 분류

급원	특징	분류	존재식품
식물조직	불용성 식물구조 형성 물질	섬유소 헤미셀룰로오스 펙틴(불용성) 리그닌	채소, 곡류, 콩, 미강 곡류, 콩, 미강 과일, 채소 코코아, 미강, 콩

급원	특징	분류	존재식품
식물조직	수용성 비구조 형성 물질	펙틴(수용성)	채소, 과일
		식물검	
		구아검	구아종자
		글루코만난	곤약
		곡류검	보리, 오트, 연맥 등의 배아
		해조다당류	갈조류(탱글, 곤포)
		알긴산	적조류
		카라기난	
		전분유래 다당류	난소화성덱스트린
		전분	
		화학적 합성 다당류	폴리덱스트로스
동물조직	불용성	키틴	게, 새우 껍질
		키토산	

(2) 올리고당

일반적으로 단당류가 10개 이하로 결합된 것을 올리고당(oilgosaccharides)이라고 하며 소당류라고도 한다. 주요구성 단당류에 따라 글루코올리고당, 프럭토올리고당, 갈락토올리고당, 이소말토올리고당 등으로 분류하고 결합구조 및 모양에 따라 직쇄올리고당, 분지올리고당으로 분류한다. 식품 공업에서는 유제품을 비롯하여 건강보조식품이나 조미료 등의 첨가물로 사용되거나 증점제, 안정제, 유화제, 보습제, 결착제 등 식품의 물성개선을 위해 광범위하게 이용되고 있다. 인체 내 생리적 기능으로는 장내 유용세균인 *Lactobacillus bifidus* 젖산균의 증식촉진 작용을 비롯하여 정장 작용, 당뇨의 혈당개선효과, 변비예방, 콜레스테롤 저하, 간 기능 보호 작용 등의 효과를 발휘하며 저칼로리의 특성을 활용하여 체중 조절식 등에 사용되기도 한다.

표 7-2 **기능성 올리고당의 특성과 식품 산업 이용**

급원	존재식품
저감미	캐러멜, 아이스크림, 드레싱, 캔디, 젤리, 휘핑크림, 껌
유산균 증식 인자	요구르트, 청량음료, 간장
광택제	쌀 과자, 크래커, 김, 빵, 사탕
빙점강하	아이스크림, 냉동식품, 아이스캔디
보습제	떡, 빵, 케이크, 페이스트리

(3) 키토산

키토산(chitosan)의 원료인 키틴은 게나 새우와 같은 갑각류 등에 많이 분포하면서 단백질과 복합체를 이루고 있는 다당류이다. 키틴에서는 N-아세틸글루코사민이 β-1, 4-glucosidic 결합을 하고 있는데, 키틴을 알칼리 처리하여 탈아세틸화 반응에 의해 자유아미노기를 갖게 하면 키토산이 형성된다.

키토산은 물에 녹지 않으나 산성에서 용해시키면 떫고 쓴맛의 점액성 용액이 되는데 식품에 그대로 이용하기에는 부적합하므로 효소를 처리하여 키토산 올리고당을 생성시킨다. 이들 키토산과 키토산 올리고당 모두 독성이 없고 흡착성, 보습성, 유화성, 생분해성을 나타내며, 인체 내 생리활성을 지니는 것으로 알려져 있어 항균활성, 콜레스테롤 저하, 면역기능강화, 비피더스균 생육 촉진 및 항암 등 기능을 나타낸다.

(4) 펩티드류

펩티드는 다양한 조합의 아미노산이 펩티드결합에 의해 중합물을 형성하고 있는 것으로 우유의 카제인, 대두단백질 및 어육단백질 등의 분해물에서 제조한다. 체내에서 칼슘흡수 촉진(포스포펩티드 등), 진통 및 진정 작용(β-카소몰핀 등), 혈압강하, 면역증강(대두글로불린 등), 혈소판 응집저해, 혈중 콜레스테롤 감소 등의 생리활성을 가진다.

(5) 기능성 지방질

유지 섭취로 인한 건강상의 문제점들을 줄이고 유지의 기호성을 유지하면서 필수 지방산 및 기능성 물질들을 함유한 지방질이다. 기능성 지방질은 동·식물 자원의 품종개량이나 유전자를 조작하여 주요 성분의 함량을 증가시키거나, 유지의 단순 분리, 화학적 변형을 통하여 생산되고 있다. 식물성 유지 중에 함유된 생리 기능성 지방질에는 글리세롤, 불포화지방산, 포화지방산, 인지질, 당지질, 스테롤, 토코페롤, 카로티노이드, 세사민, 감마-오리자놀, 고시폴 등이 있다.

(6) 식용 및 약용버섯류

송이버섯·표고버섯·목이버섯 등은 식품재료로 이용될 뿐 아니라 약용으로도 쓰여 왔으며, 최근에는 영지버섯·아가리쿠스버섯·동충하초·상황버섯 등 전문적인 약용버섯이 많이 재배, 생산되고 있다. 이들 버섯은 종류에 따라 성분조성과 생리활성 성분이 다양하나 β-D-글루칸을 비롯하여 스테로이드, 식이섬유 등이 함유되어 있고 항종양·면역기능 증진·항염·혈당강하·혈압강하·콜레스테롤 억제 등의 기능성을 가진다.

(7) 유산균 소재

유산균은 전통적으로 요구르트와 같은 발효유 제품이나 김치와 같은 발효 채소류를 제조하기 위하여 이용되어 왔던 미생물이다. 유용 유산균 제제를 활생균(probiotics)이라고도 하며 숙주의 건강에 유익한 효과를 나타내는 미생물이나 그 성분을 의미한다. 유산균의 기능성은 장내 유해세균 억제에 의한 정장 작용, 유당 불내증의 경감효과, 변비방지, 혈중 콜레스테롤의 감소, 항종양 작용, 혈압강하효과, 당뇨예방 등으로 알려져 있다.

FOOD SCIENCE

제8장

효소

1. 효소의 분류
2. 효소의 기질 특이성
3. 효소의 종류
4. 효소 반응에 영향을 미치는 인자
5. 효소의 식품 산업적 이용

효소(enzyme)는 생물에 의해서 생산되는 생체촉매로 현재 약 2,200여 종류나 되고 효소의 대부분은 생산한 생물의 세포 내에 존재하며 생물체에서 볼 수 있는 모든 화학 반응을 촉매하고 있다. 원칙적으로 하나의 화학 반응에는 하나의 특정 효소가 관여하고 있다고 생각할 수 있으므로 효소의 종류도 매우 많은 것이다.

즉, 효소는 생활세포 중에서 생성되는 생체촉매(biocatalyzer)이다. 생체 내에서의 모든 화학 반응은 효소에 의해서 촉매되고, 그것은 특정 기질에 작용하는 기질 특이성을 갖는다. 효소는 단백질로 되어 있기 때문에 열에 불안정하며, 최적 온도와 최적의 pH에 의해서 활성에 영향을 받는다. 또한 효소는 반응 전후에 자신은 변하지 않으면서 화학 반응의 속도를 빠르게 한다.

효소는 대부분 단순단백질 또는 복합단백질에 속한다. 복합단백질은 단백질 부분에 조효소(coenzyme)가 결합되어 있고, 단백질 부분을 결손효소(apoenzyme)라 하며 두 효소가 결합된 상태를 완전효소(holoenzyme)라 한다. 일반적으로 결손효소는 효소의 특이성을 결정하고, 열에 불안정한 것이 많지만, 조효소는 열에 안정한 것이 많다.

1. 효소의 분류

효소는 1955년에 국제생화학연합회에 효소위원회가 설치되어 계통적인 효소의 분류와 명명법 및 효소의 활성, 반응속도 등에 관한 규약이 제정되었고, 1961년에 권고안이 채택되었다. 효소가 촉매 하는 화학 반응의 종류에 따라 모든 효소를 여섯 그룹으로 분류하여 효소의 분류번호를 붙이고 어미에 -ase를 붙이기로 하였다.

(1) 산화환원효소

산화환원효소는(oxidoreductases)는 탈수소 반응, 수소첨가 반응 등에 관여하는 효소로서 옥시다아제(oxidase), 디하이드로게나아제(dehydrogenase) 등이 있다.

(2) 전이효소

전이효소(transferase)는 수용체에 메틸기(-methyl), 아미노기(-NH_2) 등과 같은 원자단을 전이하는 효소로 아미노트랜스페라아제(aminotransferase), 키나아제(kinase) 등이 있다.

(3) 가수분해효소

가수분해효소(hydrolase)는 영양소의 소화흡수에 관여하는 효소로서 기질의 공유결합을 분해한다. 즉, 에스테르결합, 펩티드결합, 아미드결합 등의 가수분해에 관여하는 효소로 아밀라아제(amylase), 펩티다아제(peptidase) 등이다.

(4) 제거효소

제거효소(lyase)는 기질로부터 이중결합을 생성하거나, 이중결합에 어떤 기를 붙이는 반응을 촉매하는 효소로서 탈탄산, 탈알데히드, 탈암모니아 반응 등에 관여한다.

(5) 이성화효소

이성화효소(Isomerase)는 분자 내의 위치적 또는 구조적 전환을 촉매하는 효소이다.

(6) 합성효소

합성효소(ligase)는 ATP와 같은 고에너지 물질과 반응하여 기질의 2분자를 결합시키는 효소이다.

2. 효소의 기질 특이성

효소 반응의 특이성은 하나의 효소는 하나의 화학 반응만을 촉매하고, 하나의 효소가 촉매하는 기질에는 여러 가지의 선택성이 있는데 이를 기질특이성이라 한다. 효소의 특이성(specificity)은 피셔(Fischer)의 유명한 "자물쇠와 열쇠(lock-and-key)"설이 있다. 효소 중에는 어떤 특정 기질에 대해서 거의 절대적인 특이성을 나타내며, 매우 비슷한 분자인 경우에도 작용을 하지 않는 것이 있는 반면 비교적 넓은 특이성을 가지면서 공통된 구조적 특징을 갖는 많은 화합물에 작용하는 효소도 있다.

(1) 절대적 특이성(absolute specificity)

유사한 기질 중, 특이적으로 한 종의 기질만을 촉매 하는 경우이다. 유레아제(urease)는 요소만을, 펩신(pepsin)은 단백질만을 가수분해한다.

(2) 상대적 특이성(relative group specificity)

어떤 기질과는 우선적으로 반응하며 다른 유사기질과도 어느 정도 반응하는 경우이다. 리파아제(lipase)는 지방을 가수분해할 뿐만 아니라 저급 에스테르(ester) 화합물도 천천히 가수분해한다.

(3) 광학적 특이성(optical specificity)

기질의 광학적 구조의 상이에 따라 특이성을 나타내는 경우로 L형 또는 D형 어느 한쪽에만 효소가 작용한다. D-아미노산 산화효소(D-Amino acid oxidase)는 L-아미노산(L-amino acid)에는 작용하지 않고 D-아미노산(D-amino acid)에만 작용한다.

3. 효소의 종류

(1) 가수분해효소

가수분해효소(hydrolase)는 생체의 성분을 가수분해하여 저분자량으로 만드는 효소로 탄수화물, 지질, 단백질 등을 가수분해하는 효소들이 있다.

1) 탄수화물 분해효소

탄수화물 분해효소(carbohydrase)는 다당류에 작용하는 폴리사카라아제(polysaccharase)와 소당류나 배당체에 작용하는 올리고사카라아제(oligosaccharase) 또는 글리코시다아제(glycosidase)로 구분할 수 있다.

① 다당류 분해효소

전분을 가수분해하는 효소를 아밀라아제(amylase)라 하며 크게 세 가지로 구분할 수 있다. 알파-아밀라아제(α-amylase)는 췌장, 침, 곰팡이에 많이 함유되어 있는 가수분해효소로 각각 아밀롭신(amylopsin), 프티알린(ptyalin), 디아스타아제(diastase)라는 별명을 가지고 있다. 전분입자 중의 아밀로오스(amylose)나 아밀로펙틴(amylopectin) 분자의 내부에 있는 α-1, 4 결합을 불규칙하게 절단하여 다량의 덱스트린을 생성한다. 따라서 알파-아밀라아제(α-amylase)는 전분을 액화하는 힘은 강하나 당화력은 약하여 일명 액화효소라고도 한다. 베타-아밀라아제(β-amylase)는 엿기름, 콩, 고구마 등의 식물계에 널리 분포되어 있고, 전분 분자의 비환원 말단에서부터 차례로 맥아당 단위로 절단하며, 곁가지가 난 부위인 α-1, 6 결합에 도달하면 작용이 정지된다. 베타-아밀라아제는 전분에서 다량의 맥아당과 소량의 덱스트린을 생성하고, 액화력은 약하고 당화력은 강하여 당화효소라고도 한다. 글루코 아밀라아제(glucoamylase, 또는 amyloglucosidase)는 전분의 비환원성 말단으로부터 포도당 단위로 차례로 분해하여 아밀로펙틴의 α-1, 6 결합에 도달하면 더 분해하여 내부에 분해를 진행하는 엑소(exo)형의 효소이다. 곰팡이에 의하여 분비되는 것으로, 액화된 전분을 거의 완전히 가수분해할 수 있다.

② 올리고사카라아제

여러 가지 소당류에 작용하는 효소들이 알려져 있고 각종 글리코시드(glycoside) 결합을 가수분해하는 효소의 총칭이다. 말타아제는 엿당을 포도당과 과당으로 분해하는 효소로서 고오지, 엿기름, 밀가루의 당화 작용에 아밀라아제와 아울러 관여하고 있다. 전화효소(invertase) 또는 슈크라아제(sucrase)는 설탕을 가수분해하는 효소로서 꿀에 전화당이 많은 것은 꿀벌의 침에 있는 전화효소 작용에 의한 것이다. 락타아제는 젖당을 가수분해하는 효소로서 버터나 치즈의 제조에 관여한다.

배당체에 작용하는 글리코시다아제로서는 미로시나아제, 나린지나아제, 헤스페리디나아제 등이 알려져 있다. 이들 효소는 밀감류의 통조림이나 주스의 제조에 이용되고 식품의 맛과 관련이 있는 효소들이다.

2) 지질 분해효소

리파아제(lipase)는 일종의 에스테라아제로서 중성 지방에서 지방산을 한 분자씩 가수분해하여 디글리세라이드, 모노글리세라이드를 거쳐 글리세롤까지 분해한다. 리파아제는 소화효소로서 중요한 생리적 역할을 하는 한편, 유지식품에서는 산패의 한 원인이 되고 있다. 햅쌀이 끈기가 있고 악취가 나지 않는 반면, 묵은쌀이 끈기가 없어지고 냄새가 나는 것은 쌀 저장 중에 쌀 입자의 표피 부위에 있는 지방질이 리파아제의 작용으로 가수분해되어 끈기를 잃는 동시에, 휘발성인 저급지방산이 생성되기 때문이라고 한다.

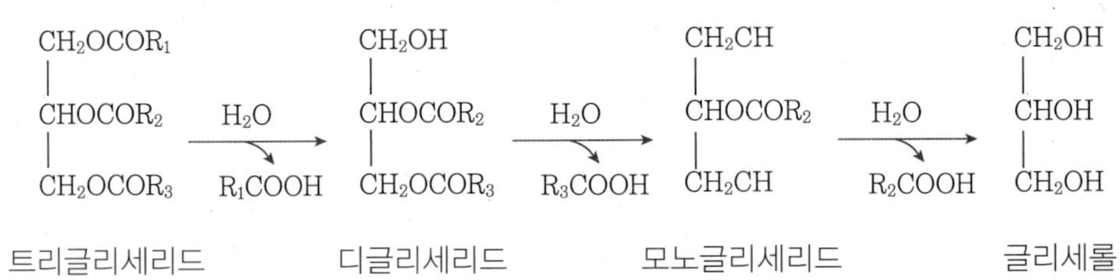

[그림 8-1] **지질 분해효소 리파아제(lipase)의 분해 작용**

3) 단백질 분해효소

프로테아제(protease)는 펩티드결합을 가수분해하는 효소로서, 단백질 분자의 내부 결합을 불규칙적으로 절단하는 엔도펩티다아제(endopeptidase)와 펩티드 사슬의 끝에서부터 아미노산을 한 분자씩 유리시키는 엑소펩티다아제(exopeptidase)로 나눌 수 있다.

표 8-1 프로테아제의 종류

효소명	반응형태	소재
• Endopeptidase		
펩신(pepsin)	단백질 → 프로테오즈+펩톤	위액
트립신(trypsin), 카이모트립신(chymotrypsin)	단백질 → 폴리펩티드+아미노산	췌액
레닌(rennin)	카제인 → 파라카제인+펩티드	위액
카텝신(cathepsin)	단백질 → 프로테오즈+펩톤	간, 신장, 비장
파파인(papain)	단백질 → 폴리펩티드+아미노산	파파야
• Exopeptidase		
아미노펩티다아제(aminopeptidase) 카르복시펩티다아제(carboxypeptidase)	프로테오즈, 펩톤, 폴리펩티드 → 아미노산+디펩티드	장, 곰팡이, 세균
디펩티다아제(dipeptidase)	디펩티드 → 아미노산	

레닌은 우유 중의 인단백질인 카제인을 파라카제인으로 분해시켜 응고시키므로 치즈의 제조에 이용되며, 파파인은 연육제로 이용된다. 브로멜린은 파인애플로부터 얻어진 티오프로테아제(thioprotease)의 총칭으로 단백질 분해효과가 뛰어나며 이 명칭은 식물명이나 관명을 붙인 것이다. 프로테아제는 일반적으로 서로 협동하여 작용하는 것으로, 식품의 저장, 가공, 발효, 부패 시에 활발히 작용하여 고분자 화합물인 단백질을 저분자량의 펩티드와 아미노산으로 만드는 것이다.

4) 아미다아제

아미다아제(amidase)는 산아미드결합을 가수분해하는 효소로서 육류식품의 부패와 관계가 있다. 오래된 육류나 생선에서 암모니아 냄새가 나는 것은 세균이 분비하는 아미다아제의 작용에 의하여 생긴 것이다.

표 8-2 아미다아제의 종류

효소명	반응형태	소재
아스파라기나아제(asparaginase)	아스파라기나아제 → 아스파트산+NH_3	간, 미생물
글루타미나아제(glutaminase)	글루타미나아제 → 글루탐산+NH_3	신장, 미생물
아르기나아제(arginase)	아르기나아제 → 오르니틴+요소	산, 미생물
유레아제(urease)	요소 → CO_2+NH_3	콩, 미생물

5) 뉴클레아제

뉴클레아제(nuclease)는 여러 가지의 RNA(ribonucleic acid), DNA(deoxyribo nucleic acid) 또는 뉴클레오티드에 작용해서 포스포디에스테르(phosphodiester)결합을 가수분해하는 효소의 총칭이다. 작용에 따라서 엔도뉴클레아제(endonuclease)와 엑소뉴클레아제(exonuclease)로 나뉘고, 여러 가지의 리보뉴클레아제(ribonuclease, RNase)와 데옥시리보뉴클레아제(deoxyribonuclease, DNase)가 있다. 핵산은 단백질과 마찬가지로 주요한 생체 고분자 중의 하나이며 입체 구조적으로 아주 복잡하고 다양한 물질이다. 생물계에 널리 분포하며 주로 음식물이나 영양물질을 이용하기 위한 소화분해와 체내 핵산의 신진대사 등에 역할을 한다.

(2) 산화환원효소

세포 내에서 생체 성분을 산화적으로 분해하여 많은 에너지를 방출하는 데 관여하는 효소로서 호흡효소라고도 하며 산화환원효소는 모두 복합단백질로 되어 있고, 산화효소와 탈수소효소로 나눌 수 있다.

1) 산화효소

산화효소(oxidase)는 산소를 수소 수용체로 하여 생체 성분의 산화를 일으키는 효소로서, 보결분자단으로서 철포르피린을 함유하는 철효소와 구리 화합물을 함유하는 구리효소가 있다. 철효소는 카탈라아제와 페록시다아제가 대표적인데 동·식물조직에 널리 분포되어 있다. 모두 생체 중의 과산화수소를 분해하는 효소로서, 곡류의 신선도를 알기 위하여 카탈라아제와 페록시다아제의 활성도를 측정하는 경우가 있다. 페록시다아제는 아스코르브산, 페놀류와 같은 많은 유기 화합물을 산화시킨다.

카탈라아제(catalase) : $2H_2O_2 \rightarrow 2H_2O+O_2$

페록시다아제(peroxidase) : H_2O_2+유기 화합물 → H_2O+산화된 유기 화합물

구리 화합물을 함유하는 산화효소로는 폴리페놀 산화효소(polyphenol oxidase)와 아스코르브산 산화효소(ascorbate oxidase)가 대표적인 효소이다. 폴리페놀 산화효소는 오르토 디페놀(o -diphenol)의 기본구조를 가지는 여러 가지 폴리페놀에 작용하는 효소이기 때문에 폴리페놀라아제라고도 불리었고, 티로신과 같은 모노페놀을 오르토 디페놀로 산화시킨 후 다시 산화시키는 특성도 있기 때문에 티로시나아제라고도 부르나, 본질적으로 똑같은 효소라는 것이 증명되었으므로 최근에는 이들을 모두 오르토 디페놀 산화효소라 부르게 되었다.

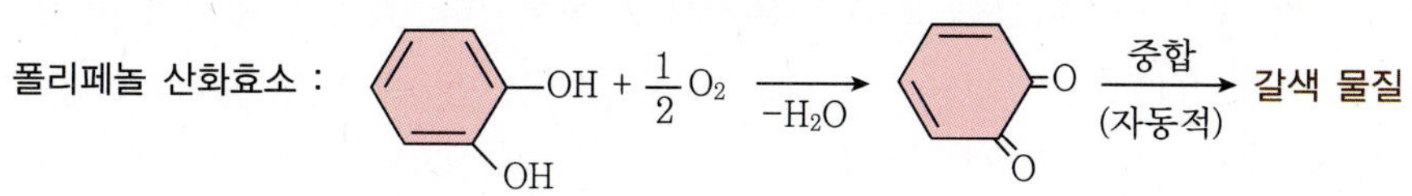

아스코르브산 산화효소 : 아스코르브산 $+ \frac{1}{2}O_2 \xrightarrow[-H_2O]{}$ 디히드로아스코르브산

[그림 8-2] **폴리페놀 산화효소와 아스코르브산 산화효소 작용**

2) 탈수소효소

탈수소효소(dehydrogenase)는 산소 이외의 것을 수소 수용체로 하여 탈수소 반응에 의해 생체 성분을 산화시키는 효소이다. 이에는 단순단백질 부분에서 쉽게 해리되는 보조효소로서 피리딘 뉴클레오티드인 NAD나 NADP를 가지는 피리딘 효소와 플라빈 뉴클레오티드인 FMN, FAD를 가지는 플라빈 효소가 있다. 이들은 모두 생체 내의 산화·환원 반응에서 중요한 역할을 가지고 있으나, 식품으로서 직접적인 관계를 가지는 것은 매우 적다.

4. 효소 반응에 영향을 미치는 인자

효소는 반응하는 기질과 결합해서 불안정한 중간체를 만들고 그 활성화 에너지에 따라 반응속도를 빠르게 한다. 기질분자가 결합하여 촉매 반응을 받게 되는 활성부위(active site) 또는 촉매부위(catalytic site)는 효소 분자 표면상의 특이적 영역으로 효소의 반응은 조건에 따라 영향을 받는다.

효소 반응에 영향을 미치는 인자는 최적 pH와 최적온도, 기질의 농도, 효소농도와 반응생성물, 저해제와 활성제 등이 있다.

(1) pH

효소는 촉매 작용에 최적인 pH를 가지고 있으며, 이 조건에서 활성이 가장 높아진다. 효소의 최적 pH는 일반적인 환경의 pH와 반드시 일치하지는 않지만, 환경의 pH는 최적 pH보다 약간 높거나 약간 낮다. 생물체의 pH는 매우 적은 범위이지만 환경에 의해 약간의 변화가 있을 수 있다. 세포 내에서 효소의 촉매 작용은 주위 환경의 pH 변화에 의해 부분적으로 제어된다. 효소의 활성과 pH의 관계는 [그림 8-3]과 같고, 모든 효소에는 최적 pH가 있는데 보통 pH 4.5~8.0 범위에 있다.

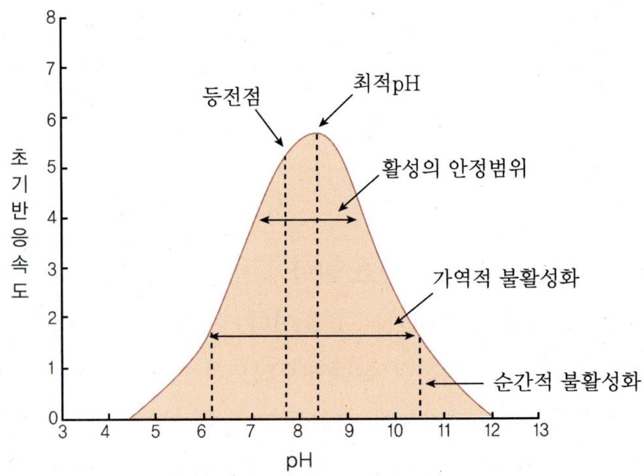

[그림 8-3] 효소 활성에 미치는 pH의 영향

단백질 분해효소인 펩신과 트립신의 최적 pH는 pH 7~8 범위이고, 아르기나아제(arginase)는 pH 10으로 효소에 따라 그 범위가 다르다. 또한 효소의 pH 안정성은 방치시간, 온도에 따라 좌우된다.

(2) 온도

일반적으로 화학 반응의 속도는 온도의 상승과 함께 증가하며 온도가 10℃ 높아지면 반응속도는 약 2배로 된다. 또한 효소 반응 역시 온도가 높은 쪽이 반응속도가 빨라지지만, 효소는 단백질이기 때문에 온도가 너무 높아지면 변성되고 활성이 낮아진다. 즉, 효소는 특정 온도에서 반응속도가 최대값을 가진다. 대부분의 효소는 30~60℃에서 최적 활성을 가지고, 일부 내열성 효소는 70℃에서도 활성을 유지한다.

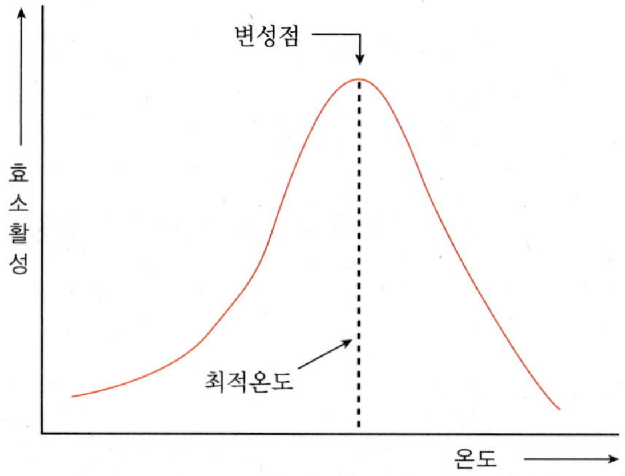

[그림 8-4] **효소 반응에 미치는 온도의 영향**

(3) 기질농도

기질농도는 효소의 촉매 반응속도에 큰 영향을 미친다. 효소의 농도가 일정한 경우 효소 반응에 있어서 기질농도를 높여 가면 기질농도가 매우 낮을 때는 반응속도가 매우 느리고, 기질농도의 증가와 함께 속도가 증가된다.

만약 기질농도를 점점 더 높이면서 촉매 반응의 초기속도를 측정해 보면 속도의 증가는 점점 작아지며 결국은 기질농도를 높여도 반응속도가 사실상 변하지 않는 상태에 이른다.

즉, 기질농도가 낮은 범위에서는 반응속도가 기질농도에 비례하여 증가하지만 기질농도가 높아짐에 따라서 포화되어 일정한 값에 도달한다. 이러한 현상은 거의 모든 효소에서 볼 수 있다.

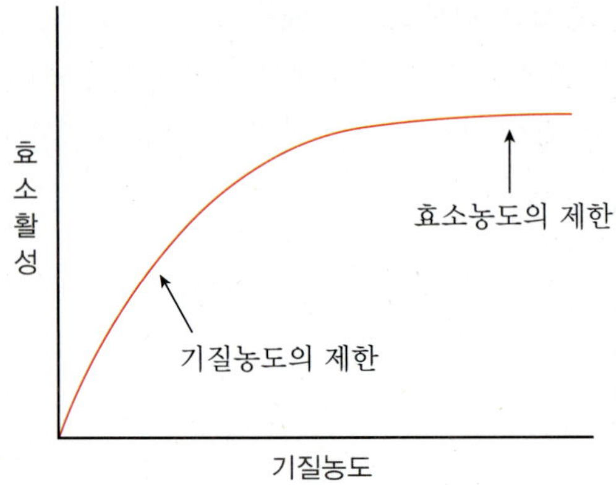

[그림 8-5] **효소 반응에 미치는 기질농도의 영향**

(4) 효소농도와 반응생성물

기질농도가 일정할 때 반응초기의 반응속도는 효소의 농도에 비례한다. 그러나 반응이 진행됨에 따라 반응 생성물이 효소 작용을 저해하여 반드시 비례하지는 않게 된다. 효소 작용은 어느 시점에서 평형에 도달하며 보통 생성물의 축적은 효소 작용을 억제한다.

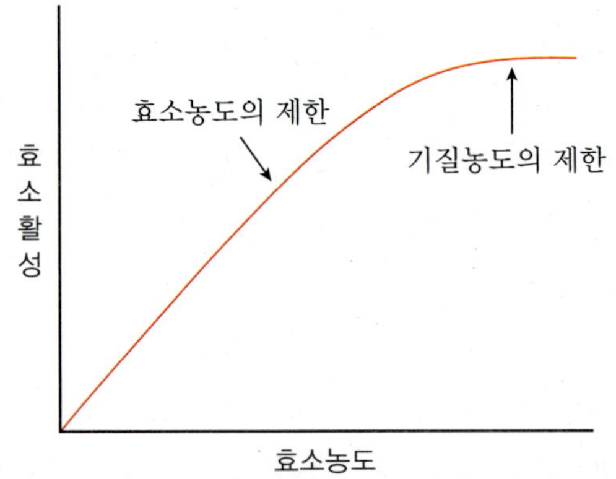

[그림 8-6] **효소 반응에 미치는 효소농도의 영향**

(5) 저해제

저해제는 효소의 작용을 저해하는 물질이다. 효소는 강산이나 강알칼리, 요소, 유기용매 등에 의해 변성되어 활성을 잃게 된다. 또한 효소와 가역적 또는 비가역적으로 결합하는 은(Ag), 수은(Hg), 납(Pb)과 같은 중금속이온, 황화합물, 탄닌, 산화제, 트라이클로로아세트산 등이 있다.

(6) 활성제

효소 반응을 촉진하는 물질을 효소 활성제라 부른다. 효소의 활성은 금속이온과 환원제 등에 의해 활성화되는 경우가 있다. 대표적인 활성제는 칼슘(Ca), 마그네슘(Mg), 아연(Zn), 구리(Cu), 망간(Mn) 등이다. 폴리페놀 산화효소는 구리, 카복실레이즈와 헥소카네이즈는 마그네슘이온에 의해 활성화 된다.

5. 효소의 식품 산업적 이용

효소는 생물에 의해서 만들어지는 단백질성 촉매물질이기 때문에 생물체의 조직은 전부 효소의 자원으로 볼 수 있지만 산업적 이용을 목적으로 하는 자원으로서는 여러 가지 제약이 따르게 된다. 즉, 효소의 공급자원이 될 수 있는 것은 목적으로 하는 효소를 풍부하게 함유하고 있으며 또한 그 효소를 쉽게 사용할 수 있고 수율이 좋아야 한다.

효소의 이용분야를 보면 식품, 의료분야, 화학 분석 특히 생체 성분의 분석, 의료품의 제조가공 등의 산업분야를 비롯하여 우리들의 일상생활에서도 효소를 화학 반응의 촉매로서 적극적으로 이용하려는 시도가 급증하고 있다.

(1) 전분 가공

1) 물엿 제조

물엿은 알파-아밀라아제(α-amylase)로 전분을 액화함과 동시에 베타-아밀라아제(β-amylase)의 작용으로 당화하여 맥아당의 함유량이 높고 적당한 단맛을 낸다.

2) 포도당 제조

전분액에 산을 넣어 가열하면 가수분해 되어서 글루코오스가 생성되지만 분해가 진행됨에 따라 쓴맛 물질을 포함한 올리고당이 생성되어 맛이 쓰다. 효소당화법은 이 같은 결점을 보완하여 글루코아밀라아제(glucoamylase)를 이용하여 전분의 액화공정과 당화공정으로 포도당을 제조한다.

3) 포도당 이성화에 의한 과당의 생산

효소당화법에 의해 고순도의 포도당을 대량 제조한 후 포도당 이성화효소의 작용에 의해 과당으로 이성화해서 양자의 비율을 1:1로 만들어 전화당을 제조한다.

(2) 단백질 가공

1) 치즈 제조

치즈는 동물의 유즙 또는 우유를 원료로 하여 유산균 및 레닛(rennet)을 첨가해서 우유성분 중 카제인을 응고시키고 여기에 식염을 첨가하고 가압해서 발효 숙성시킨다.

2) 어육용액 제조

어육용액은 어류로부터 얻어진 신선한 액상물을 농축한 것으로 프로테아제가 많이 사용된다. 즉, 어류를 프로테아제로서 분해하고 그 수용성 부분을 건조시킨 것으로 조미료 및 사료 등에 사용된다.

3) 육질연화제

육질이 질긴 축육 또는 냉동육의 육질개선을 위해서 프로테아제를 주체로 하는 식육연화제가 이용되는데, 식물성 프로테아제로 브로멜린, 피신, 파파인 등이 있다. 일반적으로 육질연화제는 연화효과가 우수한 파파인이 많이 이용되고 있다.

(3) 과일과 채소 가공

1) 밀감류 쓴맛 제거

밀감의 통조림 제조 시 나린지나아제(naringinase)를 혼합해서 과육 내의 쓴맛 성분인 나린진을 거의 분해하여 쓴맛을 제거한다.

2) 밀감 통조림 백탁 방지

헤스페리딘은 밀감류에 포함되어 있으며 비타민 P로서 밀감을 과즙과 함께 통조림 할 경우 백탁물질을 생성하여 상품가치를 감소시킨다. 백탁은 감귤의 과육 중에 헤스페리딘이 당액에 용출되어 결정화한 것이다. 헤스페리디나아제(hesperidinase)를 당액에 사용하여 백탁을 막을 수 있다.

3) 과즙 탈색 방지

복숭아의 흰 과육 일부에 있는 안토시안계 색소가 통조림 등의 주석과 반응하여 엷은 붉은색으로 변한다. 베타-글루코시다아제(β-glucosidase)는 안토시아나아제(anthocyanase)라고도 하는데 복숭아 주스의 통조림에 사용하는 과즙의 탈색에 이용하고, 백포도주용 포도과즙의 탈색에도 이 효소를 이용한다.

4) 과즙의 청징화

펙티나아제(pectinase)의 작용으로 투명한 과즙을 제조하고 펙틴을 저분자화하는 역할을 한다. 여러 가지 음료의 원료를 청징화 하는 데 사용된다.

5) 밀감 내피의 박피

펙티나아제를 이용하고, 이 외에 펙틴을 다량 포함한 채소나 과일의 가공에도 이용성이 크다.

6) 셀룰로오스 당화

셀룰라아제에 의한 셀룰로오스의 당화는 폐기물, 신문지 등의 폐지, 볏짚, 보릿짚, 농산 폐기물 등을 분해하여 이용하는 것으로 효소당화에 있어서 세계적으로 관심을 얻고 있는 연구 분야이다.

(4) 발효공업

주류, 된장, 간장 및 식초와 함께 치즈, 요구르트, 청국장 등과 같은 발효식품에 효소의 이용성이 더욱 다양해지고 있다. 식품산업에서는 주류, 치즈, 간장, 된장, 연육, 과즙 등의 제조에 효소제가 널리 사용되고 있으며 현재 주로 이용되는 효소제의 종류와 용도를 보면 [표 8-3]과 같다.

표 8-3 식품산업에 이용되는 효소

효소명	소재
아밀라아제(amylase)	전분 가공식품(물엿, 덱스트린, 포도당), 제빵, 유아식품, 주류, 된장, 과일, 주스 등의 제조
프로테아제(protease)	간장, 된장, 아미노산, 치즈의 제조, 육류 가공, 제빵, 제과
셀룰라아제(cellulase)	곡류, 채소 등의 가공
헤미셀룰라아제(hemicellulase)	곡류, 채소 등의 가공, 인스턴트 커피의 검질 제거
리파아제(lipase)	버터 향미의 생성
펙티나아제(pectinase)	과일주스, 포도주의 청징화
포도당 산화효소(glucose oxidase)	맥주, 청량음료, 과일주스 등의 방부(산소 제거), 건조 달걀의 제조
포도당 이성화효소(glucose isomerase)	과당의 제조
인베르타아제(invertase)	제과
나린지나아제(naringinase)	과일주스의 쓴맛 제거
헤스페리디나아제(hesperidinase)	밀감 통조림의 백탁 방지
안토시아나아제(anthocyanase)	과일 통조림의 탈색

(5) 효소의 대량생산

식품 산업에 있어서 효소작용을 효율적으로 이용하기 위해서는 산업적으로 대량 생산한 효소제를 사용하게 된다. 효소제는 이용에 앞서 여러 가지를 갖추고 있어야 하는데, 첫째, 효소의 급원은 값이 싸고 쉽게 얻을 수 있어야 하고, 둘째, 효소제의 제조공정이 경제적이어야 한다. 따라서 최근에는 미생물이 중요한 급원이 되고 있다.

많은 효소들이 미생물로부터 제조되게 되었고, 식품산업이나 화학공업에서 다량으로 사용되는 효소의 거의 대부분이 미생물기원에 의해서 공급되고 있다. 미생물이 효소의 자원으로서 동·식물보다 뛰어난 점은 다음과 같다.

- 응용목적에 적합한 효소를 얻기 쉽다.
- 강력한 효소 생산균의 획득이 쉽다.
- 단시간에 효소의 생산이 가능하다.
- 값싼 배양 원료에 의해서 생산될 수 있다.
- 생산관리가 쉽다.
- 효소생산에 유리한 변이주의 획득이 쉽다.
- 배양조건의 검토에 의해서 용이하게 생산량을 증대시킬 수 있다.

현재 산업적으로 성립되어 있는 경제적인 측면을 고려한 효소 제조의 대부분은 배양조건에 따라 효율적으로 생산할 수 있다. 현재 산업적으로 생산되는 효소제의 급원을 보면 [표 8-4]와 같다.

표 8-4 식품 산업용 효소제의 급원

급원		효소
동물성	소, 돼지의 췌장	판크레아틴, 트립신, 리파아제, 알파아밀라아제
	돼지의 위	펩신
	송아지의 제 4위	레닌
	소의 간	카탈라아제
식물성	엿기름	알파아밀라아제, 베타아밀라아제
	고구마	베타아밀라아제
	파파야 수지	파파인
	파인애플	브로멜린
미생물성	*Aspergillus oryzae*	알파아밀라아제, 프로테아제
	Aspergillus niger	알파아밀라아제, 글루코아밀라아제, 셀룰라아제, 펙티나아제, 포도당 산화효소, 카탈라아제
	Rhizopus sp.	아밀라아제, 글루코아밀라아제, 리파아제
	Bacillus subtilis	알파아밀라아제, 프로테아제
	Saccharomyces cerevisiae	인버타아제
	Saccharomyces fragilis	락타아제

FOOD
SCIENCE

제9장

탄수화물

1. 단당류
2. 소당류
3. 다당류
4. 탄수화물 함유식품

탄수화물(carbohydrate)은 우리들이 섭취하는 음식물의 성분으로 지질, 단백질과 함께 식품의 기본 성분 중에서 가장 중요한 3대 성분 중의 하나이다. 탄수화물은 체내에서 중요한 에너지원으로 사용되기도 하며 대사과정에서 생성되는 중간대사산물로부터 지방, 단백질 및 그 밖의 다른 성분으로 합성된다. 또한 식품가공에서는 감미료나 여러 가지 첨가제로 이용되기도 한다.

탄수화물은 탄소, 수소, 산소의 세 종류의 원소로 구성되어 있으며 보통 $Cm(H_2O)n$으로 불리는 일반식으로 표시한다. 화학적으로는 분자 내에 한 개의 알데히드기 또는 케톤기를 가지는 폴리히드록시(polyhydroxy) 화합물과 이들의 축합물 또는 그 유도체들이라고 정의할 수 있다. 탄수화물은 가수분해로 생성되는 당분자의 수에 따라 단당류, 소당류, 다당류로 분류한다.

1. 단당류

단당류(monosaccharide)는 더이상 가수분해되지 않는 당류이며 탄소수에 따라 3탄당, 4탄당, 5탄당, 6탄당으로 구분된다. 3탄당과 4탄당은 유리 상태로는 존재하지 않기 때문에 식품 중에 가장 널리 분포되어 있는 단당류는 주로 5탄당과 6탄당이다.

(1) 5탄당

5탄당(pentose)은 자연계에 유리 상태로는 존재하지 않으며, 인체 내에 소화효소가 존재하지 않으므로 영양성분으로서의 가치는 없으나, 다당류 또는 핵산의 구성성분으로 중요하다.

1) 자일로스

자일로스(xylose)는 식물의 줄기, 잎, 볏짚, 목재 등에 들어 있는 다당류인 자일란(xylan)의 구성 단당류이다. 설탕의 60%의 단맛이 있으므로 당뇨병 환자의 감미제로 사용하기도 한다. 자일로스의 환원형인 자일리톨(xylitol)은 현재 껌의 원료로 이용되고 있는데 충치 예방효과가 있는 것으로 알려져 있다.

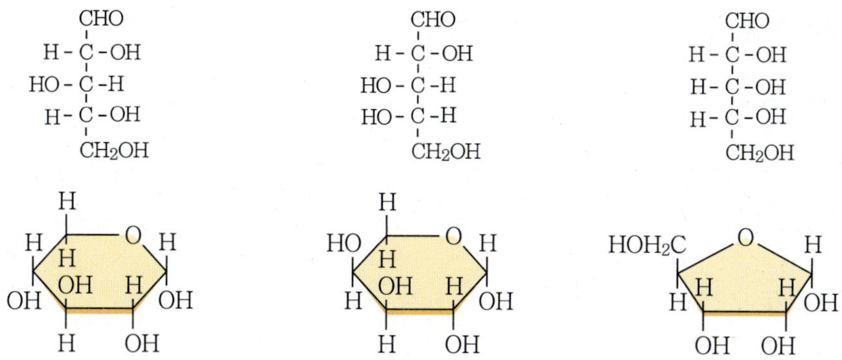

α-D-자일로스 α-D-아라비노스 α-D-리보스

[그림 9-1] 자일로스, 아라비노스, 리보스의 구조

2) 아라비노스

아라비노스(arabinose)는 아라비아 검(arabia gum)의 성분인 아라반(araban)의 구성 단당류이며 펙틴(pectin), 헤미셀룰로오스(hemicellulose) 등의 구성성분으로 존재한다. 식품의 점착성, 유화안정성을 증진하므로 식품첨가물로 이용된다.

3) 리보스

리보스(ribose)는 자연계에는 유리 상태로 존재하지 않고 RNA(ribonucleic acid), CoA(coenzyme A), 비타민 B_2의 구성성분으로 생리적으로 중요한 물질이다.

(2) 6탄당

6탄당(hexose)은 단당류 중 자연계에 가장 많이 존재하며 소당류와 다당류의 기본 구성당이며 동·식물의 에너지 대사과정에 필요한 기본이 되는 당이다. 식품성분으로 중요한 6탄당에는 포도당, 만노오스, 갈락토오스, 과당으로 대체로 강한 단맛을 가지고 있다.

1) 포도당

포도당(glucose)은 유리 상태로는 과일(특히 포도에 많이 존재), 감자류, 채소류 등에 분포되어 있고, 동물의 혈액 속에도 약 0.1% 가량 들어 있다. 결합형태로는 맥아당, 유당, 전분, 글리코겐, 셀룰로오스 등의 구성 단당류로 들어 있다.

2) 만노오스

만노오스(mannose)는 유리 상태로는 거의 존재하지 않는다. 결합 상태로 곤약 등에 만난(mannan), 갈락토만난(galactomannan)의 구성단위로 존재한다.

3) 갈락토오스

갈락토오스(galactose)는 자연계 중에서 유리 상태로는 발견되지 않고 결합 상태로만 존재하며 유당, 라피노오스와 한천의 주성분인 알긴산의 구성 단당류이다. 갈락토오스는 동물체 내에서 단백질 또는 지방과 결합하여 주로 신경조직 및 점질물에 존재한다.

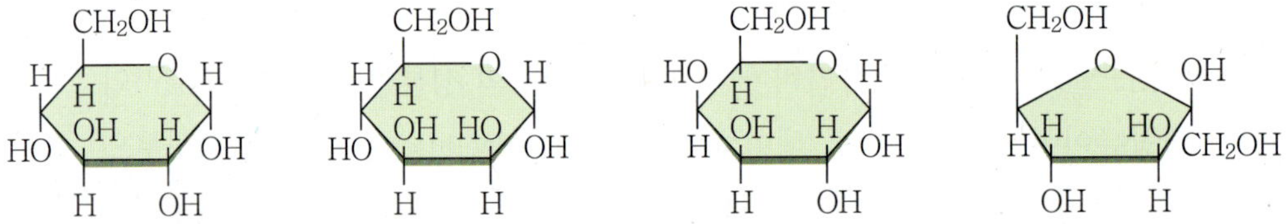

α-D-포도당 α-D-안노오스 α-D-갈락토오스 β-D-프룩토퓨라노오스

[그림 9-2] **포도당, 만노오스, 갈락토오스, 과당의 구조**

4) 과당

과당(fructose)은 포도당과 공존하며 과일, 꽃 등에 유리 상태로 존재한다. 포도당과 결합하여 설탕을 이루며, 과당만이 다수 결합하여 형성된 이눌린(inulin)은 마늘 등의 구근류에 함유되어 있다. 마늘을 구울 때 단맛으로 변하는 것은 굽는 동안 이눌린이 가수분해되어 과당을 생성하기 때문이다. 과당은 천연당류 중에서 단맛이 가장 강하고 상쾌하여 감미료로 사용되며, 용해도가 크고 과포화 되기 쉽다. 또한 과당은 포도당이나 설탕보다 점도는 작고 흡수성이 크다. 과당은 케톤기를 가진 6탄당으로 케토헥소스(ketohexose)이며, 유리 상태와 결합 상태에 따라 다른 구조로 존재한다.

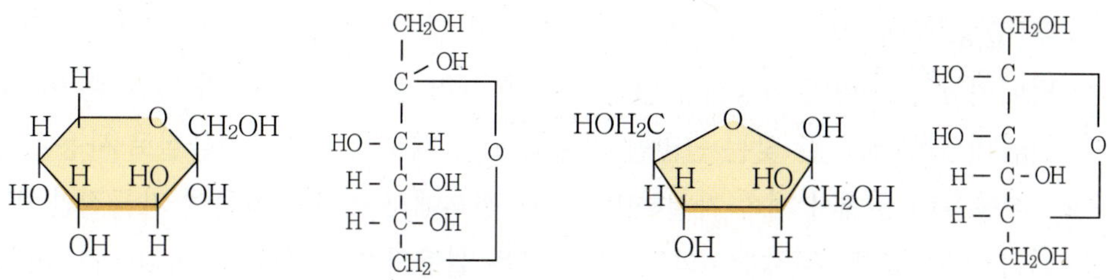

α-D-프룩토피라노오스 α-D-과당 β-D-프룩토퓨라노오스 β-D-과당

[그림 9-3] 과당의 구조

과당은 결합 상태일 때는 주로 퓨라노오스(furanose)형이며, 유리형일 때는 퓨라노오스와 피라노오스(pyranose)의 두 형으로 존재하나 수용액 중에서 유리 상태일 때는 피라노오스 형태로 존재한다. 과당은 환원당으로, α형과 β형의 두 개의 이성체가 존재한다. α형은 β형보다 덜 달며 그 감미도는 β형의 1/3 정도이다. 그러나 α, β형의 평행은 온도에 의해서 크게 변동되며 온도가 상승됨에 따라 α형으로 기울어져 상대 감미도는 온도의 상승과 함께 급격하게 감소된다.

2. 소당류

소당류(oligosaccharide)는 산 또는 효소에 의해 가수분해 생성되는 단당류의 수에 따라 이당류, 삼당류, 사당류 등이 있는데, 식품 중에는 이당류가 가장 많다.

(1) 이당류

이당류(disaccharide)는 두 분자의 6탄당이 탈수 축합된 것으로 가수분해에 의해 두 분자의 단당류가 얻어진다.

이당류에는 설탕, 맥아당, 유당 등이 있다.

1) 설탕

설탕(sucrose)은 포도당과 과당으로 결합한 이당류로 과일, 채소류에 널리 분포되어 있는 당이다. 사탕수수와 사탕무에 많으므로 공업적으로 그 즙을 농축한 후 결정화하여 얻는다. 단맛이 매우 강하여 감미제로 사용된다. 설탕은 비환원당이며 α-, β-형의 이성체가 없어 온도에 따라 감미도의 변화가 없을 뿐 아니라 사람의 입맛에도 잘 맞는 단맛을 가지고 있기 때문에 표준감미물질로 사용된다.

설탕을 고온에서 계속 가열하면 180℃ 전후에서 녹기 시작하여 자극적인 냄새와 쓴맛을 갖게 되는데 이와 같은 과정을 설탕의 캐러멜화(caramelization)라고 한다. 설탕의 캐러멜화에서 얻은 수용성의 갈색 색소는 간장 등의 착색제로 사용된다.

설탕은 산이나 효소(invertase)에 의하여 가수분해 되어 포도당과 과당의 동량 생성물을 형성한다. 이때 우선성인 설탕(선광도: +66.5°)은 가수분해 되어 포도당(+52.5°)과 과당(−92°)으로 되며 선광도가 좌선성(−19.9°)으로 바뀌는데, 이를 전화(inversion)라고 한다. 이때 만들어진 포도당과 과당의 혼합용액을 전화당(invert sugar)이라 하며, 전화당의 단맛은 설탕보다 강하고 환원력과 용해도가 크다.

$$C_{12}H_{22}O_{11} + H_2O \xrightarrow{\text{산, 효소}} C_6H_{12}O_6 + C_5H_{12}O_6$$

설탕	산, 효소	포도당	과당
(선광도=+66.55°)		(+52.5°)	(−92°)

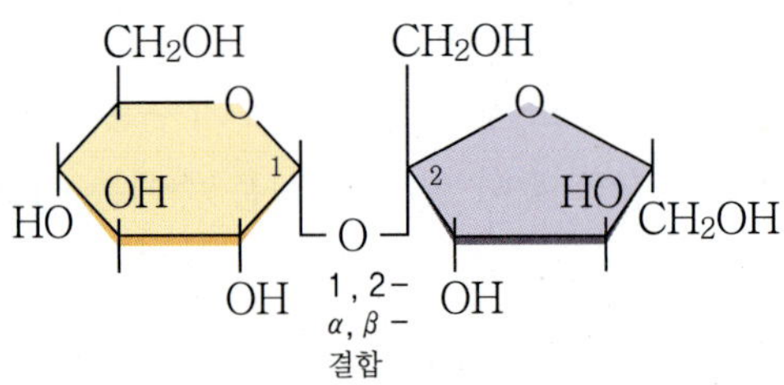

[그림 9-4] **설탕(sucrose: α-D-glucosyl-β-D-fructoside)**

2) 맥아당

맥아당(maltose)은 포도당 두 분자가 α-1, 4 결합을 통하여 결합된 이당류이다. 맥아당은 특히 엿기름(맥아)에 많고, 엿의 주성분으로 엿당이라고도 한다. 엿기름에는 전분 분해효소인 아밀라아제(amylase)가 들어 있으므로 엿기름물을 전분 또는 밥에 두고 일정한 시간을 두면 맥아당이 생성되는데 이것이 바로 물엿과 식혜가 되는 원리이다.

식혜를 먹을 때의 독특한 단맛이 맥아당의 단맛이다. 맥아당의 감미도는 설탕을 100으로 하였을 때 50~60 정도이다.

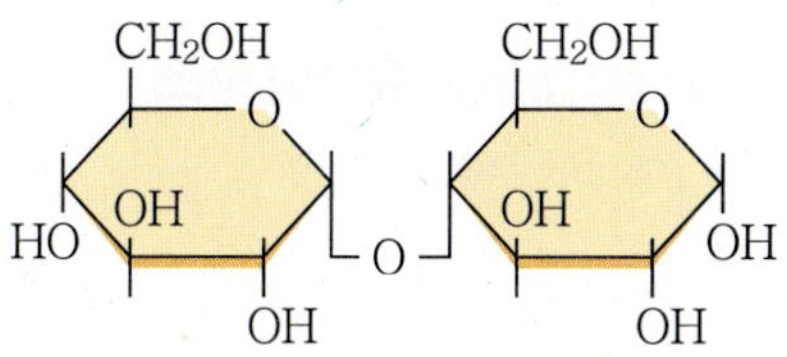

α-맥아당(α-maltose, 4-β-D-glucosyl-α-glucoside)

[그림 9-5] 맥아당의 구조

3) 유당

유당(lactose)은 갈락토오스와 포도당이 결합한 것으로, 단맛은 설탕의 약 1/3 정도이다. 모든 포유동물의 젖 중에 존재하는 것으로 식물계에는 존재하지 않는다.

일반적으로 동물의 유즙 중에 1.5~8% 가량 들어 있는데, 모유에는 5~8%, 우유 중에는 4~6% 가량 함유되어 있다. 식품 속에 적당량의 유당이 들어 있으면 유산균의 발육을 왕성하게 하여 다른 유해균의 발육을 억제하므로 정장 작용의 역할을 한다. 또 왕성한 유산균의 번식으로 장내의 pH를 산성으로 기울어지게 하여 칼슘 등의 무기질의 흡수가 좋아지고 영·유아의 장내에서 악성 발효나 설사를 막는다.

우유를 먹었을 때 사람에 따라서는 유당의 일부만을 가수분해하거나 전혀 가수분해하지 못하여 배가 거북하고 설사를 하는 경우가 있는데 이를 유당불내증(lactose intolerance)이라고 한다. 유당불내증인 경우 발효유인 요구르트나 대두유를 마시는 것이 좋다.

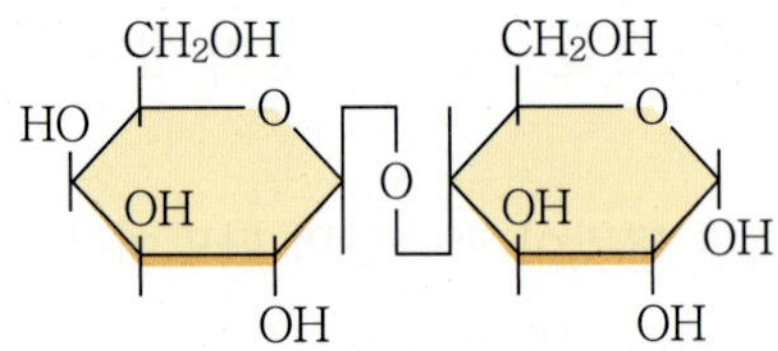

유당(α-lactose, 4-β-D-galactosyl-α-D-glucoside)

[그림 9-6] 유당의 구조

(2) 삼당류

삼당류(trisaccharide)는 단당류 3분자가 탈수 결합한 것으로 자연계에 소량 존재하고 있다.

1) 라피노오스

라피노오스(raffinose)는 갈락토오스, 포도당, 과당으로 이루어지는 삼당류이다. 라피노오스는 식물의 종자, 뿌리 등에 광범위하게 분포되어 있으며 특히 콩류에 많다. 그 밖에 사탕무, 목화씨에도 소량 존재한다. 라피노오스는 물에 잘 녹고 약한 쓴맛을 가지며, 체내에서 소화되지 않고 가스를 생성하는 물질이다.

(3) 사당류

사당류(tetrasaccharide)는 단당류 4분자가 탈수 결합한 것으로 스타키오스가 있으며 비환원성이다.

1) 스타키오스

스타키오스(stachyose)는 라피노오스의 구성단위로 있는 갈락토오스의 6번의 탄소원자에 또 한 분자의 갈락토오스가 α-1, 6 결합으로 된 사당류이다. 스타키오스도 라피노오스와 같이 콩류에 많이 들어 있고 인체 내에서 소화, 흡수되기 어려우나 장내세균들의 발효에 의해 가스 형성, 복통을 유발하기도 한다. 그러나 최근에는 스타키오스가 부패세균을 억제하고 비피더스균의 활성을 증가시키며

간 기능의 보호, 변비 예방 및 혈압강하에 도움이 되고 항암효과가 있다는 연구 결과가 보고된 바 있다.

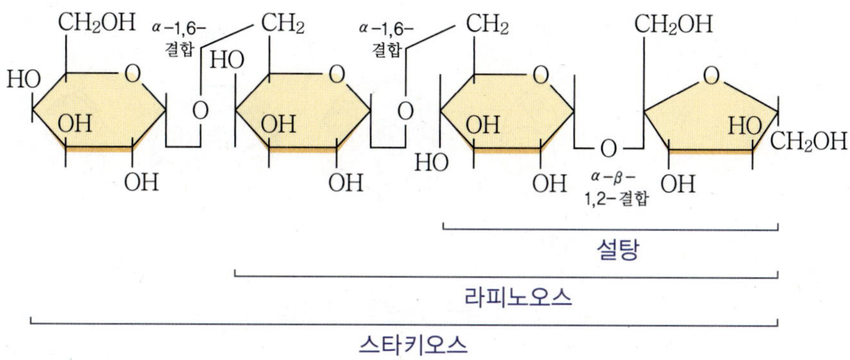

[그림 9-7] **설탕, 라피노오스, 스타키오스의 구조상의 연관성**

3. 다당류

다당류는 단당류나 단당류의 유도체가 다수 결합한 것으로 한 종류의 단당류로 된 다당류를 단순다당류(simple polysaccharide), 두 종류 이상의 단당류로 된 것을 복합다당류(hetero polysaccharide)라 한다. 단순다당류는 전분, 덱스트린, 글리코겐, 섬유소 등이 있으며, 복합다당류는 헤미셀룰로오스, 펙틴, 글루코만난, 한천, 알긴산 등이다.

(1) 전분

전분(starch)은 포도당으로 된 다당류로서, 식물체 내에서 탄소 동화 작용으로 합성되어 주로 종자, 뿌리 등의 세포 내에 저장되어 에너지원으로 사용된다.

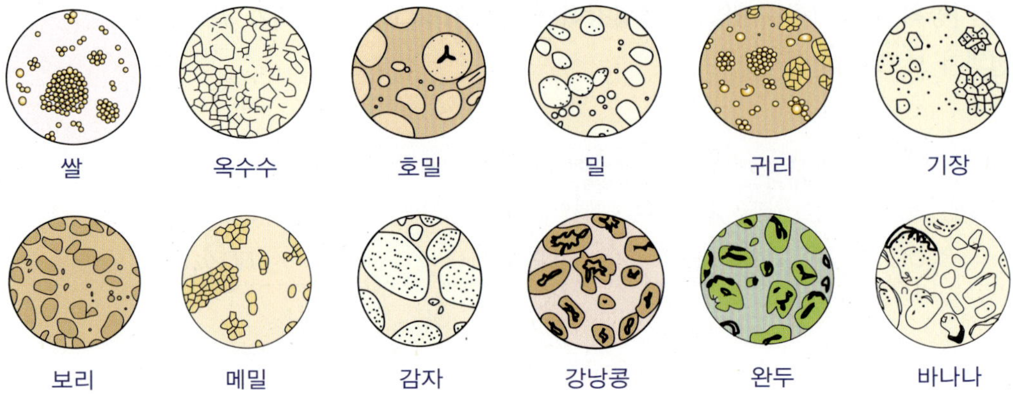

[그림 9-8] 각종 전분의 전분입자

표 9-1 아밀로오스(amylose)와 아밀로펙틴(amylopectin) 함량

전분의 종류	아밀로오스 함량(%)	아밀로펙틴 함량(%)
쌀	18	82
보리	27	73
밀	25	75
옥수수	27	73
수수	26	74
메밀	28	72
찰옥수수	0~2	100~96
찹쌀	0	100
감자	22	78
고구마	18	82
타피오카	18	82

전분의 모양은 [그림 9-8]에서와 같이, 자원에 따라 다르며 전분입자를 둘러싸고 있는 막이 없는 것이 특징이다. 전분입자의 크기와 모양은 식물의 종류와 부위에 따라 다르나, 일반적으로 곡류 전분입자는 작고 균일한 데 비하여 감자류 전분입자는 월등히 크고 불균일한 모양을 갖고 있다. 곡류 중 쌀 전분입자는 작고 균일한 크기를 하고 있는 데 반하여, 밀 전분입자는 큰 것과 작은 것이 혼재하며, 옥수수 전분입자는 쌀 전분입자보다는 크고 균일한 형태를 가지고 있다.

전분의 비중은 물보다 무거우며(비중 1.55~1.65), 물에 잘 녹지 않고 다만 현탁액을 만들 뿐이다. 전분이란 '침전되는 분말'에서 유래된 용어이며, 곡류나 감자류에 다량 함유되어 있고 사람에게는 에너지원으로 중요한 물질 중 하나이다.

보통의 전분립은 아밀로오스 15~30%, 아밀로펙틴 70~85%로 구성되어 있으나 찹쌀, 찰옥수수 등의 전분은 거의 아밀로펙틴만으로 구성되어 있다.

1) 전분의 종류와 구조

① 아밀로오스

아밀로오스는 포도당이 α-1, 4 결합만으로 연결된 긴 사슬 모양의 분자로 이루어져 있다. 포도당 6분자마다 한번씩 감으면서 길게 이어져서 전체는 나선상의 구조(helical structure)를 이루고 있다.

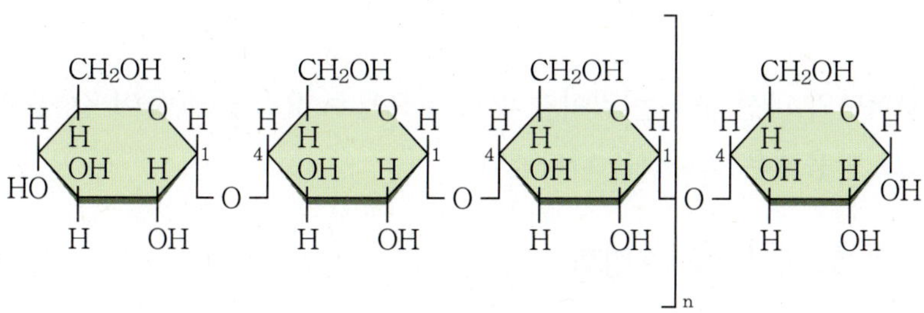

[그림 9-9] **아밀로오스의 구조**

아밀로오스는 나선형 구조를 하고 있으므로, 그 내부의 공간에 지방산이나 요오드(iodine) 분자들이 들어가 복합체를 형성할 수 있다. 특히 요오드 분자가 들어가 특유한 청색 반응을 나타낸다. 청색은 나선 구조의 길이가 길수록 즉, 중합도가 클수록 짙어져 흑청색을 나타낸다. 그러나 가수분해효소의 작용에 의해 분자의 길이가 짧아지면 요오드 반응색이 엷어지므로 효소의 작용능력이나 분해 정도를 알 수 있다.

② 아밀로펙틴

아밀로펙틴은 아밀로오스와 같이 α-포도당이 α-1, 4 결합을 통해서 결합되어 있는 것 이외에 α-1, 6 결합에 의하여 측쇄(side chain) 즉, 가지(branch)를 가진 구조이다. 아밀로펙틴에서 가지의 밀도 즉, 한 개의 α-1, 6 결합에서 다음의 α-1, 6 결합까지의 평균 포도당의 수는 종류에 따라 다르나 대체로 18~27개이다.

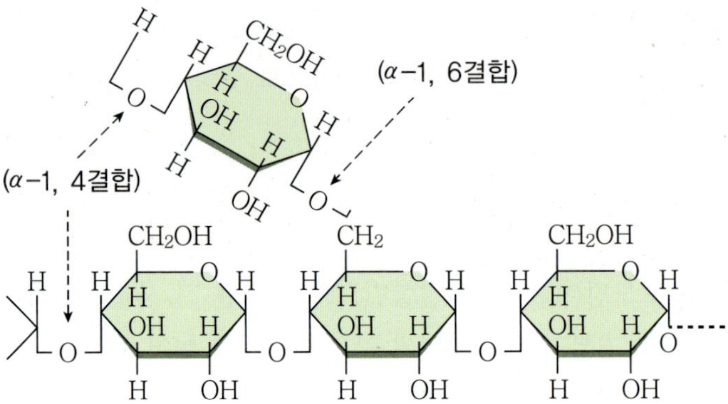

[그림 9-10] **아밀로펙틴의 분자 구조**

아밀로펙틴의 나선 구조는 길이가 매우 짧으므로 요오드가 들어 갈 공간이 적어 요오드 반응색은 적자색을 나타낸다.

2) 전분의 호화, 노화, 호정화

① 전분의 호화

전분입자는 아밀로오스와 아밀로펙틴이 분자상호 간에 강한 결합력에 의해 규칙적인 미셀 구조로 되어 있는데 이를 생전분 또는 β-전분이라 한다. 생전분에 물을 넣고 가열하면 물분자와 전분내부의 일부와 결합하여 미셀구조가 흐트러진 전분을 호화전분 또는 α-전분이라 한다. 이와같은 전분입자의 물리적 변화를 교질화, 호화(gelatinization)라 한다.

가. 전분의 호화과정

전분의 호화(gelatinization)는 다음과 같이 3단계 과정을 통하여 이루어진다.

㉠ 제 1단계 수화현상(hydration)

전분입자를 물에 담그면 전분 중량의 약 25~30%의 물을 흡수하며 가역적이고 흡수한 물은 건조시키면 쉽게 제거된다.

㉡ 제 2단계 팽윤(swelling)

전분입자의 현탁액은 온도가 올라감에 따라 물의 흡수량이 증가되고, 전분입자는 급속한 팽윤을 일으킨다. 최고 팽윤되었을 때는 약 25배의 물을 흡수하며 비가역적이다. 전분 중의 수용성 성분들이 전분입자 속에서 빠져나와 물에 녹게 된다.

㉢ 제 3단계 교질용액(colloid)

온도가 계속 상승하여 각 전분의 호화온도에 도달하면 전분입자들은 붕괴되고 그 속의 아밀로오스나 아밀로펙틴 분자들이 분산되어 현탁액은 콜로이드 용액을 형성한다. 이와 같이 전분의 호화가 일어나면 전분의 미셀구조가 붕괴되므로 전분분자 내에는 결정성을 가진 규칙적인 분자배열이 없어진다. 호화된 전분은 X-선에 대하여 뚜렷한 X-선 회절도(X-ray diffraction pattern)를 나타내지 않고, 불명료하고 희미한 V형의 회절도를 나타낸다. 쌀이나 옥수수와 같은 곡류 전분은 일반적으로 A도형, 고구마·칡·녹두 등은 B도형, 감자·밤 등은 C도형의 X-선 회절도를 나타낸다.

호화된 전분은 소화효소의 작용을 받기 쉬우므로 소화율이 월등히 좋다. 전분분해효소인 α- 및 β-아밀라아제의 가수분해율은 생전분의 경우 20~30%이나 α-전분의 경우는 가수분해율이 100%이다. 전분이 호화되면 전분입자들이 붕괴되어 반투명한 교질용액이 형성됨에 따라 광선투과율과 점도가 증가된다.

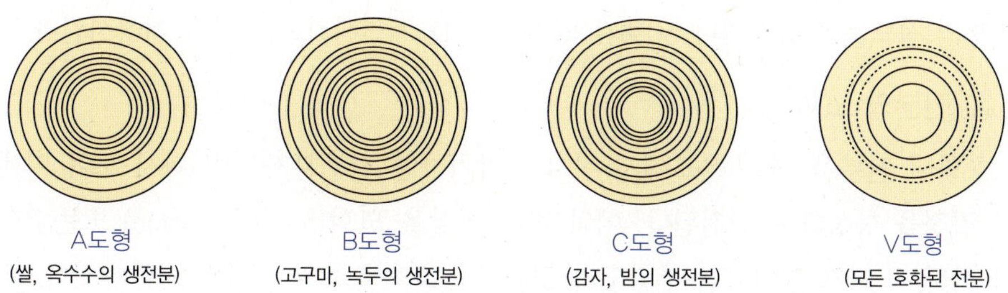

[그림 9-11] **각종 전분의 X-선 회절도**

나. 전분의 호화에 영향을 주는 요인

㉠ 전분입자

전분의 입자가 클수록 호화가 빠르다. 전분입자가 큰 감자 전분의 경우 56~64℃에서 호화되며, 전분입자가 작은 수수는 68~76℃에서 호화가 완결된다.

㉡ 아밀로오스와 아밀로펙틴 함량

아밀로오스는 직선상의 분자구조를 갖고 있어 호화가 잘 되나, 아밀로펙틴은 가지가 많아 호화 속도가 느리다.

㉢ 온도

가열온도가 높으면 단시간에 호화된다. 예를 들면 쌀은 70℃로 가열할 때에는 호화되는 데 3~4시간이 필요하나, 100℃로 가열하면 20분 후에는 호화가 완료된다.

㉣ 수분 함량

수분이 많을수록 호화가 잘 일어나며, 수분이 적으면 느리다. 밥은 100℃에서 20분 정도면 호화되나 수분이 적은 빵을 구울 때는 230℃의 고온이 필요하다.

㉤ pH

전분의 팽윤과 호화는 pH에 의하여 영향을 받으며, 특히 알칼리성인 물에서 전분의 팽윤과 호화가 촉진된다.

㉥ 염류

염류는 일반적으로 수소결합에 영향을 주므로 거의 대부분의 염류는 전분의 호화를 촉진시켜 준다.

㉦ 당류

설탕은 물에 대한 용해성이 매우 크므로 설탕의 농도가 30%일 때까지는 호화 전분의 점도를 상승시키나 50%가 되면 호화를 지연시키고 점도를 저하시킨다.

② 전분의 노화

호화된 전분을 낮은 온도에서 장시간 방치하면 전분분자들이 다시 모여 미세한 결정을 형성하여 침전된다. 이와 같은 현상을 노화(retrogradation) 또는 β화라 한다. 노화가 일어나면 투명도가 떨어지고 소화효소의 작용도 곤란해진다. 노화된 전분을 재가열하면 다시 α-전분으로 된다.

가. 전분의 노화에 영향을 주는 요인

㉠ 전분입자

전분입자가 작으면 노화가 쉬우므로 곡류(쌀, 밀, 옥수수)전분은 노화가 잘 되며, 반면에 전분입자가 비교적 큰 감자, 고구마, 칡, 타피오카 전분은 노화가 잘 되지 않는다.

ⓛ 아밀로오스와 아밀로펙틴 함량

전분의 노화는 아밀로오스와 아밀로펙틴 함유 비율에 따라 달라진다. 아밀로오스는 직선상의 분자구조를 가지고 있어 노화되기 쉽지만 아밀로펙틴은 가지가 많아 노화속도가 느리다. 즉, 찹쌀, 찰옥수수 등 아밀로펙틴만으로 된 전분은 호화와 노화가 모두 어렵다.

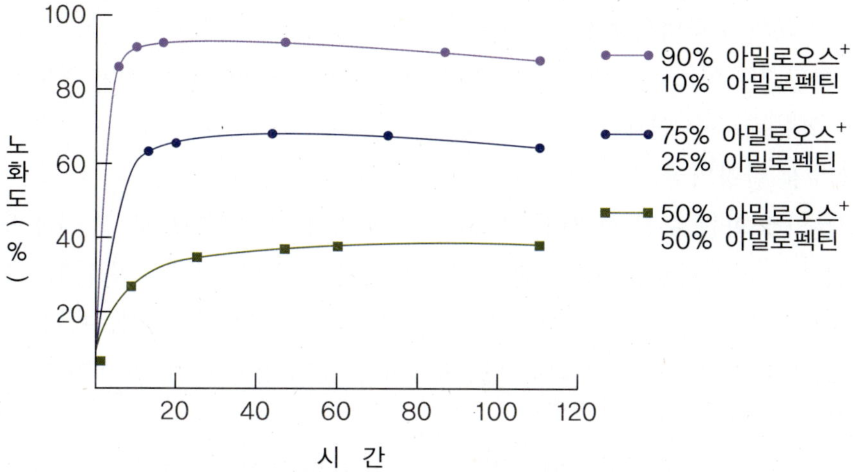

[그림 9-12] 아밀로오스와 아밀로펙틴 혼합액의 노화속도

ⓒ 온도

노화가 가장 잘 일어나는 온도는 0~5℃의 냉장온도에서 잘 일어난다. 일반적으로 60℃ 이상의 온도나 냉동 상태인 -20~-30℃가 되면 노화는 거의 일어나지 않는다.

ⓔ 수분 함량

전분의 노화가 가장 잘 일어나는 수분 함량은 30~60% 정도인데, 이보다 수분이 많거나 적으면 노화는 잘 일어나지 않는다.

ⓜ pH

pH가 알칼리성일수록 호화는 촉진되며, 반대로 노화는 억제된다. 일반적으로 산성에서는 노화가 촉진된다.

ⓑ 염류

무기염류는 일반적으로 호화를 촉진시켜 주며, 반대로 노화를 억제하여 준다. 다만, 황산마그네슘($MgSO_4$) 등의 황산염은 노화를 촉진시켜 준다.

ⓢ 당류

당류는 식품 중의 자유수의 양을 감소시켜 주며 일종의 탈수제로서 작용한다. 고농도의 당류는 호화에 필요한 수분을 이용하므로 전분의 호화를 억제시킨다.

나. 전분의 노화억제방법

호화된 전분이 노화되면 품질이 저하되므로 노화를 억제해야 한다. 전분의 노화에 영향을 주는 인자는 다음과 같다.

㉠ 수분 함량의 조절

전분의 노화는 수분 함량이 30~60%일 때 가장 잘 일어나므로 그 이상 또는 그 이하로 수분 함량을 조절하면 노화를 억제할 수 있다. 실제로 식품에는 수분의 함량을 낮춰주는 방법이 이용되고 있다. 특히 호화된 전분에서 수분을 15% 이하로 탈수하면 노화는 효과적으로 억제되며, 10% 이하에서는 노화가 거의 일어나지 않는다고 한다.

실제로 라면류, 비스킷, 건빵류 등은 전분이 호화된 형태로 존재하지만 오랫동안 두어도 노화되지 않는 것은 수분 함량이 10% 이하이기 때문이다.

㉡ 냉동

-20~-30℃에서는 노화가 거의 일어나지 않는다. 호화된 식품의 노화를 억제하기 위하여 냉동 건조시키는 방법을 이용한다.

㉢ 설탕의 첨가

설탕은 자유수의 양을 감소시키는 일종의 탈수제로 작용하며 수소결합의 저하로 노화를 억제한다. 양갱의 전분은 30~60%의 수분을 가지고 있으나 다량의 설탕을 넣어 만들었기 때문에 노화가 억제된다.

㉣ 유화제

유화제의 첨가는 전분의 콜로이드 용액의 안정도를 증가시켜 주고 전분분자들의 침전이나 결정영역의 형성을 억제하여 주므로 노화를 방지하는 효과가 있다. 유화제로 모노글리세라이드, 디글리세라이드 등이 있다.

③ 전분의 호정화

전분을 수분 없이 150~190℃ 정도의 고온에서 가열하면 전분분자의 일부가 가수분해 되어 가용성 텍스트린이 형성되는데 이와 같은 현상을 호정화(dextrinization)라 한다. 물리적 변화만을 일으킨 호화와는 달리 약간의 화학적 변화도 일으킨다. 호정화는 호화전분보다 물에 녹기 쉬우며, 효소 작용도 받기 쉽다. 호정화의 예로는 콩이나 미숫가루를 볶는것(roasting), 식빵을 굽는 것(toasting), 쌀이나 옥수수를 팽창시킨 것(puffing) 등이 있다.

(2) 글리코겐

동물성 전분으로 알려진 글리코겐(glycogen)은 간장, 근육, 조개류에 많고 균류 및 효모 등에도 들어있다. 구조는 아밀로펙틴과 같이 α-1, 4 결합 이외에 α-1, 6 결합의 가지를 갖고 있다. 글리코겐은 가지와 가지 사이의 평균 포도당 수가 8~16개로 아밀로펙틴보다 훨씬 가지가 많다.

(3) 덱스트린

전분은 산, 알칼리, 효소 등에 의하여 쉽게 가수분해 되는데 그 가수분해의 정도에 따라 여러 가지 중합도를 가진 가수분해물이 형성된다. 전분의 가수분해 최종 생성물인 맥아당과 포도당을 제외한 모든 가수분해물을 총칭하여 덱스트린(dextrin)이라 한다.

전분이 가수분해될 때 그 진행 정도에 따라 아밀로덱스트린(amylodextrin), 에리스로덱스트린(erythrodextrin), 아크로모덱스트린(achromodextrin), 말토덱스트린(maltodextrin)이 만들어지며, 나중에 맥아당과 포도당이 된다.

(4) 셀룰로오스

셀룰로오스(cellulose)는 전분이나 글리코겐과 같이 포도당이 다수 중합된 것이다. β-포도당이 β-1, 4 결합을 통하여 된 직선상의 고분자 화합물이다. 셀룰로오스는 곡류, 채소류, 과일류 등의 세포막의 구성성분으로 인체 내에는 섬유소를 분해하는 효소가 없으므로 소화, 대사되지 않으나 장을 자극하여 변통을 좋게 하며, 혈청콜레스테롤을 낮추는 역할을 한다. 셀룰로오스는 열량이 없으면서 부피감을 주어 저칼로리 식품제조에 사용되고, 염색성이 좋으므로 식품첨가물의 착색 안료로 쓰인다. 또한 보향성이 좋아서 식품에 첨가하여 휘발성이 강한 향기를 흡착, 유지시키는 데 이용한다.

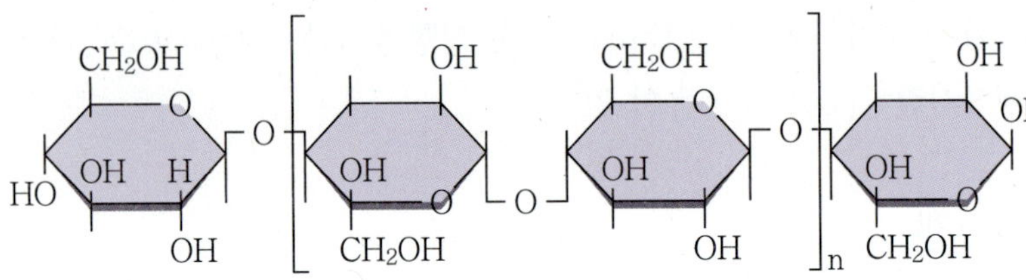

셀룰로오스의 구성단위로 볼 수 있는 전분의 맥아당에 해당하는 이당류 셀로비오스(cellobiose) 구성단위

[그림 9-13] 셀룰로오스의 구조

(5) 이눌린

이눌린(inulin)은 돼지감자, 달리아 뿌리, 백합 뿌리 등에 들어있는 다당류로 과당이 다수 결합된 것이다. 사람에게는 이눌린을 분해하는 소화효소가 없기 때문에 식품으로서의 가치는 없으나 과당의 제조 원료로 쓰이고 있다.

(6) 펙틴 물질

펙틴(pectin)물질은 식물의 뿌리, 과일, 해조류 등에 함유되어 있으며 식물조직의 세포막과 세포막 사이에 존재하며 일종의 연결물질(cermenting materials)로 작용하고 있다. 채소류, 과일류 조직의 가공·저장 시 조직의 유지와 신선도 유지 등을 위해서 중요하다. 펙틴 물질의 기본구조는 갈락투론산(galacturonic acid)이 α-1, 4 결합으로 연결된 직선상의 고분자 화합물이다.

펙틴 물질의 종류에는 프로토펙틴(protopectin), 펙틴산(pectinic acid), 펙틴(pectin), 펙트산(pectic acid) 등이 있다.

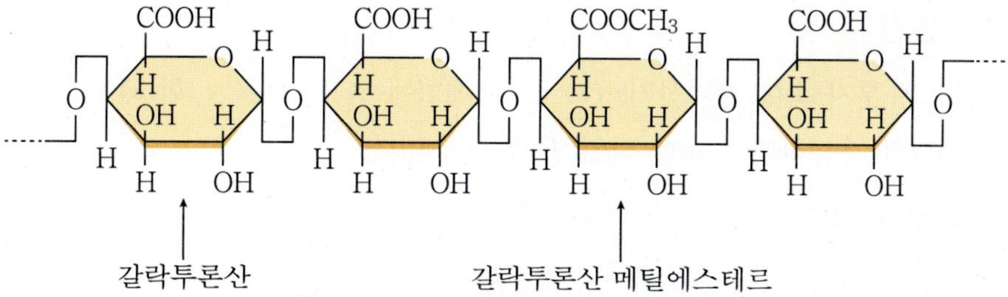

펙틴산

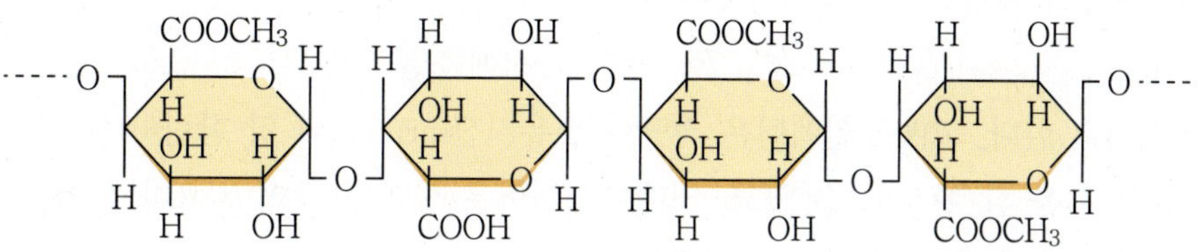

펙틴

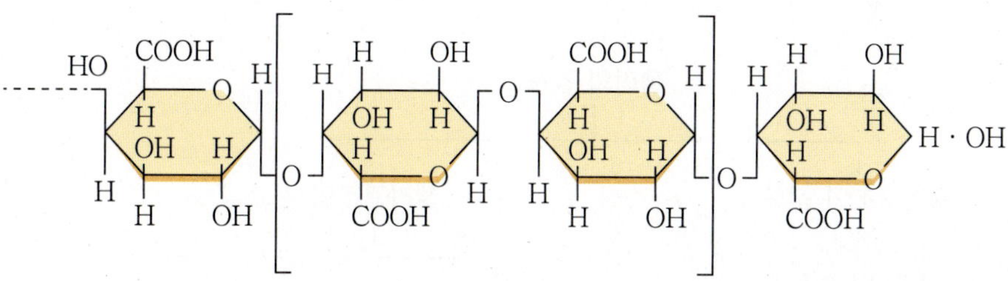

펙트산

[그림 9-14] 펙틴물질의 종류와 구조

① 프로토펙틴

프로토펙틴은 펙틴의 모체로 덜 익은 과일에 있다. 과일이나 채소류는 익어감에 따라 효소 작용에 의하여 펙틴산과 펙틴으로 되고 더욱 과숙되면 펙트산을 생성하게 된다.

② 펙틴산

펙틴산은 분자 속에 유기산기(-COOH)가 메틸에스터(-$COOCH_3$)화 되어 있는 것으로 겔화가 가능하며 성숙한 과일 중에 들어 있다.

③ 펙틴

펙틴은 갈락투론산의 유기산기가 메틸에스터 또는 각종 염(-COOCa)등의 형태로 존재한다. 펙틴의 메톡실화(methoxylation)는 과일의 성숙도를 나타낸다. 미숙과에는 함량이 많고 성숙되어 감에 따라 가수분해되어 감소한다. 과일과 채소류의 메톡실 함량은 0~14% 정도이므로, 7%를 중심으로 7% 이상을 고메톡실펙틴(High methoxyl pectin, HM), 7% 이하를 저메톡실펙틴(Low methoxyl pectin, LM)이라고 한다. 고메톡실펙틴은 적당량의 유기산(pH 3.2)과 당 함량(67.5%)이 존재할 때 겔을 잘 형성할 수 있고, 저메톡실펙틴은 산이나 당이 필요하지 않는 반면, 칼슘이온 등의 다가 이온이 필요하다.

④ 펙트산

펙트산은 과숙한 과일에 있으며 α-갈락투론산의 중합체로 찬물에 녹지 않는다.

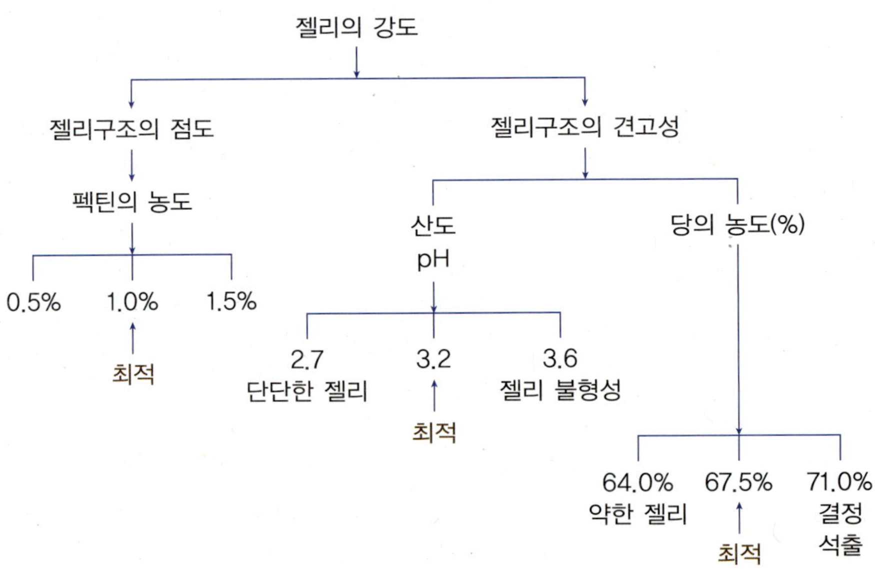

[그림 9-15] **펙틴, 당, 산에 의한 젤리화 특성**

(7) 리그닌

리그닌(lignin)은 방향족물질들의 중합체로 고등식물세포의 세포막의 주요 성분을 이룬다. 세포막에 존재하는 리그닌은 고등식물의 목질부를 형성하고 있으며, 과일 중 배의 심지 부분의 모래알 같은 느낌은 리그닌이 있기 때문이다. 육가공품, 치즈 등 훈연식품의 독특한 풍미와 방부성 향기 성분은 주로 리그닌의 가열분해 생성물이다.

(8) 키틴

키틴(chitin)은 새우, 게 등 갑각류의 껍질, 갑충의 갑피 등 절족동물의 외골격, 연체동물의 기관, 곰팡이, 효모, 버섯 등 진균류의 세포벽 등에 존재하는 단단한 성분이다.

키틴은 아미노당으로 단백질과 복합체를 이루고 있는 다당류(N-아세틸글루코사민이 β-1, 4-glucosidic 결합)이다.

키틴을 알칼리 처리하여 탈아세틸화반응에 의한 화합물이 키토산이다.

키토산은 글루코사민 중합체(poly-β-1,4-D-glucosamine)로 D-글루코사민이 5,000개 이상 반복적으로 결합하여 분자량이 100만 이상인 고분자 물질이다. 키토산 그 자체로는 물에 쉽게 녹지 않고 체내 흡수율도 낮아 식품에 그대로 이용하기에는 부적합하다. 키틴과 키토산을 효소인 키토시나아제(chitosanase)로 분해하여 인체에 흡수가 잘 되도록 만든 것이 키토올리고당(chito oligosaccharide)이다. 키토산이 불용성인 것과 달리 2~8개의 소당류로서 물에 용해가 되어 체내 흡수가 빠르다.

키토산과 같이 항균작용, 항암작용, 면역강화기능, 유산균 증진작용 등이 있다.

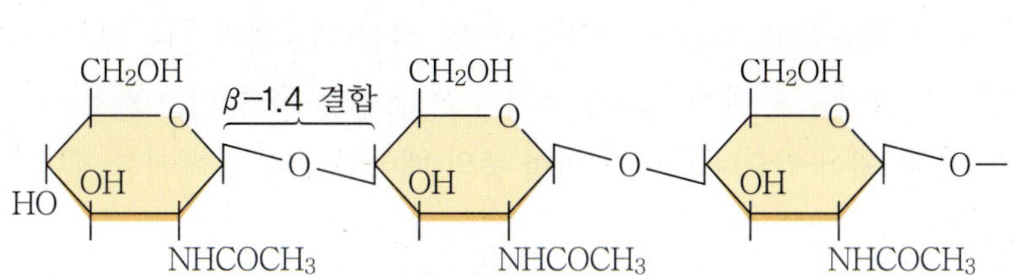

[그림 9-16] 키틴의 구조

(9) 알긴산

알긴산(algnic acid)은 다시마, 미역과 같은 갈조류의 세포막 성분에 존재하는 특수한 다당류로 그의 염을 알긴(algin)이라 한다. 아이스크림, 시럽, 드레싱, 케첩 등의 점성을 증가시키는 데 사용한다. 최근 알긴산이 다량 함유되어 있는 다시마가 장수식품으로 인정되면서 다시마 섭취가 적극 권장되고 있는 추세이다.

4. 탄수화물 함유식품

(1) 쌀

전 세계의 인류가 주식으로 섭취하고 있는 식품 중 가장 큰 비중을 차지하고 있는 식품이 곡류이다. 주요 곡류로는 쌀, 맥류(밀·보리), 잡곡(조·기장·피·수수·옥수수·메밀 등)이 있다. 곡류는 일반적으로 수분 및 단백질의 함량이 적고 탄수화물의 함량이 많으며 수분이 적어 비교적 장기간 저장이 가능하다.

쌀(rice)의 원산지는 중국 운남성에서 인도의 앗삼지방에 걸치는 열대나 아열대 지역으로, 일본형(japonica)과 인도형(indica)으로 구분한다. 일본형은 한국, 일본, 중국 양자강 하류, 대만 등에서 재배되며, 대체로 키가 작고 쌀알이 둥글고 작으며 밥을 지었을 때 끈기가 있다. 인도형은 키가 크고, 쌀알이 가늘고 길며, 밥을 지었을 때 끈기가 적고 인도, 캄보디아, 베트남, 필리핀, 중국남부 등에서 재배되고 있다.

쌀에는 멥쌀과 찹쌀이 있으며 모두 전분을 75% 이상 함유하고 있다. 멥쌀의 전분은 종류에 따라 다르나 대체로 아밀로오스와 아밀로펙틴이 약 2:8의 비율로 존재하며 찹쌀 전분은 아밀로펙틴만으로 이루어져 있다. 쌀은 현미와 이를 도정한 백미의 상태로 시판하고 있는데, 현미는 벼의 겉껍질인 왕겨만을 제거한 것이며, 백미는 현미의 쌀겨층과 배아 모두가 제거된 상태이다. 즉, 현미는 배유 92%, 배아 3%, 미강 5%로 되어 있으나 백미는 현미 중의 배아와 미강을 제거한 것이다.

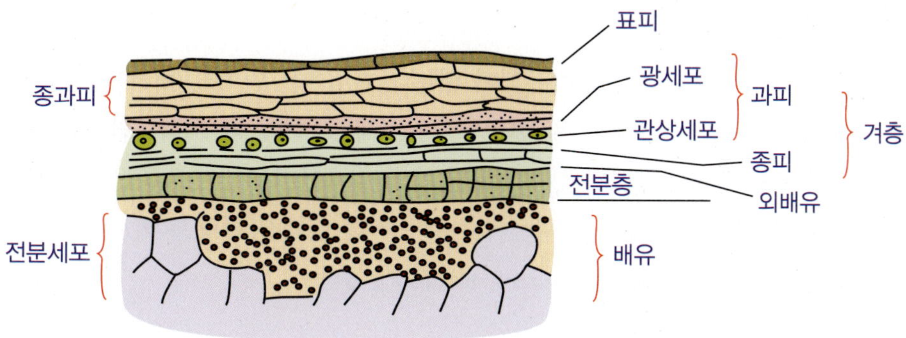

[그림 9-17] **현미의 구조**

1) 쌀의 성분

쌀의 영양성분 함량은 도정도에 따라 달라진다. 현미는 단백질, 섬유질, 지질, 무기질, 비타민이 많고 도정도가 커질수록 영양성분은 감소되나 밥맛과 소화율은 좋아진다. 백미는 현미에 비하여 단백질, 지방, 비타민 등이 현저하게 감소된 반면, 전분의 비율이 증가되고 섬유질이 적어서 밥을 지으면 맛과 소화흡수가 좋다.

표 9-2 쌀의 성분 (가식부 100g)

식품	열량 (kcal)	단백질 (g)	지질 (g)	탄수화물		무기질			비타민				
				당질 (g)	섬유 (g)	칼슘 (mg)	인 (mg)	철 (mg)	A (RAE)	B_1 (mg)	B_2 (mg)	니아신 (mg)	C (mg)
현미	350	7.6	2.1	77.1	2.7	6	279	79	0	0.23	0.08	3.6	0
백미	372	6.4	0.5	81.9	0.3	4	140	66	0	0.11	0.04	1.5	0

① 탄수화물

쌀에는 탄수화물 중 당질이 많은데 대부분이 전분이며, 그 함량은 현미에 73~74%, 백미에 77% 정도이며, 섬유질은 현미 2.7%, 백미 0.3%로 매우 낮다.

멥쌀 전분은 아밀로오스 20%, 아밀로펙틴 80%의 비율로 구성되어 있고, 찹쌀 전분은 거의 100%가 아밀로펙틴으로 구성되어 있다.

② 단백질

쌀에는 6~10%의 단백질이 함유되어 있는데 현미에는 7~8%, 백미에는 6~7% 들어있다. 쌀의 주단백질은 약 80%가 글루테린계(glutelins)계 오리제닌(oryzenin)으로, 트립토판, 리신, 트레오닌, 메티오닌 등의 필수아미노산이 표준단백질 함량보다 좀 낮은 편이다. 쌀은 밀 또는 옥수수에 비해 단백질 함량은 적으나 필수아미노산 함량이 많아 단백가(protein score: 78)가 높다.

③ 지질

현미에는 약 3% 정도의 지질이 함유되어 있고 백미에는 약 1%로 현미보다 적다.

배아와 쌀겨에는 20%의 지질이 들어 있으며 주로 불포화지방산으로 이를 추출하여 식용유로 제조한 미강유와 배아유가 있다. 이들 기름 중에는 항산화 효과가 있는 토코페롤(tocopherol)이 함유되어 있는 것이 특징이다.

저장기간이 오래된 쌀에서 나는 특유의 냄새는 지질의 분해로 인한 지방산 및 이들의 산화로 생성된 알데히드류이다.

④ 비타민 및 무기질

비타민 B 그룹을 제외하고는 그 함량이 적으며 비타민 A, D, C 등은 거의 들어있지 않다. 현미 중에는 비타민 B_1, B_2가 상당량 함유되어 있으나 주로 배아나 겨층에 존재하므로 도정 과정 중에 제거되어 백미에는 거의 존재하지 않는다. 또 비타민 B_1, B_2, B_6, 니아신(niacin) 등은 저장이나 조리하는 과정 중에 거의 손실된다. 쌀 중에 함유된 무기질은 인, 칼륨, 마그네슘이 풍부한 반면에 칼슘이 부족하므로 이를 보충하려면 우유 등의 칼슘 함유식품을 섭취해야 한다.

2) 쌀밥의 맛

서양인은 점성이 적은 쌀을 좋아하나 동양인은 점성, 광택 등을 중요시한다. 쌀밥의 맛은 쌀의 품종에 따라 다르고 동일 품종이라도 재배 방법 및 토질에 따라서 다르다. 밥을 지을 때 사용하는 물의 pH가 7~8일 때 외관과 맛이 좋고 또 미량(0.03%)의 소금이 있으면 맛이 좋아지며, 햅쌀이 묵은 쌀보다 맛이 더 좋다. pH가 산성인 물을 사용하거나, 쌀을 오래 저장하여 산성 물질이 생기면 밥맛이 나빠진다.

3) 쌀의 영양

쌀의 영양성분 조성은 다른 곡물에 비하여 비교적 양호한 것으로 알려져 있으나 리신, 트레오닌 등 필수아미노산의 함량도 매우 적고 비타민, 무기질과 같은 미량 물질의 함량이 부족하다. 또한 쌀의 도정, 수세, 취반 등으로 이와 같은 미량 물질의 상당량이 유실된다. 밥을 지을 때 쌀에 콩 또는 잡곡을 넣어 혼식하면 쌀에 부족한 필수아미노산이 상호 보완되고, 밥과 함께 먹는 반찬으로 동물성 식품, 신선한 계절식품과 김치를 곁들인다면 좋은 영양 상태를 유지 할 수 있는 바람직한 식생활이 될 것이다.

4) 쌀의 소비

우리나라의 연간 1인당 쌀 소비량은 1970년 136.4kg, 1980년 132.4kg, 1990년 119.6kg, 2000년 93.6kg, 2005년에는 80.3kg, 2012년에는 69.8kg, 2014년에는 65.1kg, 2016년에는 61.9kg으로 매년 쌀 소비가 감소하는 추세이다.

또한 밥그릇의 크기 변화에 관한 발표에 의하면(젠 한국), 1940년대 약 680mL, 1950년대 약 670mL, 1960~70년대 약 560mL로 조금씩 줄다가 1980년대 들어서면서 약 390mL로 급격히 줄었다. 이 후 1990년대 약 290mL로 줄어들었고 2013년에는 약 190mL로 70년 사이에 밥그릇의 크기가 1/3로 현저하게 줄었음을 알 수 있다.

이와 같이 쌀 소비의 감소원인은 식생활이 다양해지고 식품소비 방식이 간편화되면서 면류나 과일, 육류, 가공식품의 소비가 늘었기 때문이며, 도시와 젊은 층의 인스턴트식품의 소비가 늘어나고 아침을 거르는 등 여러 가지 요인에 의한다.

그러나 일본의 경우 1999년까지 쌀 소비가 우리와 비슷하게 감소 추세를 보이다가 2000년에 들어 소비자가구의 쌀 소비량이 0.4% 늘어났다. 이는 그동안 확대된 서구형 식생활보다 쌀을 주식으로 하는 일본형 식생활이 건강에 좋다는 인식이 확산되고 있으며, 다양한 쌀 가공식품과 쌀 중심의 식단 개발로 판매량이 증대되었기 때문이다. 우리나라도 기능성 쌀의 개발과 술이나 떡, 국수, 과자, 음료 등 다양한 쌀 가공품 개발을 통해 쌀 소비의 촉진을 적극 추진하고 있다.

(2) 맥류 및 잡곡

맥류는 쌀 다음가는 주식으로 보리·밀 등이 있고, 잡곡에는 조·수수·옥수수·메밀 등이 있다.

1) 밀

밀(wheat)은 세계 각 지역에서 재배되고 있으며 식량 작물 중 가장 넓은 지리적 분포를 보인다. 밀은 우리나라에서 쌀 다음으로 많이 소비되나 대부분을 수입에 의존하는 실정이다. 밀은 배유, 배아, 피층의 세 부분으로 되어 있고, 그 비율은 82:2:16이다. 밀가루로 이용되는 것은 부스러지기 쉬운 배유 부분이다. 피층은 단단하고 그 안쪽에 배유 세포를 싸고 있는 호분층이 있다. 배유 세포에는 전분과 단백질이 들어있는데, 배유의 중심부로 갈수록 전분이 많아지고 단백질은 적어지며, 호분층에 가까울수록 단백질이 많아진다.

회분은 과피와 종피 등 밀의 피층에 많고 배유부에는 적으며 배아에는 단백질, 지방, 비타민 등이 많이 함유되어 있다.

① 탄수화물

밀 알갱이에는 65~70% 정도의 탄수화물이 들어 있고 그 대부분은 전분이며, 소량의 덱스트린, 펜토산, 당분, 셀룰로오스 등이 들어있다.

② 단백질

밀가루에는 약 9~12%의 단백질이 함유되어 있다. 밀단백질에는 강한 탄력성을 나타내는 글루테닌(glutenin)과 점성을 나타내는 글리아딘(gliadin)이 대부분이다. 이들 두 단백질은 밀가루에 물을 넣고 반죽하면 결합하여 글루텐을 형성하며 특유의 점탄성과 신전성을 가지는데, 이러한 성질은 빵이나 면을 제조할 때 중요하다.

글루테닌과 글리아딘은 밀가루 상태일 때는 결합되지 않으나 물을 흡수하면 서로 결합하여 가는 실모양의 망 구조를 하고, 그 내부에 전분이 물을 흡착하여 팽윤한 상태로 되어 있다.

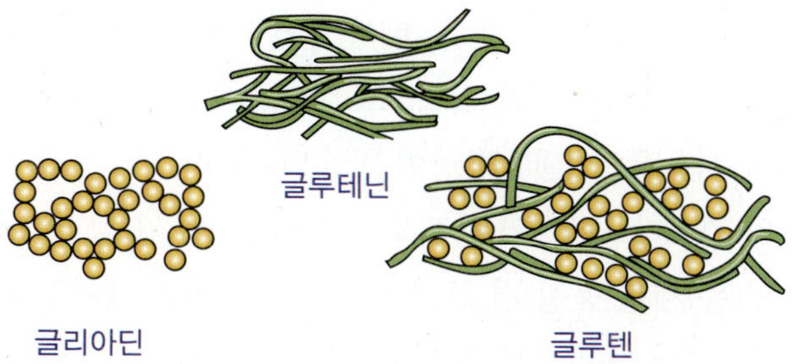

[그림 9-18] 글루텐의 형성

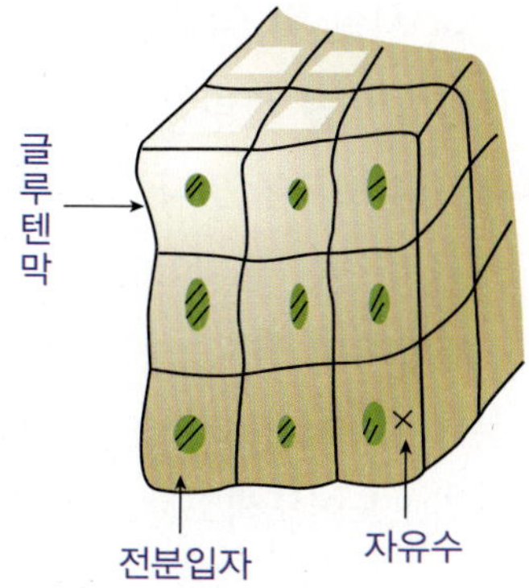

[그림 9-19] 반죽의 구조

밀가루는 글루텐(gluten) 함량에 따라 강력분, 중력분, 박력분으로 구분된다.

가. 강력분

경질의 밀(hard wheat)로 만들며, 단백질은 약 13~16% 함유하고 있다. 또한 밀가루에 함유되어 있는 단백질은 양이 많을 뿐 아니라 질도 다르다. 즉, 글루텐 자체가 강한 탄력성과 점성을 가지고 있고 물의 흡착력도 강하다. 그러므로 이 밀가루로 만든 반죽은 크게 부푼다. 식빵, 마카로니 등을 만드는 데 적합하다.

나. 중력분

다목적 밀가루라고도 하며 가정에서 흔히 사용한다. 단백질 함량은 강력분과 박력분의 중간으로 10~13%이다. 또한 단백질의 탄력성과 점성, 수분의 흡착성도 역시 강력분과 박력분의 중간 정도이다. 면류를 만들기에 적합하다.

다. 박력분

연질의 밀(soft wheat)로 만들며 밀가루의 단백질 함량은 10% 이하이다. 글루텐의 탄력성과 점성이 약하고 물의 흡착력도 약하다. 과자, 케이크를 만들 때 사용한다.

밀가루단백질의 아미노산 조성은 글루텐의 아미노산 조성에 의하며, 이들은 필수아미노산 중 리신 함량이 가장 낮으며 그 다음이 메티오닌, 트립토판, 트레오닌으로 단백질가(protein score: 47)도 낮아 영양학적으로 불완전하다. 밀과 밀가루에는 글루탐산을 35~40%로 다량 함유하고 있어 화학조미료인 모노 소디움 글루타메이트(MSG)제조 원료로 쓰였으나 최근의 MSG 제조는 포도당 발효법을 이용한다.

③ 지질 및 색소

밀의 지질 함량은 1.0~2.0% 정도이며, 외피 30%, 배아 50%, 배유 20%의 비율로 분포되어 있다. 특히 배아에는 비타민 E가 다량으로 함유되어 있어 밀배아에서 추출한 밀배아유에는 일반 식용유의 10배의 양이 함유되어 있다.

밀가루의 색소는 주로 황색의 카로티노이드와 플라보노이드계 색소가 들어 있는데 이 중 카로티노이드계 색소는 제분 공정 시 표백제 사용으로 거의 제거되나 플라보노이드색소는 그대로 남아 있어 연한 미색을 띤다.

④ 비타민 및 무기질

밀에는 비타민 B_1, B_2, E 등이 함유되어 있으나 제빵적성이 좋은 밀가루일수록 그 함량이 매우 적다. 쌀의 경우와는 달리 밀에는 비타민 B_1의 함량은 적지만 배유 중에 골고루 들어 있다. 배아에는 비타민 A, B_1, B_2, B_6, E 등이 들어 있고 비타민 D와 C는 없다. 외국에서는 밀가루에 비타민 B_1, B_2, 니아신, 리신 등을 첨가한 강화 밀가루를 사용하고 있다. 밀의 회분 함량은 1.5~2.0% 가량이며, 주로 외피와 배아에 들어 있고 밀가루에는 0.45~1.0% 정도이다. 회분의 대부분은 인과 칼륨이고 칼슘은 적다. 밀은 외피가 제거됨에 따라 무기질이 규칙적으로 감소하고, 반대로 빵의 팽창도는 증가하므로 밀가루의 품질을 평가하는 데 무기질 함량을 하나의 지표로 삼는다.

2) 보리

보리(barley)는 우리나라에서 쌀 다음으로 중요한 곡물이다. 보리에는 성숙 후에도 껍질이 종실에 밀착하여 분리되지 않는 겉보리(covered barley)와 성숙 후 껍질이 종실에서 쉽게 떨어지는 쌀보리(naked barley)가 있다. 보통 단순히 보리라 할 때는 겉보리를 말한다.

[그림 9-20] 보리의 단면도

보리는 쌀보다 열량이 적으며, 섬유질은 쌀보다 2~5배 많아 소화율이 낮다. 섬유질이 많고 당질이 적어 당뇨 환자에게 좋으며 특히 식이섬유의 일종인 베타글루칸이 다량 함유되어 있어 콜레스테롤 억제 및 변비 예방에도 효과가 있으며 최근에는 항암효과가 있다고 알려져 건강식품으로 더욱 인기가 있다.

보리에는 약 10%의 단백질이 함유되어 있는데, 보리의 특유한 단백질은 호르데인(hordein)이고 그 밖에 다른 맥류와 공통된 단백질도 들어있다. 구성아미노산 중에 리신, 트립토판, 함황아미노산 등이 적고 쌀단백질에 비하면 그 질이 다소 떨어지나(protein score: 67) 다른 동·식물성 단백질을 곁들여 섭취하면 단백가를 올릴 수 있다.

보리에는 지방이 약 2% 정도 함유되어 있고, 구성지방산은 다른 곡류의 지방산과 비슷하여 올레산 및 리놀레산이 많다. 비타민 B_1 및 B_2의 함량은 현미와 비슷하고 배유의 내부까지 분포되어 있으므로 도정에 의한 이들의 손실량은 비교적 적다. 쌀과 혼식하면 쌀에 부족한 비타민 B_1을 보충할 수 있다.

보리는 엿기름, 면류, 미숫가루, 된장, 간장, 과자, 맥주, 음료 등의 원료로 쓰인다. 보리의 소화율을 높이기 위해 절단보리, 보릿가루 등으로 가공한다.

3) 호밀

호밀(rye)의 원산지는 스페인과 모로코인데 세계적으로 보급되어 있으며, 우리나라에서는 강원도, 경기도 지방에서 재배되고 있다. 라이맥이라 불리며 보리와 비슷하지만 입자가 더 가늘다. 호밀로 만든 빵은 갈색으로 흑빵이라 불리는데 호분층의 색소로 인하여 진한 갈색을 띠며 특유의 풍미와 저장성을 가진다. 호밀가루는 물에 이기면 야생 유산균이 번식하여 자연발효가 일어나 유산이 생성되고, 이 유산에 의해 단백질이 팽창되어 흑빵을 만든다. 유산으로 인하여 잡균이 번식하지 않으므로 잘 변질되지 않는 장점이 있다. 호밀의 단백질 함량은 약 14%이며, 밀의 단백질보다 점성이 적으므로 밀빵보다 탄력이 적다. 아미노산은 리신, 트립토판이 적고 인, 칼륨, 망간 등의 무기성분과 비타민 B_1, B_2 등이 들어있다.

4) 귀리

귀리(oat)는 보리와 비슷하지만 더 가늘며, 우리나라에서는 거의 재배되지 않는다. 귀리는 오트밀(oat meal)로 가공하여 식용하는 한편 사료로도 쓰인다. 단백질 11~15%, 지질 4~6%, 가용성 무질소물 58~65%로 다른 곡물에 비하여 단백질 및 지질이 많이 함유되어 있다. 주성분은 탄수화물이며 대부분이 전분이고 그 밖에 소량의 당분과 덱스트린을 함유한다. 지질은 주로 배아 부분에 존재하며 단백질은 글루텔린과 글로불린이 많고, 아미노산의 조성은 리신과 함황아미노산이 표준보다 떨어지나, 식물성 단백질로서는 영양상 우수한 편이다(protein score: 74).

칼슘, 인 등이 많으며 비타민 B_1도 많다. 오트밀은 귀리를 가열·압편한 식품으로, 서양에서 널리 식용되며 소화가 잘 되어 환자나 노인의 식사로 많이 쓰인다.

5) 조

조(italian millet)에는 메조와 차조가 있다. 조는 장기간 보존할 수 있고 벌레가 잘 생기지 않으며 맛의 변화도 적으므로 흉작 때에 많이 이용된다. 조의 성분은 대체로 다른 곡물과 비슷하나 트립토판이 다른 곡물보다 많이 함유되어 있다. 지질은 리놀렌산, 올레산 그리고 약간의 팔미트산이 있다. 비타민 B군이 다른 곡류보다 다소 많은 편이며, 차조는 메조보다 단백질, 지방의 함량이 많다.

6) 옥수수

옥수수(corn)는 생육기간이 짧기 때문에 추운 지역이나 높은 지역에서도 여름철의 높은 기온을 이용하여 재배가 가능하다. 옥수수는 세계적으로 널리 재배되고 있으며 미국에서 가장 많이 생산되고 있다. 옥수수는 바깥쪽으로 과피와 종피가 있는 그 내부에 배유가 있으며, 밑에 배아가 있는데 그 비율은 7:85:8이다. 건조된 옥수수는 수분 13.5%, 단백질 8~10%, 지질 4~5%, 당질 69~71%, 섬유 2%, 회분 1.3~2.2%를 함유하며 당질의 대부분은 전분이다. 보통 품종의 메옥수수 전분은 아밀로오스 20, 아밀로펙틴 80의 비율로 되어 있으나 찰옥수수의 전분은 거의 아밀로펙틴만으로 되어 있다.

단백질은 주로 프롤라민류인 제인(zein)인데, 이것은 전체 단백질의 40%를 차지하고 트립토판, 리신을 함유하고 있지 않으므로 영양적 가치는 현저히 낮다(protein score: 16). 옥수수를 주식으로 하는 열대 주민들에게 피부병의 일종인 펠라그라(pellagra)가 많이 생긴다. 그러나 쌀에 부족한 트레오닌(threonine), 함황아미노산을 많이 함유하고 있으므로 쌀과 혼식하면 좋다.

지질은 다른 곡류에 비하여 그 함량이 많은 편이고, 주로 배아 부분에 집중되어 있다. 따라서 옥수수 전분 제조의 부산물로 얻어지는 배아에는 지방이 30~40% 함유되어 있어 옥수수기름의 원료가 된다.

황색 옥수수에는 프로비타민 A를, 그리고 배아 중에는 기타 비타민류를 상당히 함유하며, 회분은 주로 인이고 칼슘 함량은 매우 적다.

옥수수는 식용으로 뿐만 아니라 사료용 원료로도 많이 이용된다. 옥수수는 굽거나 쪄서 먹고, 건조품을 가루로 하여 과자의 원료로도 이용된다. 그대로 사용하면 소화율이 나쁘지만(30%), 분식(粉食)하면 소화율이 증가한다(98%).

가공품으로는 옥수수전분, 콘플레이크, 옥수수가루, 옥수수기름, 팝콘 등이 있다.

7) 메밀

메밀(buck wheat)의 원산지는 만주 바이칼호 부근이며, 한지(寒地), 박토에도 잘 자라며 생육기간이 짧으므로 건조한 땅과 보리를 심지 못한 논의 대작(代作)으로 가꾼다. 밀가루에 비하여 단백질, 지방이 풍부하고 셀룰로오스가 조금 많으며 소화율은 밀보다 못하다. 아미노산은 트립토판, 트레오닌, 리신 함량이 다른 곡류보다 많은 편이다.

비타민 B_1, B_2가 많고 잎이나 꽃에는 루틴의 함량이 많다. 루틴은 모세혈관을 강하게 하는 효과가 있어 고혈압 환자에게 좋다. 무기질로는 인이 많고 칼슘은 적다. 메밀은 쌀, 보리의 영양적인 결함을 보충하여 주는 잡곡의 하나이다. 메밀은 묵, 메밀국수, 과자 등으로 가공하여 사용한다.

메밀가루에는 글루텐이 없어서 점성이 적으므로 국수를 만들어 사용할 때에는 보통 밀가루를 30~80% 정도 혼합하여 사용하기도 한다.

8) 수수

수수(great millet)에는 찰수수와 메수수의 두 종류가 있는데 빛깔은 적갈색이다. 수수의 단백질은 비교적 양질이나 트립토판, 함황아미노산이 부족하며 소화율이 나쁘다. 수수의 주성분은 탄수화물이며 주로 전분으로 되어 있고 약 60% 가량 함유한다. 전분은 잘 호화되지 않으므로 다른 전분에 비하여 소화가 나쁘다. 수수에는 비타민 A, B_1, B_2가 함유되어 있으나 함량은 적은 편이다.

수수는 대용식으로 이용하는 것 이외에 떡, 과자, 엿, 주정, 전분 등의 원료 및 사료로도 쓰인다.

표 9-3 맥류와 잡곡의 성분 (가식부 100g)

식품		열량 (kcal)	수분 (g)	단백질 (g)	지질 (g)	탄수화물		무기질			비타민				
						당질 (g)	섬유 (g)	칼슘 (mg)	인 (mg)	철 (mg)	A (RAE)	B_1 (mg)	B_2 (mg)	니아신 (mg)	C (mg)
밀가루	강력분	364	13.0	12.7	0.5	73.4	2.7	25	97	2.0	0	0.37	0.02	1.5	0
밀가루	중력분	370	13.0	11.5	1.1	74.1	2.8	31	78	1.5	0	0.21	0.02	1.8	0
밀가루	박력분	370	12.8	8.7	0.8	77.5	2.5	17	81	1.4	0	0.13	0.04	0.7	0
보리		353	9.6	8.1	1.1	79.9	5.6	31	120	2.9	0	0.33	0.09	1.2	0
호밀		335	11.0	14.8	2.5	69.8	0	33	374	2.7	0	0.32	0.25	4.3	0
귀리		371	9.1	14.3	3.8	70.4	12.4	18	183	7.0	0	0.15	0.46	2.2	0
조		366	12.2	9.3	3.0	74.0	3.1	17	301	3.0	0	0.24	0.11	4.3	0
옥수수		142	63.6	4.9	1.2	29.4	13.6	21	131	2.2	4.5	0.25	0.11	2.6	0
메밀		374	9.8	11.5	2.3	74.7	5.0	18	308	2.6	8.5	0.46	0.26	1.2	0
수수		364	12.5	9.5	2.6	74.1	0.4	14	290	2.4	0	0.10	0.03	3.0	0

(3) 감자류

감자류는 식물의 뿌리나 땅속줄기가 굵어진 것으로 다음 해의 성장을 위하여 필요한 영양분이 저장되어 있다. 감자류에는 감자·고구마·토란·돼지감자 등이 있으며 그중에서 감자가 가장 많이 이용되고 있다. 감자와 고구마는 전분, 당면, 알코올 등의 제조 원료로도 이용된다.

수분 함량은 감자가 80%, 고구마가 70% 그리고 토란이 80% 정도이며, 전분은 10~20%로 수분 다음으로 가장 많이 함유되어 있다. 수분 함량이 매우 높으므로 물을 별도로 가하지 않아도 자체 내에 함유된 수분으로 전분이 충분하게 호화될 수 있다. 가열 시 전분의 호화뿐 아니라 펙틴질도 분해되어 매우 연해진다.

감자류에 함유된 비타민 C는 가열 시에도 손실률이 10~20% 정도로 비교적 가열에 안정한 특징이 있다. 또한 감자류 중에는 산화효소 또는 당화 효소가 함유되어 있어서 전자에 의해서는 갈색화 반응이, 후자에 의해서는 단맛이 증진된다.

1) 감자

감자(potato)는 전분 함량이 많아 전분 제조의 원료가 되며, 고구마에 비해 맛이 담백하므로 서양 각국에서 널리 사용하고 있다. 당질의 주성분은 전분이며 포도당, 과당, 서당 등의 당분이 소량 들어 있다.

전분 함량은 미숙한 것에는 적으나 성숙함에 따라 증가한다. 감자의 단백질은 글로불린류인 튜베린(tuberin)인데, 건조물 중에 약 10% 들어있고 영양상 질이 좋은 편이다. 무기질은 주로 칼륨과 인이며, 비타민은 B_1, B_2, C 등이 들어있는데, 비타민 C(15mg%)를 제외하고는 그 함량이 매우 적다. 감자의 비타민 C는 조리에 비교적 안정하다.

감자에는 효소적 갈변에 관여하는 티로시나아제의 활성이 크며, 기질인 티로신, 클로로겐산이 함유되어 있으므로 감자를 절단 방치하면 갈변한다. 이를 방지하려면 즉시 가열하거나 물에 담가 둔다. 감자에는 경미한 독성과 쓴맛을 가지는 배당체인 솔라닌(solanin)이라는 알칼로이드가 함유되어 있고, 싹이 난 감자나 햇빛을 받아 껍질이 녹색인 감자에 많으며 열에 의하여 분해되지 않는다.

표 9-4 감자류의 성분 (가식부 100g)

식품	열량 (kcal)	단백질 (g)	지질 (g)	탄수화물		무기질			비타민				
				당질 (g)	섬유 (g)	칼슘 (mg)	인 (mg)	철 (mg)	A (RAE)	B_1 (mg)	B_2 (mg)	니아신 (mg)	C (mg)
감자	63	2.4	-	13.9	0.7	14	117	4.2	0.5	0.26	0.04	0.4	8
고구마	131	1.4	0.2	31.2	2.6	24	54	0.5	9.5	0.06	0.05	0.7	25
토란	124	2.4	0	26.1	3.3	29	130	1.4	0.5	0.12	0.04	0.7	34
참마	67	1.7	0.2	15.0	-	14	28	0.2	0	0.12	0.01	0.2	6
곤약	6	0.2	-	3.0	-	75	10	0.5	0	0.00	0.00	0.0	0

감자는 일반적으로 상온, 저온으로 저장하고 있으나 그 최적 온도는 3~4℃이다. 감자는 저장 중 전분이 감소하고 포도당, 과당, 설탕이 증가하며 자외선을 받는 부분은 클로로필이 생성되어 녹색으로 변한다.

감자는 맛이 소박하여 오래 먹어도 싫증이 나지 않고 소화가 잘 되며, 조리하기도 용이하여 주식의 대용으로 적당하다. 소련, 북유럽, 독일 등 여러 나라에서는 빵과 함께 주식으로 이용된다.

감자는 보통 식용으로 하는 외에 전분 제조에 다량 이용되며, 그 전분은 물엿, 포도당, 과자, 주정 제조 등에 널리 쓰인다.

2) 고구마

고구마(sweet potato)의 원산지는 열대 남미로서 미대륙 발견 이후 세계적으로 분포되었으며, 우리나라에는 조선 영조 때 대마도를 통하여 종자를 얻어 재배되었다.

고구마에는 감자에 비하여 포도당, 과당 등이 많이 들어 있어서 감미가 높다. 고구마의 전분은 저장 중 맥아당으로 분해되므로 단맛이 더욱 증가한다. 고구마에는 섬유소가 많으므로 소화기관의 운동을 자극하여 변비를 막아주고, 콜레스테롤 배출도 매우 뛰어나므로 성인병 예방식품으로 각광을 받아 꾸준히 수요가 증가하고 있다. 그러나 섭취량이 지나치면 장내 미생물에 의해 가스가 발생되므로 동치미를 곁들여 먹으면 무에 들어 있는 아밀라아제 효소로 인하여 소화가 잘 되고 장내 가스발생이 적어진다. 단백질은 글로불린류인 이포메인(ipomain)이며, 리신, 트레오닌의 함량이 높다. 고구마에는 프로비타민 A인 카로틴을 많이 함유하며, 노란색이 진한 고구마일수록 그 함량이 많다. 고구마는 비타민 C 함량이 많고, 조리 후에도 안정되어 삶은 후에도 70~80%가 잔존한다. 고구마의 회분 중에는 칼륨이 많고 칼슘, 인, 마그네슘 등도 들어있다.

고구마를 절단했을 때 생기는 하얀 가루는 주로 얄라핀(jalapin)이며, 미숙한 것에 많다. 고구마 저장 시 흑반병에 걸리면 이포메아메론에 의해 검은 반점이 생기고 이 물질은 강한 쓴맛을 가지며 독성이 있으므로 식용할 수 없다.

3) 토란

토란(taro)의 주성분은 전분이고 그 밖에 덱스트린과 설탕을 서당 등도 들어 있어 단맛을 낸다. 토란의 미끄러운 점액성분은 갈락탄(galactan)이며, 아린맛은 호모젠티지닉산(homogentisinic acid)과 수산(oxalic acid)이다. 조리하기 전 소금물에 삶거나 쌀뜨물에 담그면 아린맛을 제거할 수 있다.

회분은 칼륨이 많고 비타민류의 함량은 비타민 B_1을 제외한 나머지는 적은 편이다.

4) 참마

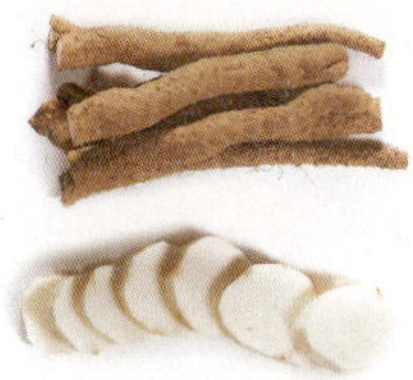

참마(yam)는 고구마와 비슷한 덩이줄기로 들에 자생하거나 재배한다. 참마는 뮤신(musin)이 들어 있어 마를 잘랐을 때 끈적끈적하고 점성이 높다. 마에는 소화효소인 아밀라아제가 무보다도 3배 이상 많이 함유되어 있으므로 날것으로 먹어도 소화가 잘 되며 이 밖에 혈당강하, 거담 작용 등의 약리 효과가 확인되었다.

5) 곤약

곤약(konjak)은 토란과에 속하는 다년생 식물로 땅속의 근경을 식용으로 한다. 곤약의 성분은 수분 92%, 탄수화물 6%, 단백질 1%, 지질 0.1% 이다. 탄수화물의 주성분은 글루코만난(glucomannan)으로 포도당과 만노오즈로 분해되며 혈중 콜레스테롤을 낮추는 작용을 한다.

곤약은 수분이 대부분이며 열량은 거의 없으나 포만감을 주며 정장 작용, 비만 방지 등의 효과가 있어 다이어트 식품으로 이용된다.

FOOD
SCIENCE

제10장

지질

1. 지질의 분류
2. 유지의 물리·화학적 성질
3. 유지의 산패
4. 지질 함유식품

지질은 탄수화물, 단백질과 함께 식품 중에 함유된 3대 영양소이다. 지질은 탄소, 수소, 산소로 구성되어 있으나, 그 밖에 인, 질소, 황 등을 함유하는 것도 있다. 일반적으로 지질은 물에 녹지 않고 에테르, 클로로포름, 벤젠, 아세톤 등 유기용매에 녹으며, 섭취 한 후 생체 내에서 이용될 수 있는 물질들이다. 일반적으로 식물성 유지는 실온에서 액체로 존재하기 때문에 식물성유(vegetable oils), 동물성 유지는 보통 실온에서 고체로 있기 때문에 동물성 지방(animal fat)이라 한다.

1. 지질의 분류

지질(lipids)은 구성성분에 따라 단순지질, 복합지질, 유도지질로 분류한다.

표 10-1 지질의 분류와 특징

분류	특징
단순지질 · 중성지질 · 왁스	지방산과 각종 알코올의 에스테르 · 지방산과 글리세롤의 에스테르(지질의 대부분을 차지) · 지방산과 고급1가 알코올의 에스테르
복합지질 · 인지질 · 당지질 · 지단백질	단순지질에 인산, 당, 단백질 등이 결합되어 있는 물질 · 지방산과 인산을 함유하는 것(레시틴, 세팔린, 스핑고미에린) · 당을 함유하는 것(세레브로시드) · 단백질과 결합하는 것
유도지질 · 지방산 · 고급 알코올, 탄화수소, 스테롤, 지용성 비타민, 지용성 색소	단순, 복합지질의 가수분해 생성물

(1) 단순지질

단순지질(simple lipids)은 지방산과 알코올의 에스테르로 중성지질, 왁스(wax) 등이 있다.

1) 중성지질

중성지질(triglyceride)은 한 개의 글리세롤(glycerol)의 수산기(-OH)에 지방산의 카르복실기(-COOH)가 에스테르 결합하면서 물이 빠져나온 화합물을 말한다. 글리세롤에 결합된 지방산 한 분자가 결합한 형태는 모노글리세리드(monoglyceride), 두 분자가 결합한 형태는 디글리세리드(diglyceride), 세 분자가 결합한 형태는 트리글리세리드(triglyceride)이다. 자연계의 유지는 중성지질로 트리글리세리드 형태로 존재하며, 결합된 세분자의 지방산은 같은 경우는 거의 없고, 서로 다른 세 종류의 지방산이 결합된 것이다.

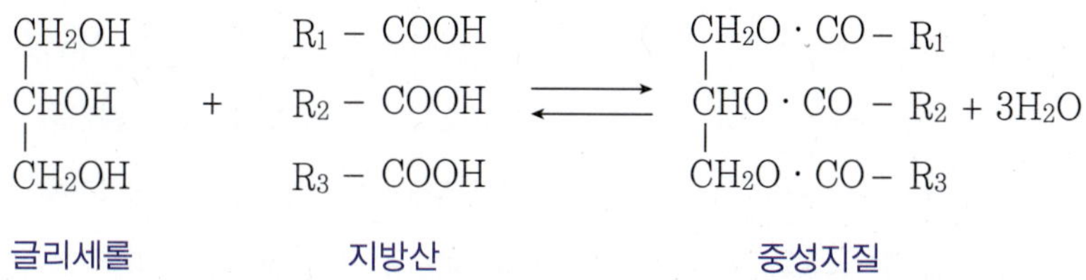

[그림 10-1] **중성지질(triglyceride)의 생성**

2) 지방산 분류

지방산은 유지의 중요한 구성성분으로 유지 분자의 90%를 차지하며 지질의 가수분해로 생성된다. 지방산은 분자 중에 이중결합이 없는 포화지방산(saturated fatty acid)과 이중결합이 있는 불포화지방산(unsaturated fatty acid)으로 분류한다. 일반적으로 고체유지는 포화지방산을 많이 함유하며, 액체유지는 불포화지방산을 많이 함유한다.

① 포화지방산

포화지방산은 탄소수가 4~30개로 알려져 있으나 대부분의 지질을 구성하는 지방산은 12~20개인 지방산이 많다.

포화지방산은 쇠기름, 돼지기름, 버터 등 동물성 유지에 비교적 많이 들어 있다. 탄소수의 길이가 짧은 저급지방산은 버터, 야자유에 들어 있다.

지방산의 탄소수가 많아질수록 물에 대한 용해도는 급격히 감소하며 반대로 기름으로서의 성질은 강해진다.

표 10-2 포화지방산의 종류

탄소수	포화지방산	분자식	융점(℃)	소재
C4	뷰티르산(butyric acid)	$CH_3(CH_2)_2COOH$	-7.9	버터
C6	카프로산(caproic acid)	$CH_3(CH_2)_4COOH$	-3.2	버터, 야자유
C8	카프릴산(caprylic acid)	$CH_3(CH_2)_6COOH$	16.3	버터, 야자유
C10	카프르산(capric acid)	$CH_3(CH_2)_8COOH$	31.3	버터, 야자유
C12	라우르산(lauric acid)	$CH_3(CH_2)_{10}COOH$	43.9	버터, 야자유
C14	미리스트산(myristic acid)	$CH_3(CH_2)_{12}COOH$	54.4	버터, 야자유
C16	팔미트산(palmitic acid)	$CH_3(CH_2)_{14}COOH$	62.9	동·식물성 유지
C18	스테아르산(stearic acid)	$CH_3(CH_2)_{16}COOH$	69.9	동·식물성 유지
C20	아라키딘산(arachidic acid)	$CH_3(CH_2)_{18}COOH$	75.4	땅콩기름
C22	베헤닌산(behenic acid)	$CH_3(CH_2)_{20}COOH$	80.0	땅콩기름
C24	리그노세르산(lignoceric acid).	$CH_3(CH_2)_{22}COOH$	84.2	땅콩기름
C26	세로트산(cerotic acid)	$CH_3(CH_2)_{24}COOH$	87.7	밀랍

② 불포화지방산

불포화지방산은 분자 내에 한 개 이상의 이중결합을 갖는 지방산으로 대부분의 이중결합이 1~3개이며, 이중결합 4개 이상의 지방산을 고도불포화지방산이라 한다. 불포화지방산은 콩기름, 옥수수기름, 채종유 등 식물성유지에 많이 함유되어 있으며 상온에서는 액체이다.

어유와 고래기름에는 고도 불포화지방산으로 아이코사펜타에노산(C20:5,EPA)과 도코사헥사에노산(C22:6, DHA)등을 다량 함유하고 있다. 특히, DHA는 두뇌의 세포성장에 중요한 성분이 함유되어 있어 두뇌성장이 활발한 어린이에게 섭취를 권장하기 위해 우유에 첨가하여 시판되고 있다.

불포화지방산은 이중결합의 화학적인 결합 형태에 따라 시스(cis)형과 트랜스(trans)형 두가지 이성체가 있다. 자연계에 존재하는 대부분의 지방산은 시스형으로 이중결합에 붙는 수소가 같은 방향이며, 트랜스는 반대 방향이다. 시스형은 불안정하여 안전한 트랜스형으로 변질되기 쉬우므로 유지의 고온 조리 및 보관시에는 주의해야 한다.

식물성유지의 이중 결합에 수소를 첨가하여 만든 쇼트닝과 마가린 등 가공식품은 일부가 트랜스형으로 전환되어 트랜스지방산을 함유하게 된다.

식품에 트랜스지방이 많이 함유된 재료를 넣으면 고소한 맛과 바삭한 질감이 있으므로 조리, 가공 중에 많이 사용함에 따라 트랜스지방의 섭취량도 높아진다.

트랜스지방산을 많이 섭취 할 경우, 포화지방산과 마찬가지로 HDL-콜레스테롤의 함량을 낮추고 LDL-콜레스테롤 함량을 높여 심장병, 동맥경화증 등 심혈관질환계의 발병률을 증가시킨다고 알려져 있다. 세계보건기구(WHO)에서는 일일 열량의 1%를 트랜스지방산으로 넘지 않도록 하고 있으며 2007년 12월부터 우리나라에서도 트랜스지방산의 함량 표시를 의무화하고 있다.

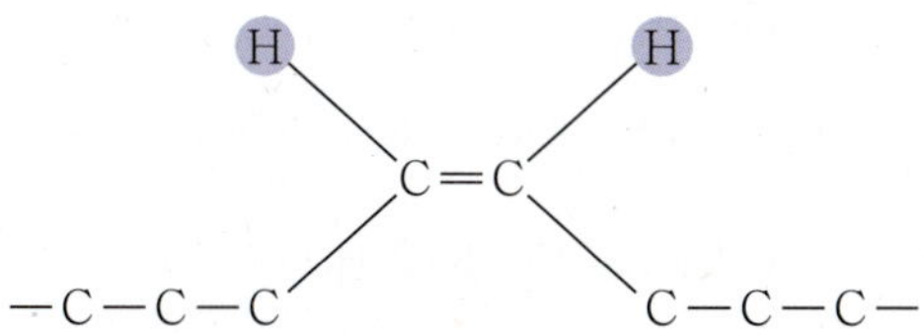

시스형

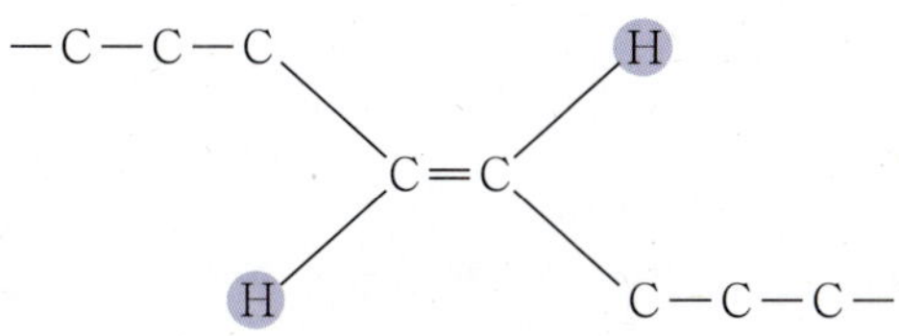

트랜스형

[그림 10-2] 시스(cis)형과 트랜스(trans)형 지방산

표 10-3 불포화지방산의 종류

탄소수: 이중결합수	불포화지방산	분자식	융점(℃)	소재
16:1	팔미톨레산 (palmitoleic acid)	$CH_3(CH_2)_5CH{=}CH(CH_2)_7COOH$(cis)	0.5	버터, 동물유
18:1	올레산(oleic acid)	$CH_3(CH_2)_7CH{=}CH(CH_2)_7COOH$(cis)	13.4	동·식물성 유지
18:1	엘라이딘산 (elaidic acid)	$CH_3(CH_2)_5CH$ $=CH(CH_2)_7COOH$(trans)	44	동·식물성 유지
18:2	리놀레산 (linoleic acid)	$CH_3(CH_2)_4CH{=}CHCH_2CH$ $=CH(CH_2)_7COOH$(cis, cis)	−5.8	식물성유
18:3	리놀렌산 (linolenic acid)	$CH_3(CH_2)_4CH{=}CHCH_2CH{=}CHCH_2CH$ $=CH(CH_2)_7COOH$(cis, cis, cis)	−11	콩기름
20:4	아라키돈산 (arachidonic acid)	$CH_3(CH_2)_4(CH{=}CHCH_2)_4(CH_2)_2COOH$ (all, cis)	−49.5	간유·어유, 난황유
20:5	에이코사펜타에노산,EPA (eicosapentaenoic acid)	$CH_3(CH_2)_4(CH{=}CHCH_2)_4(CH_2)_2COOH$	−54.0	어유
22:1	에루신산 (erucic acid)	$CH_3(CH_2CH{=}CH)_5(CH_2)_3COOH$	33.5	채종유
22:5	글루파노돈산 (claupanodonic acid)	$CH_3(CH_2CH{=}CHCH_2)_2{=}CH$ $=CHCH_2(CH_2CH{=}CHCH_2)_2CH_2COOH$	175	어유, 정어리유
22:6	도코사헥사에노산, DHA (docosahexaenoic Acid)	$CH_3(CH_2CH{=}CH)_6(CH_2)_2COOH$	−44.3	어유, 어간유
24:6	니신산(nisinc acid)	$CH_3CH_2(CH{=}CHCH_2)_4$ $(CH_2CH{=}CHCH_2)_2CH_2COOH$	−	청어유

불포화지방산 중에서 필수지방산은 체내에서 합성할 수 없거나, 합성할 수 있어도 체내의 수요를 충족할 수 없으므로 외부에서 공급이 필요한 지방산들을 의미한다. 필수지방산(essential fatty acid)은 리놀레산, 리놀렌산, 아라키돈산이다. 이들 필수지방산은 생체막의 중요한 구성성분이며 혈중 콜레스테롤(cholesterol)의 침착을 억제하는 효과가 있다.

표 10-4 필수지방산의 종류

지방산	이중결합	식품	기능
리놀레산(linoleic acid)	C18:2	콩기름, 옥수수기름	성장인자, 항피부병인자
리놀렌산(linolenic acid)	C18:3	콩기름, 채종유	성장인자, 피부수분손실예방
아라키돈산(arachidonic acid)	C20:4	난황, 간유, 어유	성장인자, 항피부병인자

3) 왁스

왁스(wax)는 고급 알코올과 고급지방산의 에스테르로서 동·식물의 표면에 보호 물질로 존재한다. 왁스는 융점이 인체가 소화시킬 수 있는 식용유지의 융점 상한 온도인 43℃ 보다 훨씬 높은 60~80℃이기 때문에 거의 소화되지 않으므로 식품으로서의 가치는 없다. 왁스는 동·식물체의 보호 물질로서 식물의 잎과 과일의 껍질에 존재하여 미생물의 침입을 막고, 수분의 증발을 막아주며 광택을 높여 주는 역할을 한다.

동물성 왁스로는 벌집에서 얻어지는 밀랍(bees wax), 고래의 머릿기름에서 얻어지는 경랍(super maceti), 양모에서 얻어지는 라놀린(lanolin, wool fat)이 있다. 식물성 왁스로는 식물체의 잎 표면에서 얻을 수 있는 카나우바 왁스(carnauba wax), 칸델리라 왁스(candelilla wax) 등이 있다. 왁스는 화장품, 비누, 광택제, 기타 공업용으로 이용된다.

(2) 복합지질

복합지질(compound lipids)은 단순지질에 인, 당, 아미노산, 유황 등 다른 성분이 결합된 것으로 인지질(phospholipid), 당지질(glycolipid), 아미노산지질(aminolipid), 유황지질(sulfolipid) 등이 있다.

1) 인지질

인지질은 동물의 뇌, 심장, 신장의 지방질이나 달걀, 콩류 등에 들어 있으며 중요한 생리작용을 한다. 인지질의 종류는 글리세롤을 함유한 글리세롤 인지질(glycerol phospholipid)과 스핑고신을 함유한 스핑고 인지질(sphingo phospholipid)로 나눈다.

① 글리세롤 인지질

글리세롤 인지질은 생물체 세포막의 중요한 지방질 성분으로 글리세롤, 지방산 2분자, 인산, 질소 함유 염기가 결합된 것으로 레시틴(lecithin)과 세팔린(cephalin) 등이 있다.

레시틴은 글리세롤 한 분자에 지방산기 두 분자, 인산과 염기인 콜린이 결합된 화합물이다. 분자 중에 친수성이 강한 인산, 콜린과 친유성인 지방산을 모두 가지고 있는 양성물질이다. 레시틴은 물과 기름의 혼합체를 안정화시키는 성질이 있으므로 마요네즈, 초콜릿, 아이스크림 등의 유화제로 많이 이용된다. 레시틴은 달걀노른자, 콩류에 많이 들어 있다.

세팔린류는 레시틴구조의 염기인 콜린 대신에 세린(serine)이 결합한 것이 포스파티딜세린(phosphatidyl serine)과 에탄올아민(ethanolamine)이 결합한 포스파티딜에탄올아민(phosphatidyl ethanolamine) 두 종류가 있다. 레시틴과 함께 세포막을 구성하는 지질이며 난황, 대두에 다량 존재한다.

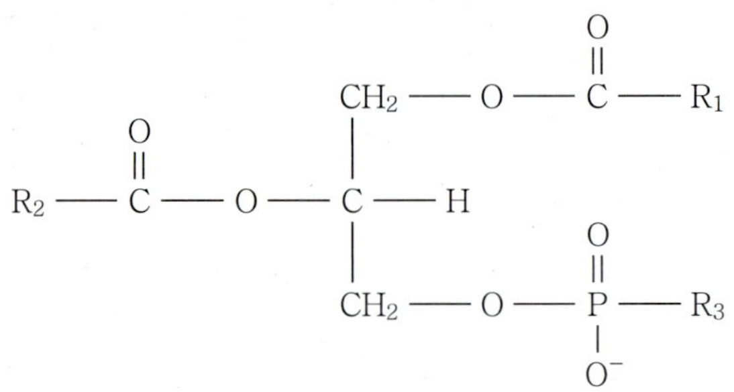

[그림 10-3] **글리세롤 인지질의 구조**

표 10-5 글리세롤 인지질의 종류와 구조

종류		R3	R3-의 구조
레시틴(포스파티딜콜린)		콜린	$-CH_2CH_2N(CH_3)_3^+$
세팔린	포스파티딜세린	세린	$-CH_2CH(NH_3^+)COO-$
	포스파티딜에탄올아민	에탄올아민	$-CH_2CH_2NH_3^+$

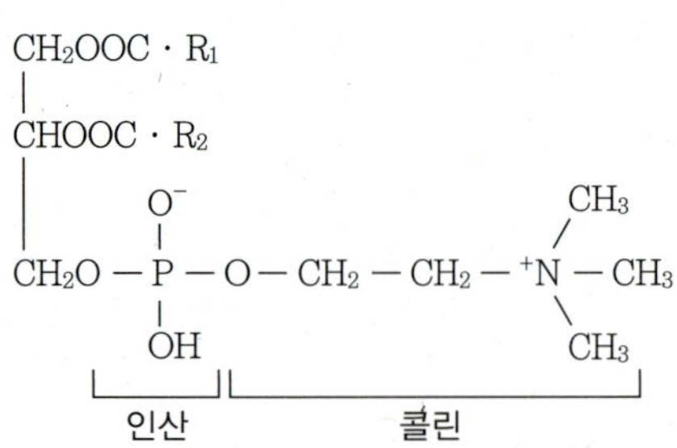

레시틴(포스파티딜콜린)

[그림 10-4] **레시틴의 구조**

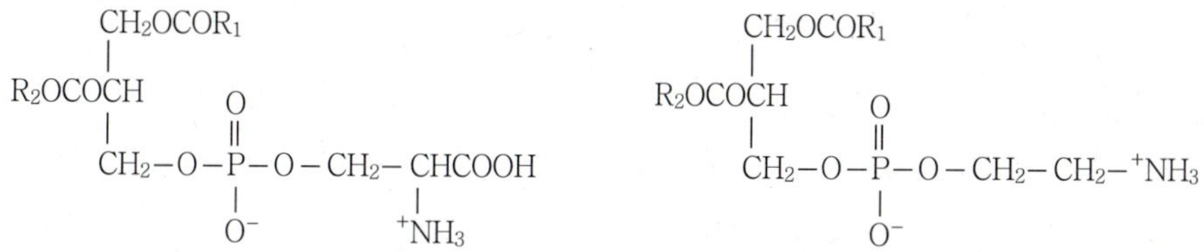

세팔린(포스파티딜세린) 세팔린(포스파티딜에탄올아민)

[그림 10-5] 세팔린(포스파티딜 세린, 포스파티딜 에탄올아민)의 구조

② 스핑고 인지질

스핑고 인지질은 콜린, 인산, 스핑고신, 지방산이 각각 1:1:1:1로 구성되어 있다. 식물계에는 존재하지 않고 동물의 조직 특히 뇌, 신경조직 중의 지방질, 콩류 등에 많고, 화학적 성질은 레시틴과 매우 유사하다. 대표적인 스핑고 인지질은 스핑고미에린이다.

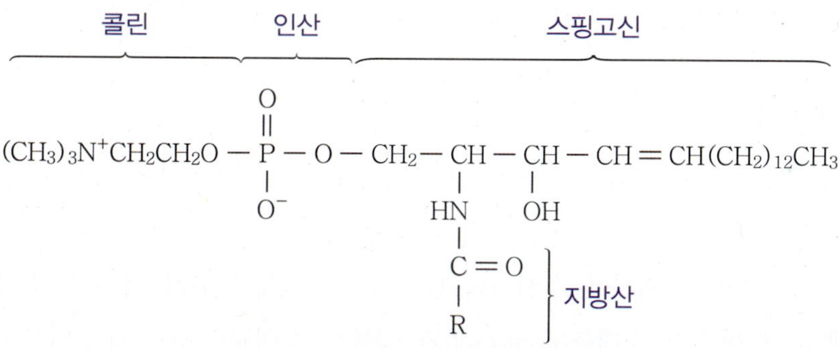

[그림 10-6] 스핑고미에린의 구조

2) 당지질

당지질(glycolipid)은 스핑고신(sphigosine)과 지방산 및 당분으로 되어 있는 복합지질로서 주로 뇌와 신경조직에 들어 있다.

주로 뇌에 존재하기 때문에 세레브로사이드(cerebroside)라고도 부르며 그 구성 당분의 대부분은 갈락토오스이므로 갈락토리피드(galactolipids)라고도 한다.

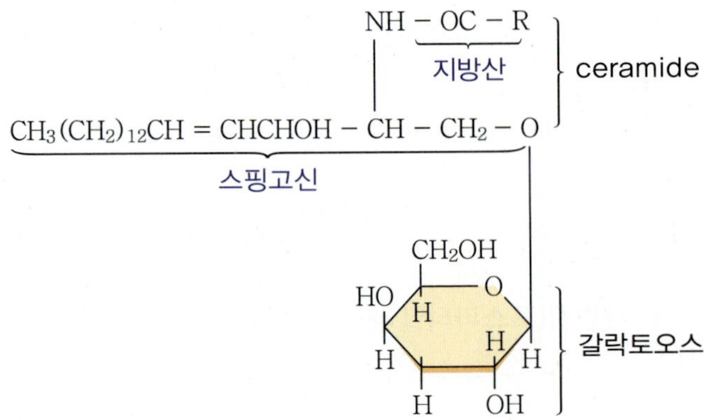

[그림 10-7] **세레브로사이드의 구조**

(3) 유도지질

유도지질(derived lipids)은 각 지질의 분해물 및 유도체로 지방산, 고급 알코올, 스테로이드, 탄화수소 등이다.

1) 스테롤류

스테롤(sterols)은 다환식의 고급 알코올로 불검화물이며 유도지질에 속한다. 천연유지 중에는 유리 상태 또는 지방산의 에스테르로 존재한다. 스테롤류는 기본구조에서 3번 탄소(C_3)에 수산기와 17번 탄소(C_{17})에 측쇄를 가진다. 스테롤은 출처에 따라 동물성 스테롤(zoosterol)과 식물성 스테롤(phytosterol)의 두 종류로 분류된다. 동물성 스테롤 중 중요한 것은 콜레스테롤(cholesterol)이며, 식물성 스테롤로는 시토스테롤(sitosterol), 스티그마스테롤(stigmasterol), 에르고스테롤(ergosterol) 등이 있다.

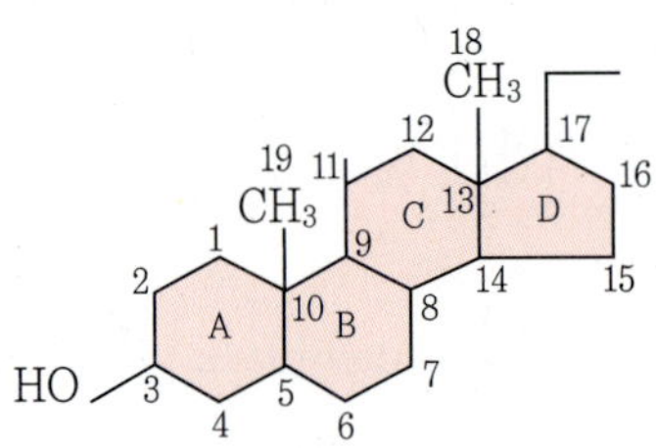

탄소 3번의 수산기(-OH) 수평형(equatorial)의 경우에는 β-형, 수직형(axial)의 경우에는 α-형이라고 부른다. β-형은 OH-로 α-형은 OH---로 표시한다.

[그림 10-8] **스테롤의 기본구조**

① 동물성 스테롤

동물성 스테롤인 콜레스테롤(cholesterol)은 동물의 근육조직, 뇌, 신경조직, 혈액, 달걀노른자 그리고 해산물에 널리 분포되어 있다. 콜레스테롤은 인지질과 세포막의 구성성분이며 담즙산과 스테로이드호르몬을 합성하나 과잉섭취는 동맥경화를 유발한다.

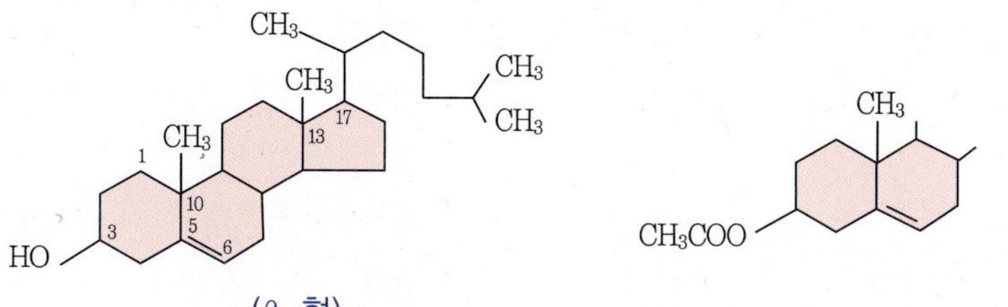

(β-형)
분자식: $C_{27}H_{45}OH$

콜스테롤의 초산 에스테르

[그림 10-9] 콜레스테롤의 구조

피부에 존재하며 비타민 D의 전구체로 작용하는 7-디하이드로콜레스테롤(7-dehydrocholesterol)은 자외선 조사에 의해 비타민 D_3로 전환될 수 있다.

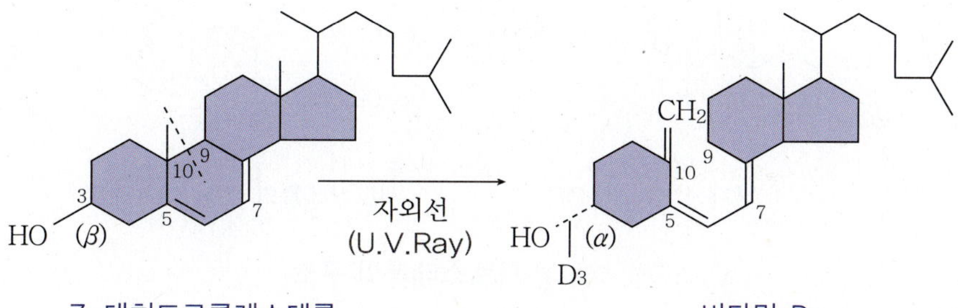

[그림 10-10] 비타민 D_3의 형성

표 10-6 식품 중의 콜레스테롤 함량 (mg/100g)

식품명	함량(mg)	식품명	함량(mg)
달걀(노른자)	1,030	버터	220
달걀(흰자)	0	돼지기름	103
전란	428	마가린	0~60
명태알	225	치즈	100
쇠고기	69	우유	10
돼지고기	69	오징어	180
닭고기	60	새우	132~164
햄	54	게	53~72
소시지	47	생선	50±10
어묵	41	갈치	68

② 식물성 스테롤

식물성 스테롤인 시토스테롤(sitosterol)은 식물성 유지에 널리 분포되어 있으며 밀, 옥수수의 배아유에 그 함량이 크다.

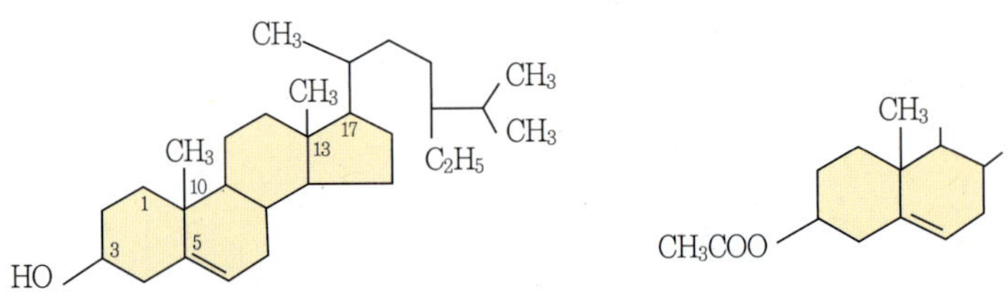

(β−형)
분자식: $C_{29}H_{49}OH$

시토스테롤의 초산 에스테르

[그림 10-11] 시토스테롤의 구조

에르고스테롤(ergosterol)은 버섯, 효모나 곰팡이 등에서 발견되며, 자외선에 의해 여러 단계의 화학적 변화를 거쳐서 칼시페롤(calciferol) 즉, 비타민 D_2가 된다.

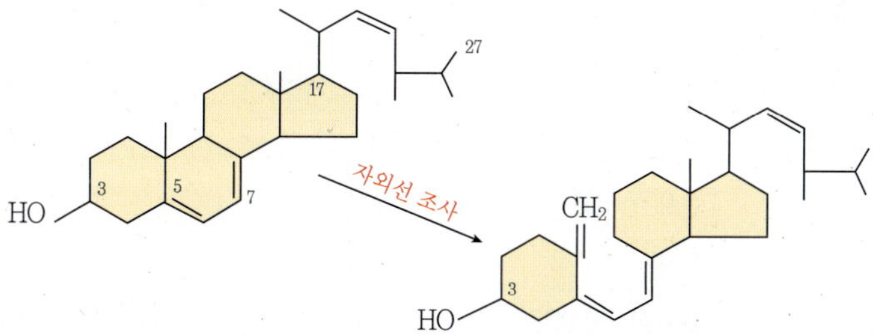

(β-형)
에르고스테롤
분자식: $C_{28}H_{43}OH$

(α-형)
칼시페롤
즉, 비타민 D_2

[그림 10-12] 비타민 D_2의 형성

2. 유지의 물리·화학적 성질

(1) 유지의 물리적 성질

1) 용해성

유지는 물과 알코올에는 잘 녹지 않으나 에테르, 석유에테르, 벤젠, 클로로포름 등의 유기용매에 잘 녹는다. 동일한 용매에 대해서는 탄소수가 많은 지방산을 갖는 유지일수록 그 용해도가 감소한다.

2) 비중

유지의 비중은 물보다 가볍고, 15℃에서 비중은 0.92~0.94의 것이 많다. 탄소수가 적은 지방산을 가진 유지일수록 비중이 작다.

3) 융점

유지의 융점은 유지를 구성하는 지방산의 종류에 따라 달라진다. 포화지방산이 많을수록 그리고 고급지방산이 많을수록 융점은 높아진다. 이에 반하여, 불포화지방산 및 저급지방산이 많을수록 융점은 낮아진다.

표 10-7 유지의 비중(specific gravity, 15℃)

유지	비중	유지	비중
쇠기름	0.895	팜유	0.924
버터기름	0.907~0.912$^{40/15}$	낙화생유	0.917~0.926
코코넛야자유	0.926	참기름	0.919$^{25/25}$
옥수수기름	0.921~0.928	대두유	0.924~0.927
면실유	0.917~0.918$^{25/25}$	유채씨기름	0.913~0.926
올리브유	0.915~0.920	돼지기름	0.934~0.938

※ 40/15=기름의 40℃의 밀도/물의 15℃의 밀도

표 10-8 유지의 굴절률(refractive index, 25℃)

유지	굴절률	유지	굴절률
버터기름	1.4555~1.4578	팜유	1.4603~1.4639
쇠기름	1.4573~1.4586	낙화생유	1.4620~1.4653
코코넛유	1.4477~1.4495	참기름	1.4704~1.4717
옥수수기름	1.4733	대두유	1.4723~1.4756
면실유	1.4743~1.4752	유채씨기름	1.4649~1.4659
올리브유	1.4657~1.4667	돼지기름	1.4607

4) 굴절률

유지 중에는 굴절률이 1.45~1.47인 것이 많다. 탄소수 및 불포화지방산의 함량이 많을수록 유지의 굴절률은 높아지며, 유지의 가열산화에 의해서도 굴절률이 커지므로 유지의 품질평가에 이용된다. 식용유지의 굴절률의 변화는 요오드값(iodine value)과 대체로 비례한다.

5) 발연점, 인화점, 연소점

유지를 강하게 가열할 때 유지 표면에서 엷은 푸른 연기가 발생한다. 이때의 온도를 그 유지의 발연점(smoke point)이라고 한다. 또한 유지 가열 시 생성되는 증기와 공기가 혼합되어 점화하는 온도를 인화점(flash point), 인화된 후 연소하는 온도를 연소점(fire point)이라 하며, [표 10-9]와 같다.

발연점이 높은 유지는 인화점, 연소점도 높으며 이들 온도는 유지의 정제 정도, 순도, 유리지방산의 함량 등에 영향을 받는다.

발연점이 저하된 유지에서는 원하는 상태로 조리되지 않는다. 발연점이 저하되는 원인은 여러 가지가 있다. 즉, 동일한 유지에서도 가열 횟수가 많으면 발연점이 저하되며 유지 중 유리지방산의 양이 많고, 노출된 유지의 표면적이 넓을수록, 정제도가 낮거나 외부에서 들어간 이물질이 많을수록 발연점이 낮아진다.

표 10-9 유지의 발연점, 인화점, 연소점 (단위: ℃)

유지	발연점	인화점	연소점	유지	발연점	인화점	연소점
옥수수기름	227	326	359	참기름	178	–	–
대두유	256	326	350	돼지기름	190	215	242
올리브유	199	321	361	버터	208	–	–

참기름은 향기 성분을 보유하기 위하여 완전히 정제되지 않기 때문에 발연점이 낮다. 돼지기름은 인화점이 다른 유지에 비하여 특히 낮으므로 프라이팬에서 사용할 때 특별한 주의를 요한다.

유지를 가열할 때 생기는 푸른 연기성분은 열에 의해 트리글리세리드(triglyceride)가 분해 산화되어 생긴 아크롤레인(acrolein)으로 [그림 10-13]과 같다.

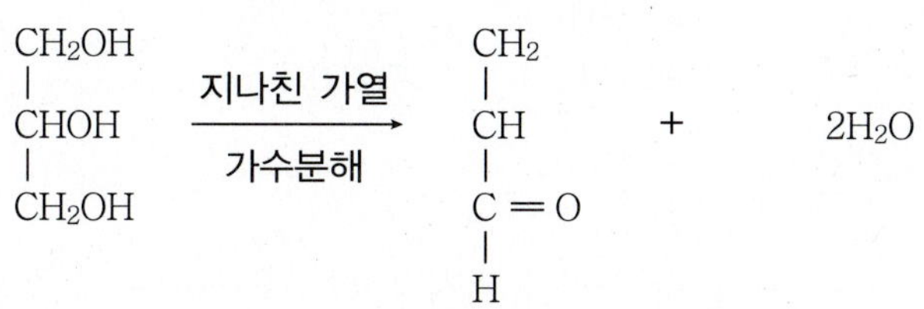

글리세롤 아크롤레인 물

[그림 10-13] 아크롤레인의 형성

(2) 유지의 화학적 성질

1) 검화가

검화가(saponification value)는 유지 1g을 검화하는 데 소요되는 수산화칼륨(KOH)의 mg 수로 나타낸 값이다. 유지를 알칼리 용액과 함께 가열하면 분해되어 글리세롤과 지방산염(비누)으로 나누어진다. 이것을 검화 또는 비누화라고 한다.

검화가는 구성지방산의 평균 분자량을 추정하는데 사용하고 있으며, 분자량과 반비례한다. 저급지방산의 함량이 많아 평균분자량이 작은 우유지방이나 코코넛 야자유, 팜유의 경우 검화가가 다른 식용유지의 경우보다 크다.

검화가 = (3×KOH의 분자량/유지의 분자량)×1000

표 10-10 유지의 검화가

유지	검화가	유지	검화가
쇠기름	196~200	해바라기씨기름	188~193
버터기름	210~230	낙화생유	186~194
코코넛유	253~262	참기름	188~193
옥수수기름	187~193	대두유	198~194
면실유	194~196	유채씨기름	168~179
올리브유	185~196	돼지기름	193~198

2) 산가

산가(acid value)는 유지 1g 중의 유리지방산을 중화하는 데 소요되는 KOH의 mg 수로 유지의 산패정도를 나타내는 척도이다. 따라서 유지의 정제가 불충분하거나 조리에 사용된 횟수가 많거나 오래된 기름은 산가가 높다.

산가 = (KOH 분자량/유리지방산 분자량)×유지 1g 중의 유리지방산량(mg)

표 10-11 유지의 산가

유지	산가	유지	산가
쇠기름	0.25	팜유	10
버터기름	0.45~3.54	낙화생유	0.8
피마자유	0.12~0.80	참기름	9.8
코코넛유	2.5~10.0	대두유	0.3~1.8
옥수수기름	1.37~2.02	유채씨기름	0.36~1.0
면실유	0.6~0.9	해바라기씨기름	11.2
아마인유	1.0~3.5	돼지기름	1.56
올리브유	0.3~1.0	간유	5.6
동유	2.0	고래기름	1.9

또한 산가는 동일 유지에서 순도, 분해정도, 신선도 등을 나타낸다. 대체로 정제된 식용유에서는 1.0 이하이며, 이보다 높은 것은 변질되었거나 정제 정도가 낮은 것을 의미한다.

3) 요오드가

요오드가(iodine value)는 유지 100g이 흡수하는 요오드의 g수를 나타내는 값이다. 요오드는 이중결합이 있는 부분에 결합하므로 유지 중 지방산의 불포화 정도를 나타내는 값이다. 요오드가 크면 유지에 불포화지방산의 함량이 많음을 알 수 있다.

요오드가 = (3×요오드 분자량/유지 분자량)×100

또한 유지를 공기 중에 장시간 두어 이중결합이 −OH, O_2 등으로 포화되거나, 오래 가열하여 이중결합이 중합되어도 요오드가가 감소된다. 특히 가열 시에 요오드가가 감소되는 현상이 뚜렷하게 나타나는 유지로는 대두유, 참기름, 유채씨기름 등이 있다.

표 10-12 유지의 요오드가

유지	요오드가	유지	요오드가
쇠고기 지방	35~42	유채씨기름	94~105
돼지고기 지방	63~79	참기름	103~117
닭고기 지방	66~72	면실유	103~113
버터	26~28	콩기름	122~134
코코넛유	6~10	옥수수기름	111~127
팜유	49~59	호두기름	139~150
낙화생유	89~98	아마인유	188~193
올리브유	79~88	해바라기씨기름	188~193

식용유지를 요오드가에 따라 건성유, 반건성유, 비건성유로 분류한다. 건성유는 요오드가 130 이상으로 해바라기씨기름, 호두기름 등이며, 반건성유는 요오드가 100~130으로 옥수수기름, 참기름, 콩기름 등이다. 비건성유는 요오드가 100 이하인 것으로 팜유, 코코넛유, 올리브유, 버터, 돼지고기 지방, 쇠고기 지방 등이다.

4) 과산화물가

과산화물가(peroxide value)는 유지 1kg에 생성된 과산화물의 mg 당량으로 나타내는 값이다. 유지가 자동산화나 가열산화에 의하여 산패되면 이중결합에 인접한 탄소에 분자상의 산소가 결합된 과산화물이 형성된다. 과산화물은 매우 불안정하므로 일정한 기간 동안은 축적되어 가장 높은 값을 나타내나 곧 파괴되어 그 값이 감소되는 현상을 보이는 것이 특징이다. 이에 반하여 산소흡수량, 카르보닐가 그리고 점도 등은 계속 증가하는 경향으로 나타나 대조를 이루고 있다.

5) 카르보닐가

카르보닐가(carbonyl value)는 유지 1g에 함유되어 있는 카르보닐 화합물의 mg 당량을 나타내는 값이다. 유지 산화 과정 중 생성된 과산화물이 분해되어 카르보닐 화합물을 생성하므로 산패된 유지일수록 이 값이 높아진다.

6) 아세틸가

아세틸가(acetyl가)는 무수초산으로 아세틸화한 유지 1g을 다시 가수분해시켜 얻어지는 초산(acetic acid)을 중화하는 데 소비되는 KOH의 mg 수이다. 이 값은 유지 중의 수산기(-OH) 양을 나타낸다.

7) 레이처트-메이슬가

레이처트-메이슬가(Reichert-Meissl가)는 5g의 유지 속에 함유된 휘발성이며 수용성인 지방산들을 중화하는 데 필요한 0.1N 알칼리(KOH 또는 NaOH)의 mL 수로 나타낸다.

이 값은 유지 속에 함유된 뷰티르산(butyric acid, C_4)과 카프로산(caproic acid, C_6)의 함량을 나타내는 수치이다. 대부분 유지의 레이처트-메이슬가는 1.0이나 우유의 지방, 즉 버터는 24.5이므로 버터의 순도나 변조 여부를 판정, 식별할 때 이용된다.

8) 폴렌스케가

폴렌스케가(Polenske가)는 5g의 유지 속에 함유된 비수용성인 휘발성 지방산을 중화하는 데 필요한 0.1N의 알칼리(KOH 또는 NaOH)의 mL 수이다. 이것은 카프릴산(caprylic acid, C_8), 카프르산(capric acid, C_{10}), 라우르산(lauric acid, C_{12}), 미리스트산(myristic acid, C_{14})의 함량을 나타내며 버터 중의 야자유 함유 여부를 판정할 수 있다.

표 10-13 유지의 화학적 성질

명칭	정의	측정목적
검화가 (saponification value)	유지 1g을 검화하는 데 필요한 KOH의 mg 수	구성지방산의 평균 분자량 (검화가 크다→분자량이 작다) (검화가 작다→분자량이 크다)
요오드가 (iodine value)	유지 100g과 반응하는 요오드의 g 수	불포화지방산의 함량
산가 (acid value)	유지 1g에 함유되어 있는 유리지방산을 중화하는 데 필요한 KOH의 mg 수	기름의 품질 상태, 유지 중의 유리지방산의 양
과산화물가 (peroxide value)	유지 1kg에 함유되어 있는 과산화물의 mg 당량 수	초기의 산패도, 과산화물의 양
카르보닐가 (carbonyl value)	유지 1kg에 함유되어 있는 카르보닐 화합물의 mg 당량 수	변패정도
아세틸가 (acetyl value)	유지에 초산으로 아세틸화한 유지 1g을 다시 얻어지는 초산을 중화하는 데 필요한 KOH의 mg 수	유지 중의 - OH양
레이처트-메이슬가 (Reichert-Meissl value)	유지 5g을 검화한 후 산성에서 증류하여 얻은 수용성 휘발성 지방산을 중화하는 데 필요한 0.1N KOH의 mL 수	불용성 휘발성 지방산의 양 뷰티르산(C_4) 카프로산(C_6)
폴렌스케가 (polenske value)	유지 5g을 검화하여 생성되는 불용성 휘발성 지방산을 중화하는 데 필요한 0.1N KOH의 mL 수	수용성 휘발성 지방산의 양 카프릴산(C_8) 카프르산(C_{10})

3. 유지의 산패

식용유지 또는 지방질 식품을 오랫동안 저장하게 되면 빛깔이 변하고 맛과 냄새가 차츰 변하게 되는데 이와 같은 유지의 품질저하 현상을 산패(rancidity)라고 한다.

(1) 산패의 종류

산패는 원인에 따라 가수분해에 의한 산패, 자동산화에 의한 산패, 가열에 의한 산패, 산화효소에 의한 산패, 변향에 의한 산패로 분류된다.

1) 가수분해에 의한 산패

유지가 물, 산, 알칼리, 가수분해효소 등에 의해 중성지질이 글리세롤과 유리지방산으로 가수분해 되어 산패가 일어난다. 이와 같이 가수분해로 생성된 유리지방산의 일부는 휘발성이므로 불쾌한 냄새나 맛을 주며, 유지식품의 품질을 떨어뜨리는 원인이 된다. 유리지방산 중에서 가장 자극적인 냄새가 나는 것은 뷰티르산(butyric acid)이며, 이 지방산을 가지고 있는 우유나 낙농제품은 가수분해에 의한 산패가 크게 문제시 되고 있다.

2) 자동산화에 의한 산패

유지가 공기 중의 산소를 흡수하여 산화되면서 산화가 서서히 자연발생적으로 진행되는 자동산화(autoxidation)에 의한 산패이다. 일반적으로 유지가 산소를 흡수하는 속도는 처음 일정 기간 동안은 흡수속도가 일정하고 흡수량도 적지만, 이 기간이 지나면 산소의 흡수속도가 급격히 증가한다. 이와 같이 유지의 자동산화 과정에서 산소의 흡수속도가 느린 일정기간 즉, 급격한 산패가 발생하기 전까지의 기간을 자동산화의 유도기(induction period)라고 한다. 일반적으로 산소흡수속도는 유지의 불포화도가 클수록 빠르다. 유지의 자동산화 과정 중 생성되는 과산화물(hydroperoxide)은 인체에 유해하며 과산화물이 분해되어 생기는 알데히드, 케톤생성물, 산화물, 중합체 등의 함량이 증가되면 불쾌한 맛과 냄새, 필수아미노산의 감소, 산가증가, 점도증가, 요오드가 저하가 일어난다.

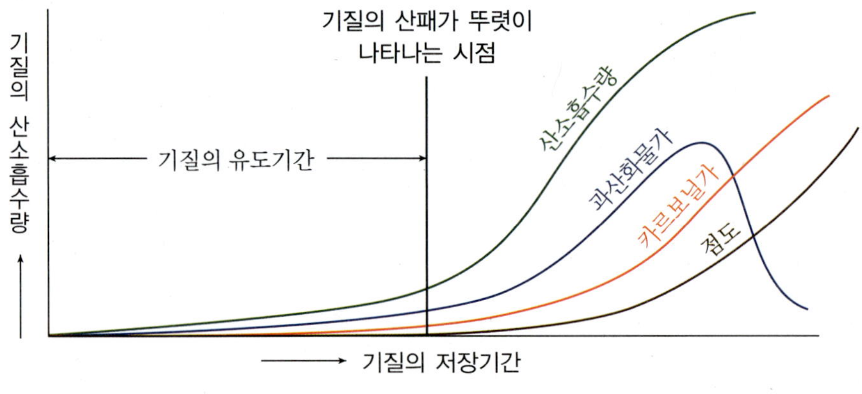

[그림 10-14] **유지의 산패 곡선**

유지의 자동산화과정은 초기반응, 전파반응, 과산화물의 분해반응, 종결반응의 4단계로 일어난다.

① 초기반응

유지분자가 산소, 열, 빛, 금속 등의 에너지에 의하여 활성화되면 결합상태에서 떨어져 나와 유리기(R•: free radical)를 형성한다.

② 전파반응

초기반응에서 생성된 유리기(free radical)들이 공기 중의 산소와 결합하여 활성의 과산화유리기(peroxy radical, R−O−O•)가 되고, 이것은 새로운 유지 분자에서 수소를 얻어 과산화물(ROOH)이 되면서 또 다른 유리기를 만든다. 이러한 과정이 반복되면서 연쇄적으로 산화가 일어난다.

③ 과산화물의 분해반응

과산화물은 불안정하기 때문에 빛, 열, 금속, pH 등의 영향으로 분해되어 새로운 유리기(알데히드, 케톤, 카아보닐 화합물, 산 등)를 형성한다. 여러 가지 에너지에 의해서 다음과 같이 분해되어 연쇄적으로 유리기를 생성하여 산화를 더욱 촉진한다. 생성된 카아보닐 화합물들은 불쾌한 맛과 냄새 및 유지의 점도를 증가시키는 원인이 된다.

④ 종결반응

자동산화의 연쇄반응에서 생산된 각종 유리기들이 서로 결합하여 이중체, 삼중체 등의 여러 가지 중합체를 형성한다. 중간체로 생성된 과산화물은 계속 분해되어 연쇄반응을 유발할 수 있는 라디칼을 공급하는 동시에 다음과 같은 여러 가지 복잡한 반응을 통하여 알코올류, 카아보닐화합물, 산류, 산화물 등을 생성한다.

초기반응 $RH \longrightarrow R\cdot + \cdot H$
(유지 → 유리기)

전파반응 $R\cdot + O_2 \longrightarrow ROO\cdot$ (과산화유리기)

$ROO\cdot + RH \longrightarrow ROOH + R\cdot$ (과산화물)

과산화물 분해 $ROOH \longrightarrow RO\cdot + \cdot OH$ (유리산화물)

종결단계 $R\cdot + R\cdot \longrightarrow R-R$

$R\cdot + ROO\cdot \longrightarrow ROOH$

$ROO\cdot + ROO\cdot \longrightarrow ROOR + O_2$

[그림 10-15] **유지의 자동 산화 과정**

3) 가열에 의한 산패

유지를 180~200℃의 높은 온도에서 가열하였을 때 일어나는 산패이다. 튀김이나 볶음 음식을 할 때 오랫동안 고온에서 조리하면 거품이 생기고 점성이 증가하며 색깔이 검게 변한다. 유지가 가열로 산패되면 중합되어 비중과 점성이 커지며 맛과 냄새뿐 아니라 소화율도 나빠진다. 생체는 중합체들을 효과적으로 소화, 흡수하지 못하므로 가열 산화된 식용유지의 영양가는 급속도로 감소한다. 중합의 정도는 일반적으로 불포화도가 큰 건성유가 가장 쉽게 중합되며 다음이

반건성유, 비건성유 순이다. 기름이 중합되면 이중결합이 감소되고 요오드가는 낮아지므로 요오드가를 측정하면 중합의 정도를 알 수 있다.

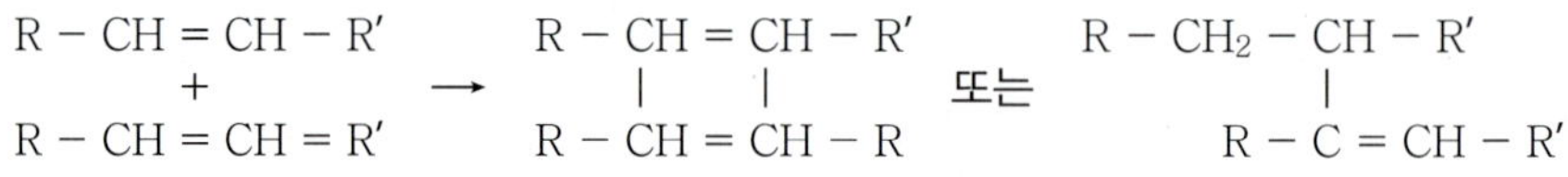

[그림 10-16] **유지의 가열중합 반응**

유지를 장시간 가열하면 먼저 중성지질이 분해되어 지방산과 글리세롤이 생성되고, 계속해서 분해되면 알데히드, 케톤, 카아보닐화합물, 저급지방산, 아크롤레인 등의 휘발성물질이 생긴다. 아크롤레인(acrolein)은 글리세롤이 탈수되어 유지의 가열 시 발생하는 자극취의 원인이다. 유지를 200℃ 정도로 가열하면 복잡한 가열산화가 일어나고, 자동산화 이외에 가열분해, 가열중합반응 등이 동시에 일어난다.

4) 산화효소에 의한 산패

산화효소에 의한 산패는 식물체 내에 존재하는 여러 가지 산화효소들에 의해서 촉진된다. 유지의 산화를 촉진하는 효소에는 리폭시다아제(lipoxidase)와 리포하이드로퍼록시다아제(lipohydroperoxidase)가 있다. 리폭시다아제는 불포화지방산에 작용하여 과산화물을 형성한다. 콩류나 곡류에 많고 식품 속의 지질을 산화시켜 품질저하를 가져온다.

5) 변향

변향(flavor reversion)이란 냄새가 새로 생기거나 정제하기 이전의 유지가 가졌던 냄새로 다시 복귀하는 것을 의미한다. 콩기름과 같이 불포화도가 높은 기름은 정제과정에서 풋내나 비린 냄새를 제거하였음에도 저장하는 동안 냄새가 새로 생기거나 정제하기 전의 냄새로 복귀하는 경우가 있다. 유지의 변향은 자동산화의 산패와는 향미가 구별되며 자동산화가 일어나기 전에 일어나는 것이 일반적인 산패와 다른 점이나 다른 산패와 같이 온도의 상승, 금속과 빛에 의해서도 촉진된다.

(2) 산패에 영향을 주는 요소

1) 지방산의 종류

유지의 자동산화속도는 그 유지를 구성하는 지방산의 불포화도 즉, 이중 결합의 수에 따라 크게 영향을 받는다. 불포화지방산이 포화지방산보다 더 산화되기 쉬우며, 요오드가가 큰 유지일수록 일반적으로 산화속도는 빠르다. 지방산의 산화율은 리놀렌산을 100으로 했을 때 다음과 같다.

표 10-14 지방산의 산화율

지방산	쇄상구조	산화율(%)
스테아르산(stearic acid)	-C-C-C-	0.6
올레산(oleic acid)	-C-C=C-C-(cis)	6
리놀레산(linoleic acid)	-C-C=C-C-C=C-C-(cis)	64
리놀렌산(linolenic acid)	-C-C=C-C-C=C-C-C=C-C-(cis)	100

2) 효소

지질가수분해효소인 리파아제, 포스포리파아제 등은 지질을 분해하여 유리지방산을 형성하며 유지의 자동산화를 촉진한다. 특히 지방산의 산화를 촉진하는 2가지 효소는 리폭시다아제와 리폭시하이드로퍼록시다아제(lipoxyhydroperoxidase)로 콩과 곡류 등의 식물성 식품에 들어 있다. 리폭시다아제는 불포화지방질에 대하여 촉매로 작용하여 과산화물을 생성시키고, 리폭시하이드로퍼록시다아제는 과산화물의 분해를 촉매한다.

3) 헴화합물

미오글로빈이나 헤모글로빈의 분자 내에서 단백질 부분이 떨어져 나가서 형성된 헤마틴(hematin)과 같은 헴화합물들은 자동산화과정 중 과산화물 분해를 촉진시킨다. 육류를 냉동 저장하는 동안 지방질이 산패하는 것은 동결에 의해 얼음 결정이 석출되고 소금의 결정이 금속 촉매의 농도를 증가시켜 자동산화가 촉진된다.

4) 온도

유지의 산화속도는 온도가 상승함에 따라 증가한다. 온도가 높으면 과산화물의 분해가 촉진되면서 산화속도가 증가하는데, 온도가 10℃ 증가할 때 마다 산화의 속도는 2배~3배 증가한다.

5) 빛

유지의 산화는 빛에 의해서도 촉진된다. 특히 자외선, 근자외선 등 파장이 짧은 빛을 쬐일수록 산화가 촉진된다. 이들은 지방산에 직접 흡수되어 자유라디칼의 생성을 촉진하고 유도기를 단축하여 과산물화물의 분해를 촉진한다.

표 10-15 빛에 의한 과산화물가(P.O.V.)의 변화

조사한 빛의 파장 (nm)	P.O.V.(72hrs, 조사 후)		
	옥수수기름	면실유	돼지기름
413~483	4.31	4.79	2.47
488~544	2.28	3.87	1.10
524~580	1.26	2.61	1.12
566~637	0.20	2.30	1.56
610~694	0.07	1.74	1.02

6) 금속류

유지의 산화는 금속류 및 금속 비누에 의해서도 촉진된다. 금속류는 자동산화 과정 중 생성된 과산화물의 분해와 자유라디칼의 생성을 촉진하여 연쇄반응을 일으킨 결과 유도기간을 단축시킨다. 즉, 금속의 산화촉진작용은 그 종류와 유지에 대한 용해도에 관계하며, 특히 구리, 철, 니켈, 주석, 아연, 알루미늄, 망간 순으로 나쁜 영향을 미친다.

7) 수분

유지의 산화는 수분에 의해서도 촉진된다. 일반적으로 수분활성도가 증가할수록 산화속도가 증가하지만, 수분함량이 매우 적은 건조식품의 경우에는 안정성이 떨어져 오히려 자동산화가 빨리 일어난다.

(3) 항산화 물질

산화를 억제하는 물질을 항산화 물질이라 한다. 천연의 항산화 물질은 주로 식물성 유지에 많고 동물성 지방에는 그 함량이 매우 적다. 일반적으로 동물성 지방은 포화지방산의 함량이 크며, 식물성 유지는 불포화지방산의 함량이 훨씬 큰데도 불구하고 식물성 유지의 안정성이 더 좋은 것은 각종 천연 항산화제를 함유하기 때문이다.

1) 토코페롤

토코페롤(tocopherol)류는 곡류, 콩류 그리고 이들의 배아에 특히 풍부하게 함유되어 있다. 일반 식물성 유지의 토코페롤 함량은 300~1,000ppm 정도이나 돼지기름 등 동물성 지방에는 10~30ppm 정도로 매우 낮다.

2) 레시틴

레시틴은(lecithin)은 콩기름과 같은 식물성 유지에 많으나 항산화력은 약하다. 레시틴은 지방질 속의 철, 구리 등의 금속산화 촉진제와 결합하여 이들의 산화, 촉진 작용을 제거한다.

3) 세사몰

참기름(sesamol oil)은 정제가 잘 되어 있지 않은 상태에서도 산패에 대한 안정성이 뛰어나다. 참기름은 토코페롤 이외에 세사몰(sesamol)로 알려진 항산화제 성분을 함유하기 때문이다.

4) 고시폴

면실종자에는 고시폴(gossypol)로 알려진 항산화 성분이 들어 있으나 독성이 강하므로 면실유 제조 시에는 거의 제거된다.

5) 플라보노이드

플라보노이드(flavonoid)계 색소에 속하는 헤스페리딘, 퀘세틴, 루틴은 항산화제 역할을 한다.

6) 탄닌

탄닌은 쓴맛과 떫은 맛을 내는 고분자의 폴리페놀 성분으로 카테킨, 클로로겐산 등이 있다. 카테킨은 각종 차의 대표적인 성분으로 항산화성이 크며 녹차, 와인, 커피 등에 많이 함유되어 있다. 특히 와인은 탄닌이 많을수록 풍미가 좋을 뿐만 아니라 쉽게 변질되지 않는다.

7) 향신료

향신료 중 로즈마리, 세이지, 실비아, 생황, 생강, 고추와 마늘은 항산화성이 있다. 로즈마리는 로즈마리디페놀 등이 있고, 카레의 착색에 사용하는 생황의 황색 색소인 커큐민은 강한 항산화성이 있다.

표 10-16 천연 항산화제의 종류

천연항산화제 종류	특징	식품
토코페롤 (tocopherol)	비타민 E로서 식물성 지방질의 주요 산화방지제	콩류, 곡류, 식물성 유지
레시틴 (lecithin)	항산화력은 약하나 철, 구리 등 금속과 결합하여 산화 억제	콩기름, 난황
세사몰 (sesamol)	열분해에 의해 세사몰린(sesamolin)이 세사몰로 변형되어 산화안정성 우수	참기름
고시폴 (gossypol)	활성이 강한 산화방지제이지만 독성이 강하므로 정제 시 반드시 제거됨	목화씨
플라보노이드 (flavonoid)	플라본, 플라보놀 등 색소	귤, 양파, 메밀
탄닌 (tannin)	차에 들어 있는 카테킨(catechin)은 강한 항산화성물질	녹차, 와인, 커피
향신료	향미증진 향신료의 강한 항산화성	로즈마리, 세이지, 실비아, 생황, 생강, 고추, 마늘, 후추

4. 지질 함유식품

지질 함유식품은 다음과 같이 식물성 유지와 동물성 유지로 나뉜다.

(1) 식물성 유지

1) 콩기름

콩기름(soybean oil)은 현재 세계에서 가장 많이 생산되고 있는 기름이다. 우리나라에서도 가장 많이 사용되는 기름으로 콩은 외국에서 수입하여 가공한다. 구성지방산은 리놀레산(55%)이 가장 많고 산화에 대해 비교적 안정적인 편이다. 콩기름은 튀김, 볶음, 샐러드유 등으로 사용하며, 경화하여 마가린, 쇼트닝 제조에 쓰인다.

2) 옥수수기름

옥수수기름(corn oil)은 옥수수의 배아를 짜서 얻은 기름이다. 주요지방산으로 리놀레산(linoleic acid)이 40~55%로 가장 많이 들어 있다. 비타민 E가 함유되어 있어 산화에 안정적이다. 옥수수기름은 연속 튀김을 할 때 비교적 거품이 덜 생기고, 발연점 저하가 낮은 편이다.

3) 참깨기름

참깨기름(sesame oil)은 특유의 고소한 향과 맛이 있는데 참깨를 볶아 정제하지 않고 착유한다. 구성지방산으로 올레산(oleic acid, 45%), 리놀렌산(linolenic acid, 35%)이 많으며 토코페롤과 세사몰이 함유되어 있어 비교적 안정적이다. 참깨기름은 나물, 찜 등 우리나라 음식에 많이 사용되는 기름이다.

4) 들깨기름

들깨기름(perilla oil)은 들깨의 씨를 착유한 것으로 약 33% 내외의 기름을 얻을 수 있다. 구성지방산으로 50%의 리놀레산과 20%의 리놀렌산이 들어 있으며 불포화도가 큰 건성유로 산패되기 쉬우므로 서늘한 곳에 보관해야 한다. 들깨기름은 나물, 볶음 등에 사용한다.

5) 채종유, 카놀라유

채종유(rape seed oil)는 유채의 종자를 착유한 것으로 42% 내외의 기름이 들어 있다. 채종유의 구성지방산으로는 에루신산(erucic acid, 50%), 올레산(oleic acid, 15%), 리놀렌산(linolenic acid, 15%)이 들어 있다. 에루신산은 다른 식용유에 비해 흡수속도가 느린 것으로 알려져 있다. 이러한 단점을 보완하기 위해 1978년 캐나다에서 품종개량을 하여 "카놀라" 라는 칭호를 붙였으며, 여기서 추출한 기름이 카놀라유(canola oil)이다. 우리나라에서도 많이 식용되며 산화안정성, 열안정성이 좋다. 전, 볶음, 튀김 등에 사용된다.

6) 미강유

미강유(rice bran oil)는 쌀겨기름으로 국산원료로 만들어지며 현재 현미유라는 이름으로 시판되고 있다. 다른 식물성유에 비해 왁스, 인지질이 많으므로 고도의 정제기술이 필요하다.

7) 올리브유

올리브유(olive oil)는 올리브 나무 열매에서 채취한 기름이다. 우리나라에서는 전혀 생산되지 않아 수입하여 사용한다. 올리브유는 불건성유로 지방산의 주성분은 불포화지방산인 올레산이 65~85% 정도이며, 포화지방산인 팔미트산(palmitic acid)이 있다. 올리브 열매에서 압착하여 처음 나온 올리브유는 엑스트라 버진(extravirgin)으로 최상 등급이다. 특유의 향이 있어 샐러드드레싱이나 볶음요리에는 적합하지만 정제하지 않았기 때문에 발연점이 낮아 튀김용으로는 적당하지 않다.

8) 포도씨기름

포도씨기름(grape seed oil)은 포도씨로부터 추출한 기름이다. 주로 필수지방산인 리놀레산이 많이 들어 있고 토코페롤 함량도 높다. 콩기름이나 옥수수기름보다 약 70배 정도의 토코페롤을 함유하고 있다. 이 밖에 카테킨(catechin), 식물성 스테롤류가 함유되어 있어 심혈관질환의 예방과 치료에 효과가 있다. 다른 기름에 비해 산패가 늦게 일어나고 높은 온도로 조리하였을 때도 비교적 안정적이다.

(2) 동물성 유지

1) 쇠기름

쇠기름(beef tallow)은 소의 배, 신장, 심장 등의 지반조직에서 얻어지는 고체지방이다. 융점은 45~55℃의 범위로 다른 유지와 혼합하여 사용한다. 구성지방산은 올레산(oleic acid, 40%), 팔미트산(palmitic acid, 30%) 및 스테아르산(stearic acid, 20~40%) 등이 들어 있다. 비스킷, 크래커 등의 제조에 이용된다.

2) 돼지기름

돼지기름(lard)은 돼지의 지방조직으로부터 얻어내며 특히 복부 부위에서 얻어진 지방은 풍미가 온화하며 베이컨 제조에 이용된다. 돼지의 비계는 80% 이상이 지방으로 되어 있고, 백색의 고체이며 양질의 식용지방이다. 돼지기름의 융점은 30~50℃의 범위이고 보통은 40℃ 내외로 쇠기름보다 낮다. 구성지방산으로는 올레산(oleic acid, 50~60%), 팔미트산(palmitic acid, 25~30%) 및 스테아르산(stearic acid, 10~15%) 등이 들어 있으며 비타민 A나 D를 극히 미량 함유한다. 돼지기름은 비교적 낮은 발연점을 갖고 있어 튀김유로는 부적당하다. 다른 유지보다 함기성은 떨어지지만 식품을 부드럽게 하는 힘이 크기 때문에 제과용으로 이용된다.

3) 생선유

생선유(fish oil)는 어류를 쪄서 짜낸 기름으로 EPA, DHA와 같은 고도의 불포화지방산이 많다. 생선유에는 고도불포화지방산이 많아 산화·변질되기 쉬우므로 직접 식용유지로 사용되지 못한다. 마가린, 쇼트닝을 제조하는 데 쓰이고, 고등어유는 우유 등에 DHA의 식품첨가물로서 이용되기도 한다.

(3) 가공유지

1) 버터

버터(butter)는 우유를 원심 분리하여 얻은 크림을 살균, 혼합하여 세균발효 및 숙성 시킨 다음 교반하여 뭉쳐 만든 것이다. 유지방을 80% 함유하고 소량의 수분과 유·고형분을 함유한다. 비타민 A의 급원이며 유지 중에서 소화가 잘 된다. 항산화제가 없어 산패되기 쉬우며, 저급지방산이 많고 냄새를 잘 흡수하므로 밀봉 후 저온에서 보관해야 한다.

2) 마가린

마가린(margarin)은 잘 정제된 식물성 기름이나 동물성 지방에 수소를 첨가하여 경화시키고, 비타민, 젖산 발효액, 소금, 색소 등을 넣고 버터 모양으로 이겨 굳혀서 만든 것이다. 원료로는 고체유(쇠기름, 돼지기름, 야자유, 경화유) 80%와 액체유(콩기름, 면실유, 땅콩기름) 20% 정도를 적당히 혼합하여 사용한다.

마가린은 수분 16%, 지방 80% 이상, 단백질 1% 및 소금 1~2%를 함유하며, 이에 카로틴을 첨가하여 색과 비타민 A를 강화하여 버터의 대용으로 이용한다. 마가린의 레이처트-메이슬가는 버터에 비하여 낮으며, 10 이하이므로 이 차이를 이용하여 버터와 구별한다.

3) 쇼트닝

쇼트닝(shortening)은 정제된 식물성 기름에 수소를 첨가하고 니켈을 촉매로 하여 가소성이 있는 고체기름으로 만든 것이다. 원료는 대체로 마가린에 사용하는 기름과 같다. 쇼트닝은 무미, 무취, 무색이고 튀김을 할 수 있을 정도의 발연점을 가지며 연화성과 크리밍성이 좋다. 쇼트닝에는 모노글리세라이드와 디글리세라이드 같은 유화제를 첨가하는 경우가 많은데 이러한 쇼트닝은 케이크나 과자류의 품질을 좋게 해준다.

제11장

단백질

1. 아미노산
2. 단백질의 분류 및 종류
3. 단백질의 구조
4. 단백질의 성질
5. 단백질의 영양가
6. 단백질 함유식품

단백질(protein)은 세포 원형질의 중요한 성분으로 소량의 당질, 지질, 염류 등과 결합하여 생물계에 널리 분포되어 있는데, 영양 유지와 성장에 매우 중요한 물질이다. 생체구성 물질 중에서 가장 중요한 물질이라는 뜻에서 그리스어 'proteios(to be first)' 로부터 유래한 것이다.

단백질은 다수의 각종 아미노산을 기본 성분으로 가지고 있는 고분자의 질소를 함유한 유기 화합물이며, 보통 탄소 45~55%, 수소 6~8%, 산소 19~25%, 질소 14~20%, 황 1~2.4%로 구성되어 있다. 또한 단백질은 탄수화물이나 지질과 달리, 평균 16%의 질소를 함유하고 있으며, 일반적으로 질소량을 측정한 후 단백질 질소계수 6.25(100/16)를 곱한 것이 조단백질(crude protein) 함량이다. 식품 중의 단백질은 체내에서 가수분해 되어 아미노산으로 흡수되고 우리 몸에 필요한 단백질로 다시 합성된다.

1. 아미노산

단백질은 산 또는 효소로 가수분해 되어 각종 아미노산의 혼합물을 생성한다. 아미노산은 분자 내에 염기성인 아미노기(amino group $-NH_2$)와 산성인 카르복실기(carboxy group-COOH)를 공유한 화합물이다. 아미노기가 결합한 탄소의 위치에 따라 α-아미노산, β-아미노산, γ-아미노산 등으로 불리며, 일반적으로 단백질을 구성하고 있는 단백질은 α-아미노산이다.

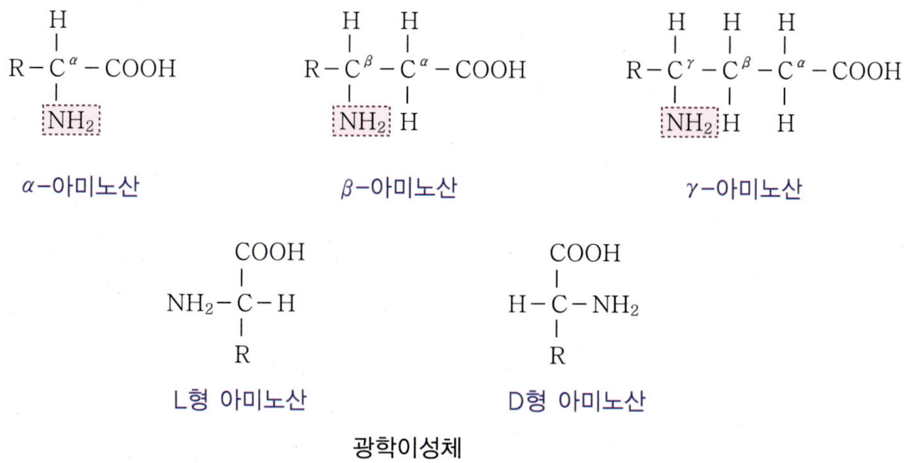

[그림 11-1] **탄소위치에 따른 아미노산의 분류**

글리신을 제외한 모든 아미노산의 α위치의 탄소가 비대칭 탄소원자이므로 L-형과 D-형의 두 입체 이성체가 있는데, 카르복실기를 위쪽에 두었을 때 아미노기가 왼쪽에 있는 것을 L-형, 오른쪽에 있는 것을 D-형이라 한다. 단백질을 구성하고 있는 아미노산은 모두 α-L-형이다.

(1) 아미노산의 종류

아미노산은 분자 중에 아미노기(-NH_2)와 카르복실기(-COOH)를 가지고 있고, 구성하고 있는 아미노기와 카르복실기의 수에 따라 중성아미노산(neutral amino acid), 산성아미노산(acidic amino acid), 염기성아미노산(basic amino acid)으로 분류된다. 단백질을 구성하는 아미노산은 20가지이다.

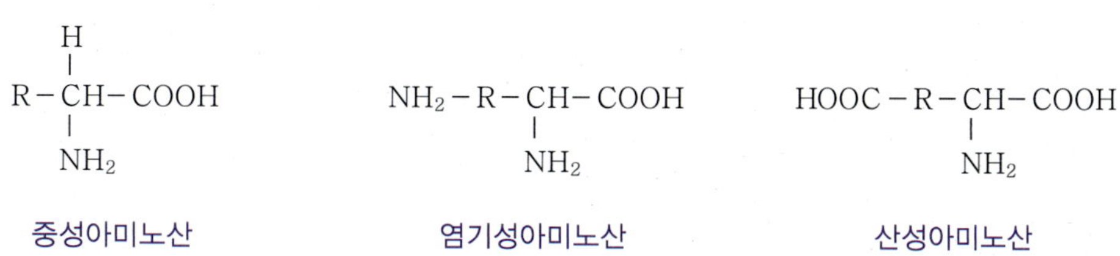

[그림 11-2] **중성·염기성·산성아미노산**

1) 중성아미노산

중성아미노산은 1개의 아미노기와 1개의 카르복실기를 가지고 있는 아미노산이다. 즉, 아미노기와 카르복실기의 수가 같다.

표 11-1 중성아미노산

종류	약자	구조	비고
알라닌 (alanine)	Ala	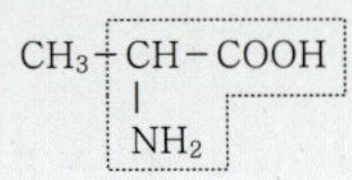	• 체내에서 합성 • 대부분 단백질에 함유 • 3대 영양소의 상호 대사 작용에 관여
*발린 (valine)	Val	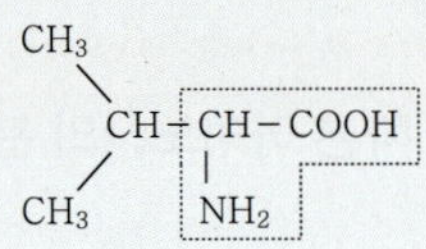	• 체내에 합성 안 됨 • 필수아미노산 • 대부분 단백질에 존재 • 우유단백질(casein)에 8%로 존재
*루신 (leucine)	Leu	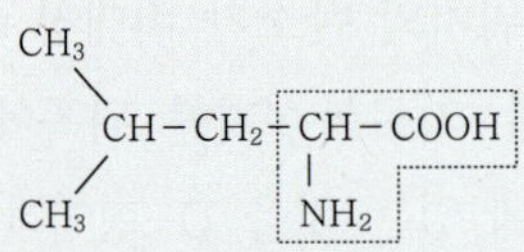	• 체내에서 합성이 안 됨 • 필수아미노산 • 대부분 단백질에 존재 • 우유, 치즈에 함유
*이소루신 (isoleucine)	Ile	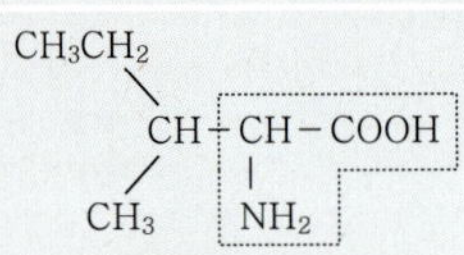	• 필수아미노산 • 효모 작용에 아실알코올로 변하여 퓨젤유(fusel oil)의 주성분이 됨
프롤린 (proline)	Pro	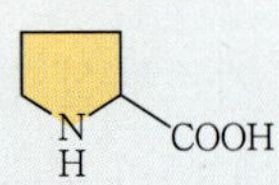	• 아미노기를 가지고 있음 • 콜라겐과 같은 연골조직이나 프롤라민, 젤라틴, 카제인에 함유
*페닐알라닌 (phenylalanine)	Phe	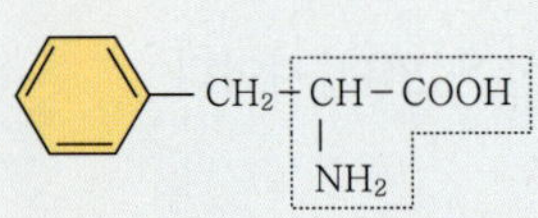	• 필수아미노산 • 환상아미노산의 일종 • 대부분 단백질에 존재 • 헤모글로빈이나 오보알부민에 함유 • 체내에서 티로신의 합성에 모체가 됨
*트립토판 (tryptophane)	Trp	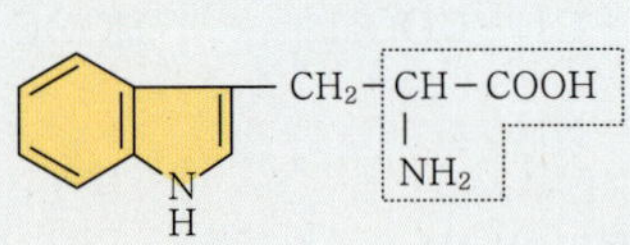	• 대부분 단백질에 존재 • 체내에서 페닐알라닌의 산화로 생성 • 티로시나아제의 작용으로 갈색 색소인 멜라닌을 생성

종류	약자	구조	비고
*메티오닌 (methionine)	Met	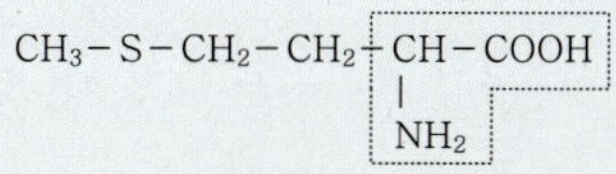	• 필수아미노산 • 체내에 부족한 경우 시스틴으로 대용할 수 있음 • 혈청알부민이나 우유의 카제인에 많음 • 간의 기능과 관계
글리신 (glycine)	Gly	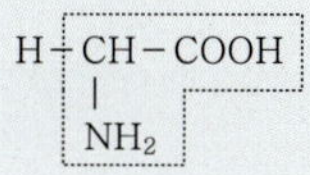	• 분자량이 가장 작은 아미노산이며 제일 먼저 발견 • 젤라틴(gelatin), 피브로인(fibroin) • 동물성 단백질에 존재
세린 (serine)	Ser	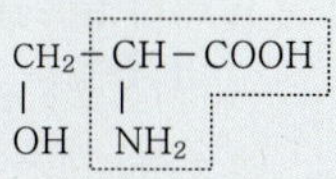	• 체내에 합성 가능 • 세리신(sericine)에 70%, 카제인, 난황 단백질에 함유
*트레오닌 (threonine)	Thr	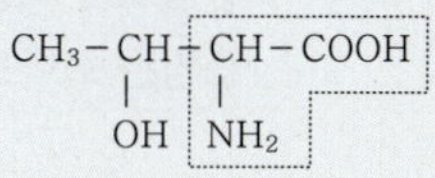	• 필수아미노산 • 혈액의 피브리노겐(fibrinogen)에 많이 함유
시스테인 (cysteine)	Cys	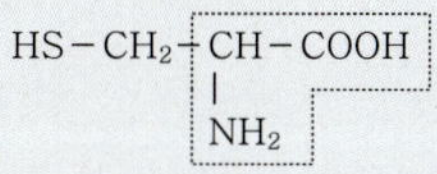	• 체내 산화·환원 작용에 중요한 작용 • -SH기가 2개 연결되어 시스틴으로 됨 • 체내에서 메티오닌으로부터 생성
티로신 (tyrosine)	Tyr	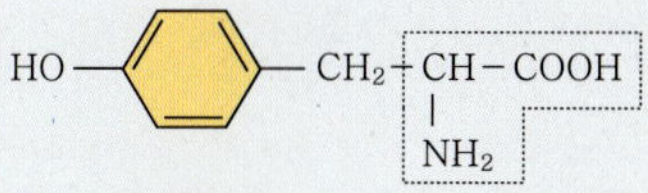	• 대부분 단백질에 존재 • 체내에서 페닐알라닌의 산화로 생성 • 티로시나아제의 작용으로 갈색 색소인 멜라닌 생성
아스파라긴 (asparagine)	Asn	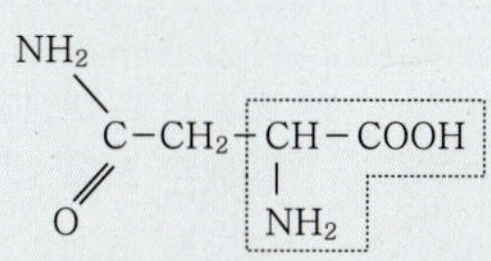	• 가수분해 되면 아스파르트산과 NH_2가 생성 • 단맛이 있음 • 아스파라거스, 감자, 두류, 사탕무 등이 발아할 때 특히 많음
글루타민 (glutamine)	Gln	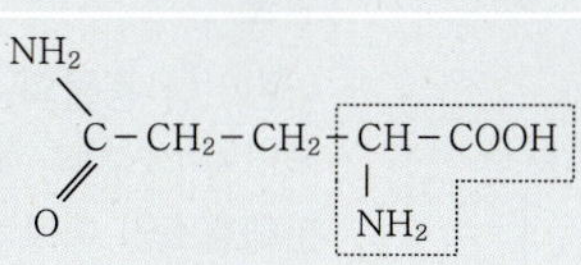	• 식물성 식품에 존재 • 사탕무의 뿌리 등에 많이 함유

* 필수아미노산

2) 산성아미노산

산성아미노산은 아미노기 1개에 카르복실기 2개를 가진 아미노산으로 카르복실기의 수가 아미노기 수보다 많으며, 음전하를 띤 친수성 R기를 가지는 아미노산이다.

표 11-2 산성아미노산

종류	약자	구조	비고
아스파트산 (aspartic acid)	Asp	$HOOC-CH_2-CH(NH_2)-COOH$	• 대부분의 단백질에 널리 분포함 • 특히 글로불린(globulin)에 많이 함유되어 있음
글루탐산 (glutamic acid)	Glu	$HOOC-CH_2-CH_2-CH(NH_2)-COOH$	• 곡류, 대두 등에 많으며, 아미노산대사에 중요한 역할을 함 • Na염은 화학조미료의 주성분

3) 염기성아미노산

염기성아미노산은 카르복실기의 수보다 아미노기의 수가 많으며, 양전하를 띤 친수성 R기를 가지는 아미노산이다.

표 11-3 염기성아미노산

종류	약자	구조	비고
*리신 (lysine)	Lys	$CH_2(NH_2)-CH_2-CH_2-CH_2-CH(NH_2)-COOH$	• 동물성 단백질에는 많으나 식물성 단백질에는 적음 • 곡류를 주식으로 하는 경우 결핍되기 쉬움
**아르기닌 (arginine)	Arg	$NH_2-C(=NH)-NH-CH_2-CH_2-CH_2-CH(NH_2)-COOH$	• 어린이나 동물의 성장에 필요한 준필수아미노산으로 널리 분포 • 분해효소인 아르기나아제(arginase)에 의해 오르니틴(ornithine)과 요소로 가수분해됨
**히스티딘 (histidine)	His	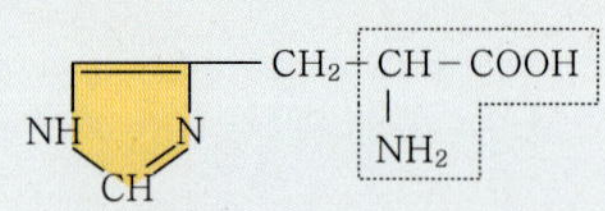	• 이미다졸(imidazole) 핵을 가지고 있으며, 어린이에게는 필수아미노산 • 특히, 부패성 세균에 의해 히스타민(histamine)을 생성

* 필수아미노산

** 비필수아미노산 중 발육기의 아동과 회복기 환자에게는 필수아미노산

(2) 필수아미노산

필수아미노산(essential amino acid)은 단백질을 구성하는 20가지 아미노산 중에서 인체 내에서는 합성되지 않아서 반드시 식품으로 섭취해야 하는 아미노산이다. 필수아미노산은 발린, 루신, 이소루신, 트레오닌, 리신, 메티오닌, 페닐알라닌, 트립토판으로 여덟 가지이다. 이 외 아르기닌과 히스티딘은 발육기의 아동, 회복기의 환자에게 필요한 필수아미노산이다.

(3) 제한아미노산

제한아미노산(limiting amino acid)은 섭취된 필수아미노산 중에서 가장 적은 섭취량의 아미노산 양을 기준으로 정해진다. 체단백질을 구성하는데 아미노산은 체내 저장기능이 없으므로 필수아미노산 중 하나라도 필요할 때 없으면 체단백질 합성은 일어나지 않는다. 대부분의 곡류 단백질 중에서 리신, 트립토판, 트레오닌, 메티오닌이 제한아미노산이 되는 경우가 많다. 예를 들면 대두에는 메티오닌, 쌀과 옥수수에는 리신, 트립토판, 감자에는 리신, 메티오닌, 땅콩에는 리신, 메티오닌, 밀에는 리신이 제한아미노산이다.

2. 단백질의 분류 및 종류

단백질은 가수분해 생성물이나 물리적·화학적인 영향을 받는 상태에 따라서 단순단백질, 복합단백질, 유도단백질로 분류된다.

(1) 단순단백질

단순단백질(simple proteins)은 가수분해로 각종 아미노산의 혼합물만을 생성하는 단백질인데, 물 또는 기타 용매에 대한 용해성 및 기타 성질에 따라 다음과 같이 나눈다.

1) 알부민

알부민(albumin)은 물, 묽은 산, 묽은 알칼리, 염류에 잘 녹는 단백질로 가열하면 응고된다. 비교적 분자량이 적은 단백질로 동·식물계에 널리 분포되어 있다.

동물성 식품에는 오브알부민(달걀흰자), 콘알부민(달걀흰자), 락토알부민(우유), 혈청알부민(혈청), 미오겐(근육)이 있고 식물성 식품에는 루코신(보리), 레규멜린(콩류) 등이 있다.

2) 글로불린

글로불린(globulin)은 순수한 물에 녹지 않고, 염류용액이나 묽은 산, 묽은 알칼리 용액에 잘 녹는다. 동·식물계에 널리 분포되어 있다. 동물성 식품에는 미오글로불린(근육), 오보글로불린(달걀흰자), 혈청글로불린(혈청), 피브리노겐(혈장), 락토글로불린(우유), 미오신(근육), 리베틴(달걀노른자), 비텔린(달걀노른자)이 있고 식물성 식품에는 글리시닌(콩), 튜베린(감자), 아라킨(땅콩) 등이 있다.

3) 글루텔린

글루텔린(glutelin)은 물, 염류 용액, 알코올에는 용해되지 않으나, 묽은 산이나 알칼리에는 용해되며, 가열해도 응고되지 않는다. 주로 식물성 식품인 곡류에 많다. 함유식품으로 글루테닌(밀), 오리제닌(쌀), 호르데인(보리) 등이 있다.

4) 프롤라민

프롤라민(prolamin)은 물이나 염류 용액에는 녹지 않으나, 70~90%의 알코올 및 묽은 산과 알칼리에는 녹는다. 주로 식물성 식품에 들어 있다. 함유식품으로 제인(옥수수), 글루테닌(밀), 호르데인(보리) 등이 있다.

5) 알부미노이드

알부미노이드(albuminoid)는 물, 염류 용액 기타 대부분의 용제에 녹기 어렵고, 가수분해 되기도 어려운 경단백질(sclero-protein)로서 동물의 세포 및 조직에 들어 있다. 케라틴(뿔, 손톱, 머리카락, 피부), 엘라스틴(힘줄), 콜라겐(뼈, 연골, 결체 조직, 가죽), 피브로인(명주실), 세리신(명주실) 등이 있다.

6) 히스톤

히스톤(histone)은 물과 묽은 산에는 녹으나 암모니아 용액에는 녹지 않으며, 가열로 응고되지 않는 염기성 단백질이다. 동물성 식품 중에 복합단백질의 구성

성분으로 들어 있으며, 식물성 식품에는 거의 없다. 함유식품으로 글로빈(헤모글로빈), 티머스히스톤(흉선) 등이 있다.

7) 프로타민

프로타민(protamin)은 물, 암모니아 용액에 녹으며, 가열로 인하여 응고되지 않는 염기성이 강한 단백질이다. 성숙한 동물의 정자세포 중에서 핵산과 결합하여 보통 복합단백질로 존재하지만 식물계에는 없다.

표 11-4 단순단백질의 분류

분류	용해성	특징	소재
알부민 (albumin)	물	• 동·식물계에 널리 분포 • 열에 쉽게 응고	오브알부민, 콘알부민(달걀흰자) 락토알부민(우유) 혈청알부민(혈청), 미오겐(근육) 루코신(보리) 레규멜린(콩)
글로불린 (globulin)	염	• 동·식물계에 널리 분포 • 열에 응고	혈청글로불린, 피브리노겐(혈청) 락토글로불린(우유) 오보글로불린(달걀흰자) 미오신, 미오글로불린(근육) 리베틴, 비텔린(달걀노른자) 글리시닌(콩) 아라킨(땅콩) 이포마인(고구마) 튜베린(감자)
글루텔린 (glutelin)	알칼리	• 주로 식물에 분포 • 열에 응고되지 않음	글루테닌(밀) 오리제닌(쌀) 호르데인(보리)
프롤라민 (prolamin)	알코올	• 주로 식물에 분포 • 열에 응고되지 않음	제인(옥수수) 글루테닌(밀) 호르데인(보리)
알부미노이드 (albuminoid)	불용성	• 경단백질로 동물의 보호조직 • 열에 응고되지 않음	케라틴(머리카락, 손톱) 엘라스틴(힘줄, 결체조직) 콜라겐(결체조직, 가죽)
히스톤 (histone)	물	• 동물의 체세포와 정자의 핵 • 열에 응고되지 않음	글로빈(헤모글로빈) 티머스히스톤(흉선)
프로타민 (protamine)	물	• 동물의 정자 • 열에 응고되지 않음	살민(연어) 스콤브린(고등어) 클루페린(정어리)

(2) 복합단백질

복합단백질(conjugated proteins)은 단순단백질에 당질, 색소, 핵산, 인 등의 비단백성 물질이 결합된 것이다. 비단백성 물질을 접합물질(prosthetic group)이라 하며, 복합단백질은 이 비단백질성 물질의 종류에 따라 다음과 같이 분류한다.

1) 핵단백질

핵단백질(nucleoprotein)은 단순단백질에 핵산이 결합한 고분자 화합물이며 효모, 흉선, 세포핵에 존재한다. 이때 단순단백질은 주로 히스톤과 프로타민이다. 식품의 맛과 관련이 있다. 뉴클레오히스톤(nucleohistone), 뉴클레오프로타민(세포액, 효모, 흉선) 등이 있다.

2) 당단백질

당단백질(glycoprotein)은 당질과 단순단백질이 결합된 것이며, 당질로는 6탄당 및 그 유도체가 주로 많다. 독특한 점성이 있어서 점성단백질(mucoprotein)이라고도 하며, 조직 및 장내의 윤활 작용과 동·식물 세포 및 조직의 보호 작용을 한다. 오보뮤코이드(달걀흰자), 헤파린(간), 세로뮤코이드(혈청), 세로글리코이드(혈액), 오보뮤신(달걀흰자), 뮤신(점막분비물, 타액, 소화관) 등이 있다.

3) 인단백질

인단백질(phosphoprotein)은 인산과 단백질이 결합된 것이며 체액의 중성유지, 효소 작용 등을 조절한다. 동물성 식품에 많다. 함유식품으로는 카제인(우유), 오보비텔린(달걀노른자), 오보비텔레닌(달걀노른자), 포스비틴(달걀노른자) 등이 있다.

4) 색소단백질

색소단백질(chromoprotein)은 색소와 단백질이 결합된 것이며, 색소 성분 중에 금속을 가지고 있는 것을 금속단백질(metalloprotein)이라고도 한다. 헤모글로빈(혈액, 색소는 헴), 플라보프로틴(황색 효소, 색소는 플라빈), 미오글로빈(근육, 색소는 헴), 헤모시아닌(연체동물 및 절족 동물의 혈액, 색소는 헴 중의 철 대신에 구리), 아스타잔틴 프로틴(갑각류의 껍질, 색소는 카로티노이드) 등이 있다.

5) 지단백질

지단백질(lipoprotein)은 레시틴, 세팔린 등의 인지질과 단백질이 결합된 것이다. 함유식품으로 리포비텔린(달걀노른자), 리포비텔레닌(달걀노른자), 트롬보플라스틴(혈액) 등이 있다.

표 11-5 복합단백질의 분류

분류	특징	소재
핵단백질 (nucleoprotein)	• 핵산과 결합 • 생체의 유전현상이나 단백질 합성에 관여 • 식품의 맛과 관련	뉴클레오히스톤(흉선, 적혈구, 백혈구, 정자) 뉴클레오프로타민(세포액, 효모, 흉선)
당단백질 (glycoprotein)	• 당질과 결합 • 독특한 점성 • 조직 및 장내의 윤활작용 • 동식물 세포 및 조직 보호작용	오보뮤코이드, 오보뮤신(달걀흰자) 헤파린(간) 세로뮤코이드(혈청) 세로글리코이드(혈액) 뮤신(점막분비물, 타액, 소화관)
인단백질 (phosphoprotein)	• 인산과 결합 • 체액의 중성유지 • 효소작용 조절 • 동물성 식품 • 발육하는 생물체 공급원	카제인(우유) 오보비텔린, 오보비텔레닌, 포스비틴(달걀노른자)
색소단백질 (chromoprotein)	• 색소와 결합 • 생체 내에서 산소운반, 호흡작용, 산화환원작용 등 생리작용 • 헴, 클로로필, 카로티노이드, 플라빈 등이 색소성분	헤모글로빈(혈액, 색소는 헴) 플라보프로틴(황색 효소, 색소는 플라빈) 미오글로빈(근육, 색소는 헴) 헤모시아닌(연체동물 및 절족동물의 혈액, 색소는 헴 중의 구리) 아스타잔틴 프로틴(갑각류 껍질, 색소는 카로티노이드)
지단백질 (lipoprotein)	• 인지질과 결합 • 체내 중요한 역할 • 모든 동식물 세포에 존재	리포비텔린, 리포비텔레닌(달걀노른자) 트롬보플라스틴(혈액)

(3) 유도단백질

유도단백질(derived protein)은 천연에 존재하는 단백질이 물리적 또는 화학적인 변화를 받는 것이며, 그 변화 상태에 따라 제 1차 유도단백질(primary derived protein)과 제 2차 유도단백질(secondary derived protein)로 나눈다.

1) 제 1차 유도단백질

천연단백질이 물리적 또는 화학적인 변화(열, 자외선, 산, 알칼리, 알코올 등)를 약간 받은 것으로, 대부분의 분자 골격은 그대로이나 성질이 전과 다르므로 변성단백질(denaturated protein)이라고도 한다.

① 젤라틴

콜라겐을 물과 함께 장시간 끓이면 뜨거운 물에는 녹고 찬물에는 녹지 않는 젤라틴(gelatine)이 된다.

② 프로테안

프로테안(protean)은 수용성 단백질이 물, 효소, 묽은 산 등에 의하여 불용성으로 변한 것이다. 대부분 가공식품들의 단백질이 여기에 속한다. 파라카제인(paracasein)과 피브린(fibrin)이 있다.

③ 메타프로틴

메타프로틴(metaprotein)은 단백질이 묽은 산이나 알칼리로 변성된 것이다.

④ 응고단백질

응고단백질(coagulated protein)은 천연단백질이 열, 자외선, 기계적인 힘, 알코올 등으로 변성하여 응고된 것이다.

2) 제 2차 유도단백질

제 1차 유도단백질보다 변성이 더욱 진행된 것으로 단백질이 아미노산까지 가수분해할 때의 중간 생성물을 말하며, 분해단백질이라고도 한다. 분해 정도, 즉 가수분해 생성물의 분자의 크기에 따라 프로테오즈(proteose), 펩톤(peptone), 펩티드(peptide) 등으로 나눈다.

① 프로테오즈

물에 녹고 열에 응고되지 않으며 황산암모늄[$(NH_4)_2SO_4$] 포화용액에 침전된다.

② 펩톤

프로테오즈보다 분자량이 작고 물에 녹으며 콜로이드(colloid)성은 없다. 황산암모늄[$(NH_4)_2SO_4$] 포화로 침전되지 않고, 무수알코올이나 탄닌산에 침전된다.

③ 펩티드

단백질의 가수분해가 가장 많이 진행되어 펩톤보다 분자량이 더 작고, 아미노산의 조성과 결합 순서가 정해진다.

3. 단백질의 구조

(1) 펩티드결합

단백질을 구성하는 아미노산들은 다음과 같은 펩티드(peptide)결합으로 다수 연결되어 폴리펩티드 사슬을 형성한다. 폴리펩티드 사슬을 구성하는 아미노산의 종류와 그 수 및 결합 순서는 단백질의 종류에 따라 각각 다르다.

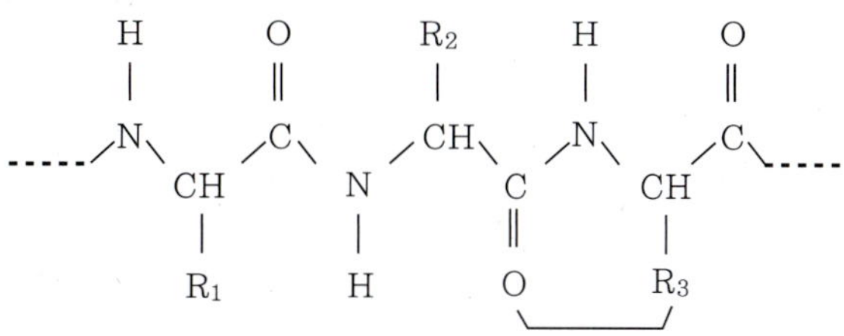

[그림 11-3] **펩티드결합의 형태**

(2) 단백질 구조

1) 1차 구조

1차 구조는 폴리펩티드 내의 아미노산의 배열순서이다. 아미노산의 배열은 유전자 정보에 의해 결정되며 단백질의 종류에 따라 다르다. 대부분의 단백질은 100~500개의 아미노산으로 구성되며, 아미노산의 배열순서가 단백질의 물리화학적, 구조적, 생물학적 성질 및 기능에 중요한 역할을 한다.

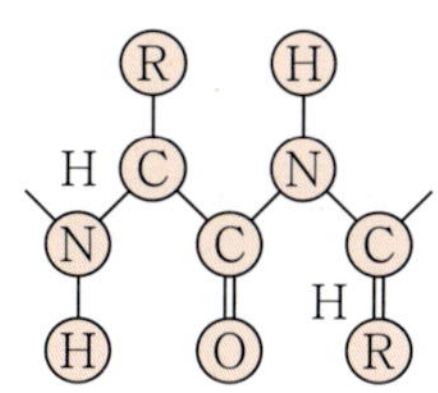

[그림 11-4]
단백질의 1차 구조

2) 2차 구조

1차 구조의 폴리펩티드 사슬이 상호 작용에 의해 구부러지고 휘어져 입체구조를 형성한다. 펩티드 사슬의 일부는 코일 모양의 α-나선구조(α-helix)를 하고 또 다른 일부는 주름 잡힌 모양의 β-병풍구조(β-sheet)로 되어 있다. 이와 같이 폴리펩티드 사슬의 일부가 규칙적으로 반복된 구조를 2차 구조라고 한다.

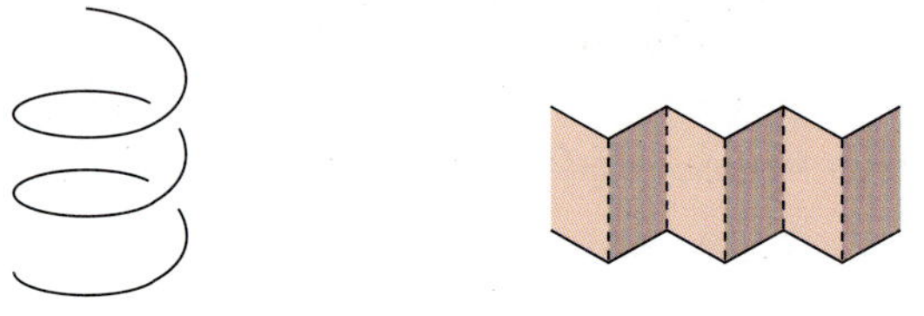

[그림 11-5] **단백질의 2차 구조**

3) 3차 구조

2차 구조인 α-나선구조, β-병풍구조로 이루어진 폴리펩티드가 구성아미노산의 특성에 따라 수소결합, S-S결합, 펩티드결합, 이온결합, 소수성결합 등에 의해 휘어지고, 구부러진 구상 및 섬유상의 복잡한 공간구조를 3차 구조라 한다.

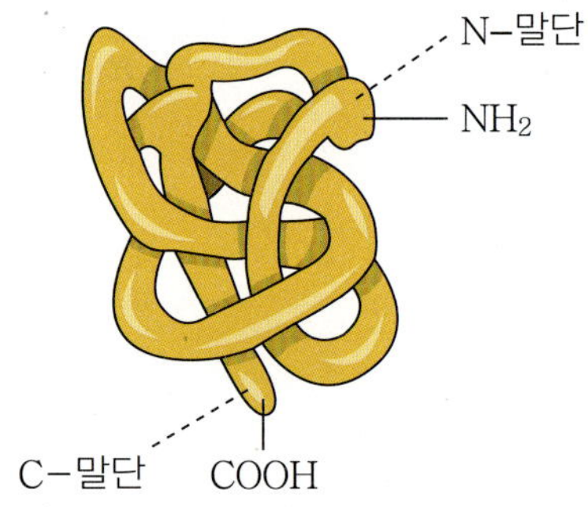

[그림 11-6] **단백질의 3차 구조**

4) 4차 구조

3차 구조를 가진 몇 개의 폴리펩티드 사슬들이 모여서 한 개의 생리기능을 가지는 단백질의 복합체를 이룬 구조를 4차 구조라 한다. 집합체의 기초가 되는 구성폴리펩티드를 소단위체(subunit)라고 한다. 4차 구조의 대표적인 예는 척추동물의 적혈구에 있는 헤모글로빈으로 산소운반 역할을 한다.

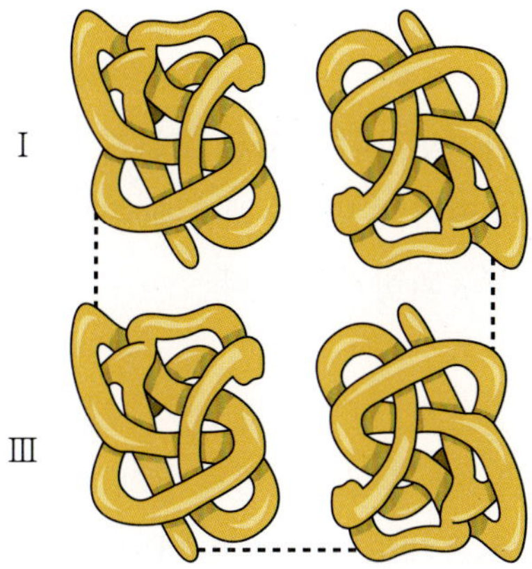

[그림 11-7] 단백질의 4차 구조

(3) 단백질의 분자 형태

단백질은 그 분자 형태에 따라 섬유상 단백질(scleroprotein or fibrous protein)과 구상 단백질(globular protein)로 나눌 수 있다.

1) 구상 단백질

폴리펩티드 사슬이 여러 가지 결합에 의해 구부러지고 겹쳐져서 전체적으로 둥근 모양을 가지는 구상 단백질로서 가열하면 응고하고 비교적 물에 잘 용해된다. 알부민, 글로불린, 헤모글로빈, 인슐린, 효소단백질 등이다.

2) 섬유상 단백질

섬유상 단백질은 긴 섬유 모양으로 된 폴리펩티드 사슬이 일정한 방향으로 규칙적인 배열을 하여 섬유모양의 구조를 지니는 단백질로 불용성이고 가수분해하기 어렵다. 대표적인 것으로는 케라틴, 젤라틴, 콜라겐, 미오신, 피브로인 등이다.

4. 단백질의 성질

1) 분자의 크기

단백질은 약 20여 종의 아미노산이 결합된 고분자 질소화합물로서, 다른 유기화합물에 비하여 분자량이 커서 수만~수백만에 이른다. 단백질 용액은 콜로이드성 용액이 되며, 반투막을 통과하지 않는다.

2) 용해성

단백질은 종류에 따라 물, 산, 알칼리, 염류 용액, 알코올, 암모니아수, 아세톤 등에 대한 용해도가 다르며 용해도의 차이는 단백질 분류의 기준이 된다. 대부분의 단백질은 물에는 잘 녹지 않으나 염화나트륨이나 황산암모늄 등의 묽은 중성염류 용액에는 잘 녹고(염용: salting-in), 반대로 염류의 농도가 높아지면 단백질이 응집하여 침전(염석: salting-out)된다.

이러한 원리에 의해 콩을 삶을 때 탄산수소나트륨($NaHCO_3$)을 넣으면 잘 무르고, 고기를 삶을 때 처음부터 간장이나 소금을 넣고 끓이면 고기가 빨리 무르지 않는다. 또한 생선에 소금을 뿌려 두면 생선살을 단단하게 한다.

3) 침전성

단백질은 음이온과 양이온을 동시에 가지는 양성 화합물로 수은, 카드뮴, 납 등의 중금속 염류나 알코올, 아세톤 등의 유기용매와 트리클로로아세트산(trichloroacetic acid), 피크르산(picric acid), 설포살리실산(sulfosalicylic acid), 탄닌산(tannic acid) 등에 의해 불용성의 염을 형성하여 침전한다. 이러한 반응은 식품 성분 중 비단백질 질소화합물과 섞여있는 단백질의 분리정제에 사용된다.

4) 등전점

단백질은 유리된 아미노기와 카르복실기를 가지고 있으므로 아미노산처럼 양성 물질이다. 따라서 양성이온을 형성하며 고유한 등전점(isoelectric point)을 갖는다. 일반적으로 산성아미노산이 많으면 산성쪽으로, 염기성아미노산이 많으면 알칼리쪽으로 등전점을 갖는다. 등전점보다 낮은 pH 용액에서는 +로 하전되고, 등전점보다 높은 pH 용액에서는 −로 하전 된다. 단백질은 등전점에서 전기장이

어느 쪽으로도 이동하지 않으며 용해도, 점도, 삼투압, 팽윤 등은 최소가 되고 흡착성, 기포력, 탁도, 침전 등은 최대가 된다.

[그림 11-8] **등전점**

표 11-6 단백질의 등전점

단백질	등전점(pI)	단백질	등전점(pI)
오브알부민(ovalbumin)	4.6~4.7	카제인(casein)	4.6
락트알부민(lactalbumin)	4.88	글루테닌(glutenin)	5.2~5.4
미오신(myosin)	6.3~6.5	글리시닌(glycinin)	4~5
젤라틴(gelatine)	4.8~4.85	제인(zein)	5.8

5) 변성

단백질은 열, 압력, 자외선 등의 물리적인 원인이나, 산, 알칼리, 중금속 등의 화학적인 원인으로 천연단백질의 화학 구조상의 변화를 받는데 이것을 변성(denaturation)이라 한다. 단백질의 변성은 1차 구조가 변하는 것이 아니고 2, 3, 4차 구조가 변화하여 단백질의 특성을 상실하는 것을 말한다.

단백질의 변성은 가열, 건조, 교반, 반죽 등 물리적인 변성과 산, 알칼리, 염류, 알코올, 효소, 계면활성제 등 화학적인 변성이 있다. 단백질이 변성되면 용해도감소, 점도증가, 소화율 변화, 반응성 증가 등 여러 가지 성질이 변하게 된다.

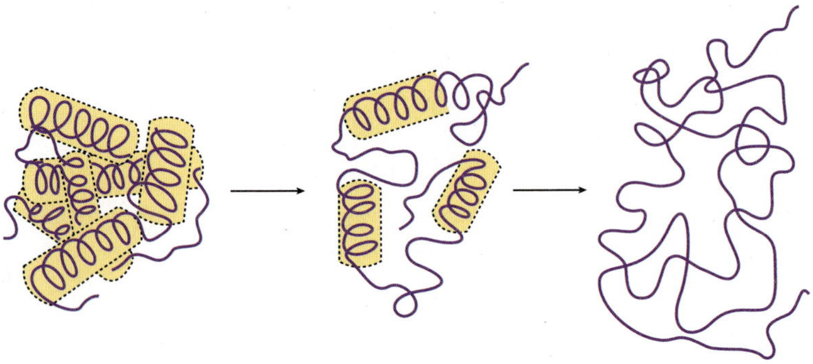

① 천연단백질 | ② 변성이 시작된 단백질 (규칙성 잃기 시작) | ③ 변성이 완료된 단백질 (규칙성 없음)

[그림 11-9] **단백질의 변성**

표 11-7 조리 중 단백질 변성

변성요인	종류	조리의 예
물리적 요인	가열 동결 건조 교반 반죽	삶은 달걀 등 가열조리 동결 두부 어포, 육포, 건어물 난백 거품 밀가루의 글루텐(gluten) 형성
화학적 요인	산 무기염 효소 알코올	요구르트, 치즈 두부 치즈, 고기 숙성 우유의 신선도 판정

① 가열에 의한 변성

가열에 의한 변성은 단백질식품의 조리와 가공에서 일어나는 가장 일반적인 것으로 응고(coagulation)와 겔(gel)화의 두 가지 현상으로 나타난다.

응고는 가용성 단백질이 가열에 의해 변성되어 응고하고 불용성이 되는 것이다. 단백질의 종류에 따라 다르지만 보통 60~70℃에서 응고되며, 온도가 10℃ 높아지면 20배나 빨리 응고되고, 수분이 많은 경우에는 저온에서도 일어난다. 달걀, 고기, 생선 등을 익히면 열변성이 되어 응고된다.

겔화는 불용성 단백질을 오래 가열함으로써 변성에 의해 가용성으로 되는 현상이다. 육류 중에 들어 있는 불용성 콜라겐(collagen)은 물과 함께 오랜 시간 가열하면 가용성의 젤라틴(gelatin)으로 변성되어 졸(sol)을 형성하고, 냉각시키면 겔화한다. 우리 음식 중 족편이 그 대표적인 예이다.

② 동결에 의한 변성

동결에 의한 변성은 단백질에 수화되어 있는 물이 얼어서 용매로서의 물의 양은 감소되고 반대로 염농도는 증가하여 염석이 일어나며 단백질의 일부구조가 변하는 것에 의한다. 동결변성을 최소로 하기 위해서는 어·육류의 경우 −20℃ 이하에서 급속동결(quick freezing)하고 얼음결정을 미세화하며 결정의 성장을 억제하는 것이 효과적이며, 해동 후에도 원래의 상태로 돌아갈 수 있다.

③ 건조에 의한 변성

건조에 의한 변성은 가열에 의한 변성과는 달리 건조에 의해 가까이 있는 폴리펩타이드 결합 사이의 수분이 제거되어 인접한 폴리펩티드 사슬간에 재결합이 형성되어 응집되는 현상이다. 건조 후에는 물에 담가도 원래의 상태로 돌아가지 못한다. 육포, 어포, 말린 생선 등에서 볼 수 있다.

④ 산에 의한 변성

산에 의한 변성은 단백질이 가지고 있는 고유의 전하가 변하여 변성되는 현상으로 단백질이 등전점에 이르면 응고된다. 식품의 조리와 가공에서 일어나는 변성으로 우유를 젖산 발효하여 pH가 저하되어 등전점인 pH 4.6이 되면 우유단백질인 카제인(casein)이 응고하여 침전된다. 이 원리를 이용하여 요구르트와 치즈를 만든다. 생선회에 레몬즙이나 식초를 뿌리면 생선살이 단단해지며, 수란을 만들 때에도 끓는 물에 식초를 넣으면 달걀이 빨리 응고한다.

⑤ 염류에 의한 변성

염류에 의한 변성은 식품 중 알부민과 글로불린 단백질이 염에 의해 변성·응고되는 경우이다. 콩에 있는 글리시닌(glycinin)은 가열만으로는 응고되지 않으나 간수($CaCl_2$, $MgCl_2$)를 넣으면 Ca^{2+}나 Mg^{2+}에 의하여 응고되어 두부가 만들어진다. 또한 어육 단백질 중의 액토미오신(actomyosin)이 염장(0.8~1.5M 소금)에 의해 액틴(actin)과 미오신(myosin)으로 해리되어 미오신이 응고하게 된다.

⑥ 효소에 의한 변성

효소에 의한 변성은 단백질이 효소작용에 의해 변성과 가수분해가 일어난다. 우유 단백질의 80%를 차지하는 카제인은 구상의 미셀로 존재하며 응유효소인 레닌(rennin)은 κ-카제인(κ-casein)에 작용하여 파라-카파 카제인(ρ-κ-casein)과 당을 함유한 글리코마크로펩티드(glycomacropeptide)로 분해된다. 미셀을 안정시키던 κ-카제인의 분해로 카제인 미셀은 불안정해지고 우유의 칼슘과 결합하면서 응고물인 커드(curd)를 형성하고 이는 치즈 제조에 이용된다.

⑦ 알코올에 의한 변성

알코올에 의한 변성은 단백질이 유기용매에 변성되어 침전하는 것으로 등전점에서 가장 많이 일어난다. 알코올은 친수성이 강해 탈수작용으로 단백질의 수화가 감소되기 때문이다. 이 방법은 우유의 신선도 판정에 이용되며(알코올 테스트), 신선하지 못한 우유는 산이 증가하여 pH가 등전점 근처로 내려가 알코올 첨가 시 침전되는 원리이다.

6) 응고성

단백질은 열, 산, 알칼리에 의하여 응고한다. 산에 의한 카제인의 응고는 요구르트 제조에 응용되며, 알코올 첨가에 의한 우유의 응고 침전은 우유의 신선도 판정에 이용된다. 효소 레닌에 의하여 우유 중의 카제인이 응고하므로 이 성질을 이용하여 치즈를 만들고, 콩 중의 수용성 단백질이 소량의 칼슘 또는 마그네슘 이온의 첨가로 응고하는 것을 이용하여 두부를 제조한다.

7) 정색 반응

단백질을 구성하는 아미노산의 종류와 반응기의 화학적 성질에 따라 다양한 정색 반응(color reaction)을 보인다. 반응기가 분자의 표면에 노출 여부에 따라 반응성이 다르기 때문에 여러 가지 화학 반응을 사용한다. 단백질의 중요한 정색 반응은 [표 11-8]과 같다.

표 11-8 **단백질 정색 반응**

정색 반응	방법	검출되는 아미노산	색
뷰렛 (biuret)	10% NaOH 용액을 가한 후 1% $CuSO_4$ 용액과 반응시킴	펩타이드결합을 가진 아미노산	적자색
닌히드린 (ninhydrin)	단백질에 1% 닌히드린 용액을 넣고 가열	α-amino 기	적자색
밀론 (millon)	단백질에 밀론 시약을 가하면 백색침전이 생기고, 이것을 다시 가열함	tyrosine	적갈색
잔토프로틴 (xanthoprotein)	단백질에 진한 질산(HNO_3)을 가하고 다시 암모니아수 가함	tyrosine tryptophan phenylalanine	등황색
홉킨스-콜 (Hopkins-Cole)	단백질에 글리옥실산(glyoxylic acid)을 넣은 후 진한 황산(H_2SO_4) 가함	tryptophan	적자색
사가구치 (sakaguchi)	단백질을 알카리화한 후 나프톨 용액(α-naphthol), 차아염소산나트륨(NaOCl) 용액을 가함	arginine	적색
유황 (sulfur)	단백질 용액에 40% NaOH 가하여 가열 후 초산납(lead acetate) 용액 가함	cystine cysteine	흑색

5. 단백질의 영양가

단백질은 모든 영양소 중에서 생명활동과 관계된 가장 중요한 영양소이다. 단백질의 종류에 따라 영양가에는 차이가 있고, 동물성 단백질이 식물성 단백질보다 필수아미노산을 많이 함유하고 있기 때문에 우수하다.

단백질의 영양적 가치를 평가하는 방법 중에 일반적으로 단백가(protein score)와 생물가(biological value)를 많이 이용한다.

1) 단백가(protein score)

1957년 FAO에서 필수아미노산의 표준필요량을 정하여 비교단백질과 식품단백질이 가지고 있는 필수아미노산 중의 제1 제한아미노산을 백분율로 구한다.

$$\text{단백가} = \frac{\text{식품 단백질 중의 제1 제한아미노산}}{\text{FAO의 표준구성 중 해당 아미노산}} \times 100$$

2) 생물가(biological value)

생물가는 식이로 섭취된 단백질의 질소 중 체내에 흡수된 질소와 체내에 보유된 질소의 비를 말하며 체내에 보유된 질소가 많을수록 영양적으로 양질의 단백질이다.

흡수된 질소는 섭취한 질소와 대변으로 배설되는 질소와의 차이이고, 보유된 질소는 섭취한 질소와 소변으로 배설되는 질소의 차이를 의미한다.

$$\text{생물가} = \frac{\text{체내에 보유된 질소(N)}}{\text{체내에 흡수된 질소(N)}} \times 100$$

표 11-9 식품의 단백가와 생물가

식품	단백가	생물가
달걀	100	100
우유	79	90
쇠고기	81	76
생선	70	72
쌀	70	75
밀가루	47	67
옥수수	42	60
감자	56	67

6. 단백질 함유식품

쇠고기, 돼지고기 등 동물성 식품은 대표적인 단백질 급원이다. 단백질은 인체를 구성하는 주요 성분으로 생명유지에 필수적인 물질이며 열량을 공급하는 영양소이기도 하다. 단백질은 양뿐만 아니라 구성아미노산 조성도 매우 중요하다. 쇠고기, 돼지고기, 닭고기에는 단백질이 풍부하게 들어 있을 뿐만 아니라, 체내에서 생성되지 않아 반드시 식품으로 섭취해야 하는 필수아미노산을 다량 함유한 양질의 단백질 급원이다. 고기섭취는 청소년뿐만 아니라 노인이나 환자들의 건강회복을 위해서 매우 중요하다. 특히, 40세부터는 650개가 넘는 우리 몸의 근육이 해마다 1%씩 줄어들므로 근육량을 늘려주는 단백질식품인 고기류는 매끼마다 충분히 섭취하는 것이 중요하다.

쇠고기·돼지고기·닭고기의 1회 분량은 60g 정도이다. 단백질 권장섭취량은 성인의 경우 1일 남자는 65g, 여자는 55g이며, 이 중 1/3은 필수아미노산이 풍부한 동물성 식품을 섭취할 것을 권하고 있다. 단백질 함유식품은 주로 동물성 식품이며 육류, 유류, 알류, 어패류이다. 식물성 단백질 식품으로는 콩류이다.

(1) 육류

육류는 중요한 단백질 급원식품으로 우리나라에서 가장 많이 식용하고 있는 것은 쇠고기, 돼지고기이다.

쇠고기, 돼지고기의 연간 수급현황은 [표 11-10]과 같다. 쇠고기, 돼지고기의 연간 소비 변화를 살펴보았을 때, 고기 소비량이 큰 폭으로 증가하였음을 알 수 있다. 1965년의 1인당 연간 쇠고기 소비량이 1kg, 1970년에도 1.2kg으로 섭취량은 매우 낮았다. 그러나 1990년에 들어서면서 4.1kg, 2000년에는 8.5kg으로 폭발적으로 증가하였고, 최근 2011년 10.2kg, 2012년 9.7kg, 2014년 10.8kg으로 1965년에 비하여 무려 약 10배 이상 증가하였다. 이처럼 고기 소비가 늘어난 것은 경제 성장으로 가구 소득이 대폭 늘어났고, 쇠고기의 수입 개방으로 인하여 쇠고기의 공급량이 증가하여 값싸게 수입 쇠고기를 먹을 수 있었던 것이 요인이다. 그러나 광우병 파동과 IMF의 영향으로 1998년도의 쇠고기 수입은 1995년의 절반 수준으로 현저히 낮아지고, 수입 쇠고기 소비도 다소 주춤하기도 하였지만, 전체 쇠고기 섭취는 오히려 조금 늘었다가 2012년에는 비만과 성인병의 급증으로 쇠고기 섭취를 자제하는 분위기로 1인 소비량이 다소 줄어들었다.

그러나 돼지고기는 쇠고기의 2배 이상 소비된다. 돼지고기는 1965년 1인당 소비량이 1.9kg이었으나, 1980년에는 6.3kg, 1990년에는 11.8kg, 2000년에는 16.5kg으로 꾸준히 증가하였다. 하지만 2007년부터 2012년까지 1인당 돼지고기 소비량이 약 19kg으로 큰 변화는 없다가 2014년에 21.8kg으로 약간 증가하였다. 돼지고기는 쇠고기에 비해 국내 생산량이 월등히 높고 수입량은 쇠고기보다 적은 편이었다. 그러나 돼지고기의 소비량이 더욱 많아지면서 점차 수입량도 증가되어 2011년에는 국내 생산량의 절반 이상을 수입하게 되었고 그 양은 오히려 수입 쇠고기의 양보다도 많아졌다.

표 11-10 쇠고기, 돼지고기 수급현황

년도	쇠고기			돼지고기		
	생산 (1,000t)	수입 (1,000t)	1인당 소비량(kg)	생산 (1,000t)	수입 (1,000t)	1인당 소비량(kg)
1965	27	–	1	56	–	1.9
1970	37	1.0	1.2	83	–	2.6
1975	70	–	2.0	99	–	2.8
1980	93	6.9	2.6	239	13	6.3
1985	118	4.7	2.9	346	9	8.4
1990	95	85.8	4.1	508	89	11.8
1995	155	146.5	6.7	639	199	14.8
1998	273	107.8	7.4	749	185	15.1
1999	240	192.0	8.4	700	380	16.1
2000	214	261.8	8.5	714	394	16.5
2001	163	310.2	8.1	733	368	16.9
2002	147	310.2	8.5	785	488	17.0
2003	142	348.6	8.1	783	499	17.3
2004	145	232.7	5.8	749	374	17.9
2005	152	192.4	6.6	701	433	17.8
2006	158	207.4	6.8	677	464	18.1
2007	171	237.8	7.6	706	499	19.2
2008	174	173.8	7.5	709	509	19.1
2009	198	197.7	8.1	722	479	19.1
2010	186	186.2	8.8	764	524	19.3
2011	216	216.4	10.2	574	370	18.8
2012	234	254.0	9.7	750	275	19.2
2013	260	257.0	10.3	854	185	20.9
2014	261	280.0	10.8	830	274	21.8
2015	256	297.0	10.9	842	358	23.7

* 2015년은 한국농촌경제연구원 추정치임
자료: 농림축산식품부(2015)

식약처가 2014년 발표한 우리나라의 고기 소비 통계에 의하면 한사람이 먹은 육류(쇠고기 11.6kg, 돼지고기 24.3kg, 닭고기 15.4kg)는 51.3kg으로 2012년 43.7kg에서 2년 사이에 17.4%가 증가하였다. 하지만 2014년 기준 OECD 국가의 1인당 육류소비량 63.5kg(쇠고기 14.0kg, 돼지고기 21.9kg, 닭고기 27.6kg) 보다는 적은 양을 섭취하는 것으로 나타났다. 선진국일수록 전체 육류소비량은 많아지며 품목별로 닭고기, 쇠고의 소비량은 많아지고, 돼지고기의 소비량은 낮아져서 돼지고기 소비가 많은 우리나라와는 다른 결과를 보였다.

1) 쇠고기

쇠고기의 살코기 부위의 단백질 함량은 [표 11-12]에서와 같이, 약 20~21% 정도로, 단백가는 83으로 높은 편이며 아미노산 조성도 비교적 우수한 편이다. 쇠고기에는 필수아미노산인 리신(lysine), 루신(leucine) 등이 많이 들어 있어 쌀밥 위주의 식생활을 할 때 쌀 등 곡류에 부족한 필수아미노산을 보완할 수 있다[표 11-11]. 지방 함량은 부위에 따라 차이가 크고 지방이 적은 사태와 우둔은 약 4~5%, 지방이 많은 갈비는 약 25%이다. 쇠고기 중 영양이 매우 풍부한 부위는 간이다. 간에는 100g당 단백질은 19g이며, 특히 비타민 A는 9472 RAE로 비타민 A 급원식품이다. 니아신의 함량도 다른 고기에 비해 높다.

쇠고기의 연화는 맛과 품질에 매우 중요한 요소이다. 살아 있는 동물의 근육이나 도살 직후의 고기는 연하지만 도살 후 수 시간이 지나면 단단해지는 강직현상이 나타난다. 강직된 고기는 질기고 맛이 없으므로 냉장고에서 일정기간 숙성시키면 서서히 연해지고 맛이 있다. 이와 같은 현상은 숙성과정 중 근육에 존재하는 단백질 분해효소인 카텝신(cathepsin)에 의해 자가분해가 일어나 저분자형태의 펩티드(peptide)나 아미노산이 생성되어 맛과 풍미가 좋아지며 부드러워지기 때문이다. 숙성기간은 온도에 따라 다르나 일반적으로 쇠고기는 4~7℃에서 7~10일, 돼지고기는 1일 정도 숙성시킨다. 특히, 쇠고기는 잘 숙성시킨 고기를 구입해야 부드럽고 맛있다.

쇠고기는 부위에 따라 맛과 질감이 다르므로 조리목적에 적합한 부위를 선택하여 조리하는 것이 중요하다. 즉, 살코기 중 부드러운 부위인 등심, 안심, 채끝살은 구이로, 질긴 부위인 사태, 양지머리 등은 오래 끓이는 국이나 전골, 편육 등으로 쓰인다. 살코기 이외에 쇠머리나 족 등은 콜라겐이 많아 묵처럼 응고되므로 편육을 만들고, 염통, 콩팥, 간, 허파, 양, 천엽은 전, 전골, 볶음으로 쓰이고, 대장, 소장 등도 볶음, 탕으로 쓰인다.

표 11-11 육류의 필수아미노산 함량 (mg/100g 가식부)

필수아미노산	쇠고기	돼지고기	양고기
트립토판(tryptophan)	190	200	216
트레오닌(threonine)	700	700	826
이소루신(isoleucine)	790	770	921
루신(leucine)	1,400	1,300	1,623
리신(lysine)	1,400	1,400	1,856
메티오닌(methionine)	440	440	485
페닐알라닌(phenylalanine)	680	650	823
발린(valine)	850	870	963
아르기닌(arginine)	1,200	1,200	1,233
히스티딘(histidine)	600	570	685

2) 돼지고기

돼지고기는 단백질이 약 17~19%이며, 단백가는 86이다. 지방은 부위에 따라 다르나 쇠고기보다 많다. 비타민 B_1은 당질대사에 중요한 역할을 하는데, 돼지고기에는 100g당 0.6~0.9mg으로 대표적인 비타민 B_1 급원이다.

돼지고기는 살코기의 근섬유가 가늘고 연해서 소화가 잘되며 부드럽다. 돼지고기는 부위별 명칭이 쇠고기와 달리 독특하게 불리는 부위가 있는데 삼겹살, 항정살, 갈매기살 등이다. 삼겹살은 구이·수육·베이컨 가공에 쓰이며 항정살과 갈매기살은 구이에 쓰인다. 앞다리는 장조림·찌개·수육, 뒷다리는 장조림·햄 가공에 쓰인다. 이 밖에 창자는 순대에 쓰이고 간, 허파도 삶아 순대와 곁들여 먹는다. 돼지고기구이는 쇠고기의 조리법과 비슷하지만, 고기가 연하므로 약간 두껍게 썰고, 지방이 많아 양념할 때 참기름을 조금만 넣는다. 쇠고기 양념에는 고기를 부드럽게 하기 위해 배즙을 넣지만 돼지고기는 육질이 부드럽기 때문에 배즙 대신 누린 냄새를 없애주는 생강즙을 넣는다. 돼지고기는 촌충 등의 기생충 감염이 우려되므로 반드시 완전히 익혀 먹어야 한다.

3) 양고기

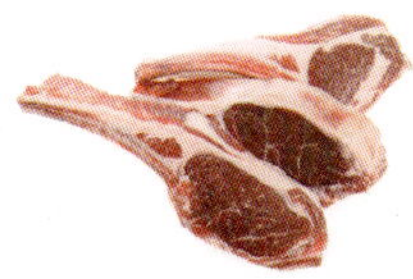

양고기는 섬유가 가늘고 조직이 단단하지 않기 때문에 고기가 연하고 소화가 잘 되며, 맛도 있어 서양 각국에서는 고급식품으로 취급되고 있다. 생후 10개월 미만, 체중 30~35kg 이하의 어린 양고기를 램(lamb)이라 하며, 비육시켜 체중이 45~50kg 되었을 때의 양고기를 머튼(mutton)이라 한다. 어린 양고기는 육질이 섬세하고 연하며 냄새가 거의 없어 생산과 소비가 늘어나고 있는 반면, 머튼은 특이한 냄새가 있어 우리나라에서는 생육보다는 일부 가공육으로 이용하고 있다.

표 11-12 육류의 일반 성분 (가식부 100g)

식품명		열량 (kcal)	수분 (%)	단백질 (g)	지질 (g)	탄수화물		무기질			비타민				
						당질 (g)	섬유 (g)	Ca (mg)	P (mg)	Fe (mg)	A (RAE)	B_1 (mg)	B_2 (mg)	니아신 (mg)	C (mg)
쇠고기	등심	378	48.6	15.9	31.7	3.0	0	7	130	0.3	tr	0.07	0.16	1.0	0
	안심	148	71.6	20.8	6.3	0.2	0	23	175	4.7	12	0.08	0.25	5.2	0
	사태	130	74.1	20.2	4.7	0.1	0	3	156	2.1	12	0.04	0.14	1.4	0
	양지	214	63.1	19.1	12.2	4.6	0	8	167	2.9	tr	0.13	0.28	1.4	0
	간	132	72.8	19.0	4.6	2.2	0	6	228	8.0	9472	0.27	2.23	14.7	20
	곱창	145	79.2	9.0	11.3	0.1	0	12	97	2.1	15	0.05	0.11	1.4	0
	갈비	307	56.4	16.5	24.4	1.9	0	9	110	3.0	0	0.03	0.27	0.9	0
돼지고기	등심	155	66.7	22.2	3.8	6.2	0	9	225	0.8	6	1.00	0.29	2.0	0
	안심	186	70.8	14.1	13.2	1.4	0	2	227	1.6	2	0.91	0.18	4.1	0
	삼겹살	348	48.9	15.8	26.4	8.0	0	10	164	1.0	0	0.58	0.27	1.3	0
	간	125	73.4	18.7	3.9	2.6	0	16	327	18.2	10119	0.25	2.59	11.8	13
양고기		144	74.4	16.4	8.0	1.2	0	7	210	2.0	0	0.15	0.20	5.0	0

(2) 가금류

가금류(poultry)는 닭, 오리, 칠면조, 거위, 메추리, 꿩, 비둘기 등이 있으며 우리나라에서는 닭고기, 중국에서는 오리고기, 미국에서는 칠면조를 가장 많이 식용한다. 우리나라의 닭고기 연간 1인당 소비량은 1970년에는 1.4kg이었으나 1980년 2.4kg, 1990년 4kg, 2000년 6.0kg, 2010년 10.7kg으로 1970년에 비해 무려 10배 이상 증가하였다. 그러나 2011년 11.4kg, 2012년 11.6kg, 2013년에는 11.5kg으로 소폭 증가하였다(자료: 축산정책관 축산경영과, 2013년).

1) 닭

닭고기의 단백질 함량은 18~19%이며, 지질은 4~15%로 주로 껍질에 많이 들어 있다. 닭고기에는 비타민 A가 쇠고기, 돼지고기에 비해 약 5배 이상 많이 들어 있다. 닭가슴살은 흰색으로, 껍질을 제거한 살코기에는 단백질은 많고 지방이 적어 저칼로리 고단백식품이다. 가슴살은 근섬유가 연하여 부드럽고 맛이 담백하여 냉채나 샐러드에 많이 쓰인다. 다리살은 운동량이 많아 근섬유가 적당히 발달되어 쫄깃한 질감이 있어 선호하는 부위이다. 닭다리는 튀김, 조림 등에 사용되며, 날개는 살은 적으나 지방이 많고 고소한 맛이 있어 튀김 등에 쓰인다.

2) 오리

오리의 단백질은 16%이며 지질은 28%로 함량이 높으나 불포화지방산을 많이 함유하고 있어 성인병 예방에 좋다고 하여 최근 인기를 얻고 있다. 오리는 성장 속도에 따라 구분하는데, 8주 미만을 브로일러(broiler duckling) 또는 프라이어(fryer duckling)라 하며, 16주 미만을 로스터(roaster duckling), 6개월 이상 성숙된 것을 덕(duck)이라 한다.

오리는 닭보다 성장이 빠르고, 성상은 닭고기와 비슷하나 정육은 붉은빛이 선명하다. 단백질이 풍부하고 지방은 적은 편으로 부드럽고 풍미가 있으며, 특히 비타민 B_1과 B_2의 함량이 많다.

표 11-13 가금류의 성분 (가식부 100g)

식품명		열량 (kcal)	수분 (%)	단백질 (g)	지질 (g)	탄수화물		무기질			비타민				
						당질 (g)	섬유 (g)	Ca (mg)	P (mg)	Fe (mg)	A (RAE)	B_1 (mg)	B_2 (mg)	니아신 (mg)	C (mg)
닭고기	가슴살	208	66.9	18.8	13.6	0.1	0	10	108	0.8	48	0.14	0.32	2.0	0
	날개살	218	66.0	17.5	15.2	0.2	0	9	107	1.1	36	0.12	0.33	1.4	0
	다리	126	74.5	18.2	4.3	2.2	0	7	133	0.8	45	0.08	0.16	1.4	0
오리고기		328	55.3	16.0	27.6	0.1	0	15	180	1.7	6	0.21	0.31	3.9	2
칠면조고기		120	74.2	21.8	2.9	0	-	14	195	1.5	-	0.07	0.17	4.5	0

(3) 어패류

우리나라는 삼면이 바다로 둘러싸여 있고 강이 많아 바다생선, 민물고기, 조개류 등이 다양하여 오늘날까지 한국인의 주요 단백질 급원식품이다. 2007년도 식품 수급표에 의하면, 어패류의 전체 공급량은 국민 1인당 111.3kg, 이 중 어류는 74.9g, 패류는 36.4g이었다. 어패류 공급은 1970년부터 차차 증가하였으나 1985년부터는 별다른 변화가 없었다. 최근 2011년 일본 후쿠시마 원전 사고 이후부터 2014년까지 동해안과 일본연안에서 주로 잡히는 동태, 대구, 꽁치 등 수산물의 소비가 정체되고 있다. 국립수산과학원은 우리나라 연근해에서 잡히는 조기, 가자미, 병어, 대구, 문어, 오징어, 굴 등에서 방사선 물질인 세슘, 요오드가 검출되지 않았으므로 안심하고 먹을 것을 밝힌 바 있다.

1) 명태

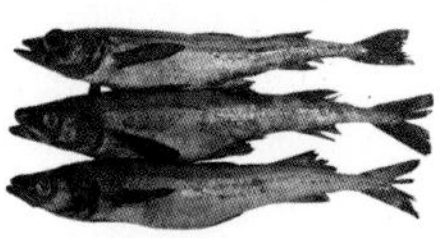

명태(alaska pollack)는 우리나라에서 가장 많이 잡히는 생선이었으나 최근에는 해수의 온난화 현상으로 거의 잡히지 않으며 북태평양 등 원양에서 잡은 것이 대부분이다. 명태는 한류성 어종으로 오랜 세월 즐겨 먹어 온 생선이다. 국이나 찌개뿐만 아니라 전, 구이 등에 쓰이고 알은 명란젓, 내장은 창난젓, 아가미는 아가미젓갈을 담가 먹는다. 명태는 생것을 생태, 말린 것을 북어, 동결 건조시킨 황태, 반건조시킨 코다리로 사용된다. 단백질은 약 20%로 많이 포함되어 있고 지질이 매우 적어 담백한 맛을 준다. 메티오닌이 많아 간을 보호해주며 리신과 트립토판도 많이 들어 있다. 명태를 가열, 조리하면 티오프롤린(thioproline) 등의 아미노산이 생성되는데, 체내의 발암 물질의 생성을 억제하는 효과가 있다.

2) 조기

조기(yellow tailrunner)는 민어과에 속하는 해수어로, 한자음으로는 석수어(石首漁)라고 한다. 조기라고 하면 참조기를 뜻하며, 보굴치, 부서, 백조기 등 종류가 많다. 단백질 함량은 약 18~20%이며 지방 함량은 1% 미만으로 담백한 맛을 지닌 생선이다. 1690년대 이래의 남획으로 조기잡이가 쇠퇴했다. 그러나 지금도 조기는 제사상에 반드시 올리는 생선으로 비싼 값에 팔리고 있다. 수산통계에 의하면 조기는 한국인이 가장 선호하는 생선 중 하나이다.

3) 대구

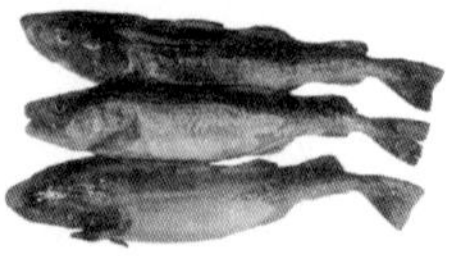

대구(cod)는 입이 커서 대구(大口)라고 하는데, 1950년대까지는 진해만 일부와 남해에서 잡혔다. 대구의 단백질은 17~18%이며 지질은 1% 미만으로 매우 적게 들어 있다. 대구의 간장은 지질과 비타민 A를 많이 함유하고 있어 간유의 원료로 쓰인다. 대구는 겨울에 가장 맛이 좋아 명태보다 기호도가 높다.

4) 갈치

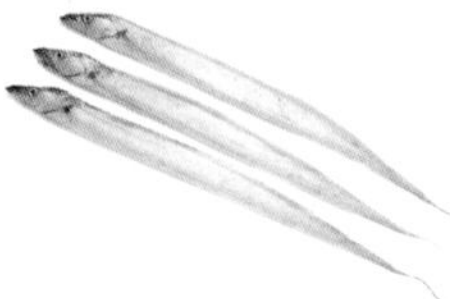

갈치(hairtail)는 갈치과에 속하며 우리나라 서남해에서 많이 나는 주요 어종이다. 갈치는 단백질 17~18%, 지질은 7~8%로 많지만 맛의 변화가 거의 없고 살이 희고 부드러우며 담백하다. 체표면을 덮고 있는 은색 가루는 모조 진주의 원료로 쓰이며 겉 비늘은 화장품의 원료로 이용되기도 한다.

5) 고등어

고등어(mackerel)는 고등어과에 속하며 우리나라, 일본, 중국 등의 연해에 분포되어 있고 비교적 많이 잡히는 생선이다. 고등어는 값싸고 등푸른 생선으로, 고등어라는 이름은 등이 둥글다는 데서 나왔다. 고등어는 지방 함량이 15% 정도로 많아 비린내가 심해서 싫어하는 사람도 많지만 고등어의 지방은 뇌졸중이나 동맥경화 예방에 좋은 DHA(100g당 1,780mg), EPA(100g당 1,210mg)가 풍부하다. 또한 항산화 물질인 비타민 E도 1.8mg으로 많이 들어 있다. 여름철 산란을 마친 고등어는 겨울철로 들어가기 전까지 먹이를 많이 먹어 제철인 가을에는 지방 함량이 20%가 넘어 가장 맛있다. 고등어의 살에는 히스티딘이 많아서 선도가 떨어지면 히스타민으로 변화되고, 알러지성 식중독의 원인이 되기도 하며 내장은 자가소화 효소의 활성이 강해 선도가 빨리 떨어지므로 보관할 때 내장은 반드시 제거해야 한다. 고등어는 통조림, 간유로 가공하며 창자는 젓갈로 이용하기도 한다.

6) 삼치

삼치(chub mackerel)는 고등어과에 속하며 우리나라, 일본, 중국, 호주 등의 북동해에 분포되어 있다. 삼치는 단백질 18~19%, 지질 6%로 살이 희고 부드러우며 맛이 담백하고 특이한 냄새가 없어서 고급어로 취급된다. 겨울에 가장 맛있으며 난소는 소금에 절여 젓갈로 이용된다.

7) 꽁치

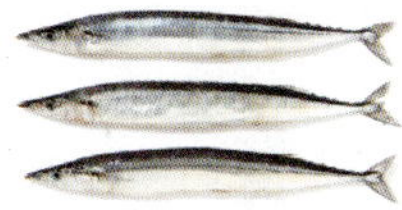

꽁치(pacific saury)는 꽁치과에 속하고 몸길이가 25~30cm로 가늘고 길며, 아랫입술이 암컷은 올리브색, 수컷은 오렌지색을 띤다. 꽁치는 어획시기에 따라 지방 함유량에 차이가 있는데, 가장 맛있는 시기는 지방 함량이 20%인 10월이며 산란이 끝난 12월에는 지방 함량이 적어 맛이 없다. 꽁치는 DHA와 비타민 E가 풍부하며 생선회, 소금구이, 조림, 튀김, 통조림, 말린 생선 등으로 가공되거나 참치 잡이의 먹이로도 이용된다.

8) 연어

연어(salmon)는 연어과의 한대성 회유어로 민물에서 산란하고 바다에서 성장한다. 산란기(9~11월)에는 태어난 하천으로 올라가 약 3천 개의 알을 낳는다. 우리나라 동해, 일본, 오호츠크해, 북아메리카 서부 등에 분포하며 몸길이는 70cm로 비교적 가늘고 긴 원통형으로 등은 남회색, 배는 은백색을 띠는데 산란기에는 적자색의 붉은 반점이 나타난다. 연어의 살색은 홍색으로 지용성의 카로티노이드의 일종인 아스타잔틴이다. 이 색소는 가열하여도 변화되지 않는다. 연어의 살은 흰살 생선에 비해 지방이 많고 비타민 A, D, B_1, B_2 등이 풍부하다.

9) 문어

문어(octopus)는 문어과에 속하며 길이가 보통 60cm 정도지만, 몸길이 3m에 무게가 30kg인 대형도 있다. 지질, 당질은 적고 단백질은 15~16%, 지방은 1% 미만이다. 타우린이 풍부하여 독특한 맛을 내며 혈압을 낮추고 조절하는 기능이 있다. 말린 문어 껍질에서 볼 수 있는 흰 가루는 타우린이다. 문어의 베타인은 감칠맛을 낸다. 지방산 중에는 EPA와 DHA가 풍부하다. 콜레스테롤이 많이 들어있지만 혈관계 질환의 예방에 좋은 HDL-콜레스테롤이 많아 LDL-콜레스테롤을 낮추는 효과가 있다.

문어는 살이 부드럽고 수분이 많으며 초절임이나 가공용으로 이용되고, 초밥 재료, 찌개나 볶음, 회, 훈제 등으로 이용된다.

10) 오징어

오징어(squids)는 오징어과에 속하며 몸은 머리, 몸통, 다리의 세 부분으로 나누고 10개의 팔다리를 가지고 있다. 오징어는 수분 함량이 많고 단백질은 20%로 풍부하며 지질, 무기질 등의 함량은 적다. 콜레스테롤이 100g당 180mg이 들어 있어 사람들이 기피했으나 최근에는 어패류에 함유된 콜레스테롤이 육류와는 달리 성인병과 무관하다는 사실이 밝혀지면서 인기가 높다.

오징어는 타우린 함량이 327~854mg%로 일반 어류에 비해 2~3배 높고 육류보다 25~66배 많이 함유되어 있다. 또한 몸의 세포 활동을 조절하는 핵산이 540mg%, 강력한 항산화 작용과 면역기능을 하는 셀레늄은 살코기에 28㎍%, 간장에 133㎍%가 들어 있다. 오징어의 감미와 감칠맛은 글리신, 알라닌, 히스티딘, 프롤린 등이다. 오징어는 회, 튀김, 젓갈, 마른 오징어, 훈제품, 통조림 등으로 이용된다.

11) 낙지

낙지(poulp squid)는 문어과에 속하는 두족류로 몸길이는 약 70cm이고 특히 팔이 길다. 8개의 팔은 머리에 붙어 있고 1~2열의 흡반이 있다. 낙지는 단백질이 11~12% 함유되어 있고 지질은 1% 미만으로 낮으며, 부드럽고 담백한 맛이 있다. 낙지의 손질은 굵은 소금을 뿌려 주무르면 흡반의 불순물이 쉽게 제거되며 미끈거리지도 않는다. 낙지회, 초밥 재료, 볶음, 매운탕, 산적, 전골, 젓갈 등으로 다양하게 이용된다.

12) 게

게(crab)는 절지동물에 속하는 갑각류의 총칭으로 가장 진화된 동물이다. 게류는 전 세계에 4,500여 종이 있으며 우리나라에는 183종이 있는데 꽃게와 털게가 가장 많고 그 외에 영덕게, 밤게, 바닷게, 참게, 민물게 등이 있다. 게는 단백질이 14~15%이며 지질 함량은 낮다. 칼슘, 인, 철분 등의 무기질이 풍부하며, 비타민 중 니아신이 많이 들어 있다. 효소 등의 작용에 의한 자가소화와 부패가 빨라 식중독을 일으키기 쉬우므로 신선한 것을 먹어야 한다.

13) 새우

새우(shrimp)는 절지동물에 속하는 갑각류로 머리, 배, 꼬리의 세 부분으로 이루어져 있고 수염과 꼬리가 긴 것이 특징이다. 새우는 단백질이 18~19%로 많은 편이며, 지질은 적게 들어 있다. 늦가을에서부터 겨울철에 유리아미노산인 글리신의 함량이 최고에 달해 가장 맛이 좋다. 새우의 지질은 고도불포화지방산이 다량 함유되어 있으며 타우린도 들어 있어 혈중 콜레스테롤을 내려주며 심장병과 피로회복에 좋다. 새우는 구이, 튀김, 찜, 냉채 등 조리에 다양하게 이용된다. 새우는 젓갈로도 쓰이는데 5월에 담근 것은 오젓, 6월에 담근 것은 육젓, 가을에 담근 것을 추젓이라 하며 김장용으로는 육젓이 가장 맛있고 좋다.

14) 굴

굴(oyster)은 세계적으로 널리 분포하며 우리나라의 서해 연안, 일본, 대만 근해의 굴이 유명하다. 굴은 5~8월은 산란기로 글리코겐 함량과 기타 영양소도 감소할 뿐 아니라 생식소의 성숙으로 미로토신이라는 독소가 있어 영국 속설에도 '달 이름에 r자가 없는 5~8월에는 굴을 먹지 말라' 는 얘기가 있다.

굴은 서구인들이 유일하게 날 것으로 먹는 수산 식품으로 각종 영양소가 발견되기 이전에는 '바다의 우유' 라고 불릴 만큼 중요한 몫을 차지하였다. 굴에는 흡수가 좋은 유기물이 다량 함유되어 있고, 타우린도 많아서 혈장 중의 콜레스테롤을 내리거나 혈압 저하 작용도 한다. 철분, 구리가 있어 빈혈에 좋고 칼슘과 인도 많이 들어 있다. 비타민 A, B_1, B_2 등이 풍부하고 소화도 잘 된다.

15) 전복

전복(ear shell, abalone)은 전복과에 속하며 우리나라 전 연안에 분포되어 있으며 껍질은 약 10cm 이상으로 크고 울퉁불퉁하며 물결무늬가 있다. 우리나라 전복의 종류는 까막전복, 말전복, 오분자기 등이 있다. 11월경이 산란기이므로 산란기 이전인 여름~가을이 맛이 좋은 시기이다.

단백질 함량은 15%이며 루신, 글루탐산, 아르기닌 등의 아미노산과 숙신산이 많이 있어서 독특한 맛을 낸다. 콜라겐 등의 경단백질이 많아서 살이 단단하다. 지질 함량은 낮으며 콜레스테롤은 가식부에 70~100mg 함유되어 있다. 전복은 횟감, 초밥재료, 전복죽 등으로 이용하며 말려서 이용하기도 한다.

표 11-14 어패류의 성분 (가식부 100g)

식품명	열량 (kcal)	수분 (%)	단백질 (g)	지질 (g)	탄수화물		무기질			비타민				
					당질 (g)	섬유 (g)	Ca (mg)	P (mg)	Fe (mg)	A (RAE)	B_1 (mg)	B_2 (mg)	니아신 (mg)	C (mg)
명태	80	80.3	17.5	0.7	–	0	109	202	1.5	17	0.04	0.13	2.3	–
조기	169	70.2	15.8	9.5	3.1	0	175	233	0.5	177	0.14	0.10	0.6	0
대구	86	78.6	19.5	0.3	0.3	0	35	193	0.4	23	0.12	0.16	2.4	1
갈치	149	72.7	18.5	7.5	0.1	0	46	191	1.0	20	0.13	0.11	2.3	1
고등어	183	68.1	20.2	10.4	0	0	26	232	1.6	23	0.18	0.46	8.2	1
삼치	108	73.9	19.0	2.7	0.6	0	9	293	0.5	9	0.08	0.29	8.9	1
꽁치	142	70.9	22.7	4.7	0.4	0	42	241	1.7	21	0.02	0.28	6.4	1
연어	106	75.8	20.6	1.9	0.2	0	24	243	1.1	18	0.19	0.15	7.5	1
문어	74	81.5	15.5	0.8	0.2	0	31	188	1.0	–	0.03	0.12	2.2	–
오징어	95	77.5	19.5	1.3	0	0	25	273	0.5	2	0.05	0.08	2.5	–
낙지	55	86.6	11.5	0.6	0.1	0	15	149	0.5	0	0.04	0.05	1.5	0
게(꽃게)	74	81.4	13.7	0.8	2.0	0	118	182	3.0	–	0.04	0.07	2.6	–
새우(대하)	82	80.0	18.1	0.6	0.1	0	74	210	1.4	–	0.02	0.06	1.9	1
굴	88	80.4	10.5	2.4	5.1	0	84	150	3.8	21	0.20	0.28	4.5	3
전복	91	77.2	15.0	0.7	5.1	0	49	141	2.4	–	0.26	0.25	3.5	2

(4) 달걀

달걀은 양질의 단백질을 많이 함유하고 있을 뿐 아니라 여러 종류의 무기질과 비타민 함량도 높다. 달걀의 구조는 껍질, 흰자위, 노른자위, 껍질막으로 되어 있으며 그 비율은 껍질막이 10~20%, 흰자위 45~64%, 노른자위 26~36%이다. 작은 달걀일수록 노른자위의 비율이 크다. 껍질 표면에는 큐티클(cuticle)막으로 싸여있어 거칠고, 수분의 증발과 외부 세균의 침입을 방지해준다. 달걀을 보관할 때 물로 씻으면 큐티클이 벗겨져 미생물이 내부로 침투할 수 있다. 사료 중에 칼슘이 부족하면 껍질이 얇고 약하다.

달걀껍질의 색은 백색과 담갈색 두 종류가 있으며, 달걀의 품질과는 관계없이 닭의 품종에 따라 달라진다. 껍질 안쪽은 내막과 외막으로 되어 있으며 두 개의 막 사이에 있는 기실은 산란 직후에는 발견할 수 없으나 오래되면 수분이 증발하여 내용물이 수축되므로 기실이 점점 커진다.

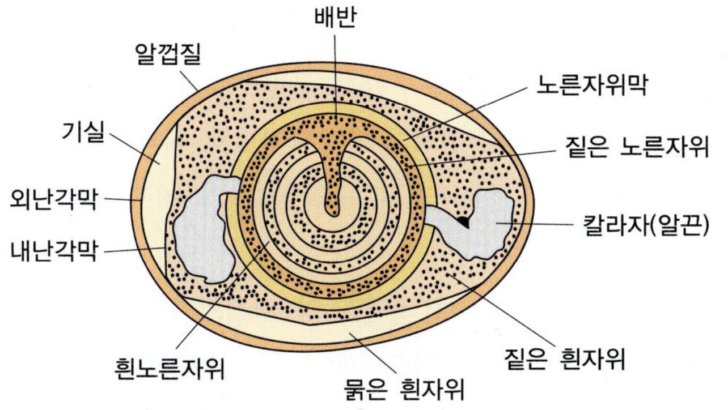

[그림 11-10] **달걀의 구조**

1) 단백질

달걀의 단백질은 13% 정도 들어 있으나 노른자위와 흰자위의 단백질은 그 성질 및 함량이 매우 다르다.

① 난백단백질

난백은 수분이 88% 정도 들어 있고 단백질은 10~11%이다. 난백단백질의 종류와 성질은 [표 11-15]과 같다.

표 11-15 난백단백질의 종류와 성질 (가식부 100g)

난백단백질	함량(%)	성질
오브알부민(ovalbumin)	54	난백 주요 단백질 인단백질이며 열에 쉽게 응고
콘알부민(conalbumin)	12~13	당단백질이며, 열에 불안정 철, 구리 등 금속이온과 결합 시 열 안정성 증가
오보뮤코이드(ovomucoid)	11	당단백질로 열에 의한 응고성 없음 트립신 저해제
오보글로불린(ovoglobulin)	8~8.9	기포성이 큼
라이소자임(lysozyme)	34	특정세균에 용균 작용
오보뮤신(ovomucin)	2~3	라이소자임과 상호 작용 농후단백질 유지
아비딘(avidin)	0.05	비오틴과 결합하여 흡수방해

② 난황단백질

달걀의 영양소는 난황이 가장 큰 부분을 차지하고 있다. 달걀의 아미노산 조성은 필수아미노산을 모두 가지고 있어서 영양학적으로 매우 우수한 식품이다. 난황단백질은 주로 지단백이다. 리포비텔린(lipovitellin)과 리포비텔리닌(lipovitellenin)이 중요하다.

리포비텔린은 43~44%를 차지하며 17%의 지질과 1%의 인을 함유하고 있는 인단백질인 동시에 지단백질이다. 리포비텔리닌은 30~31%이며 인단백질이다. 이 밖에 포스비틴(phosvitin) 10% 및 리베틴(livetin) 14~15% 들어 있다.

2) 지질

흰자위에는 거의 없고(0.05~0.1%), 노른자위에 33% 들어 있다. 노른자위의 지질은 인지질을 다량으로 함유하며 그 조성은 레시틴이 58%, 세팔린 42%이다. 노른자위의 유화성은 주로 레시틴에 의한다. 구성지방산은 올레산(oleic acid, 40%), 스테아르산(stearic acid, 7%) 등으로 산화되기가 매우 쉽다. 스테로이드는 주로 콜레스테롤이다.

3) 무기질 및 비타민

난백에는 0.6~0.8%, 난황에는 1.1~2.0%의 무기질이 들어 있다. 노른자위는 인산이 무기질 중 65%를 차지하고, 그 다음으로 칼슘이 13%이다. 노른자위에는 철이 많이 함유되어 있고, 황화수소와 결합하면 황화철을 만들어 녹색으로 변한다.

난백에는 비타민 B_1, B_2, 니아신, 판토텐산 등이 소량 들어 있고 비타민 A, D, E 등의 지용성 비타민류는 없다. 노른자위에는 각종 비타민이 풍부하게 들어 있고, 특히 비타민 A 함량이 높다.

4) 색소, 맛, 향기

노른자위의 황색은 주로 루테인과 지아잔틴에 의하고 크립토잔틴과 베타카로틴이 소량 들어 있으며, 흰자위의 미황색은 플라빈의 존재에 의한다. 달걀은 냄새가 별로 없으나, 삶았을 때는 함황아미노산의 분해로 생성된 황화수소의 냄새를 낸다. 오래된 달걀은 알칼리성으로 변화하여 유황이 방출되기 쉽다.

5) 달걀의 품질 평가

① 달걀의 외부품질 검사

가. 크기

달걀의 중량에 따라 왕란 68g 이상, 특란 61~67g, 대란 52~59g, 중란 44~51g, 소란 44g 미만으로 분류한다.

나. 비중

신선한 달걀의 비중은 1.08~1.09인데, 오래 경과 되면 수분이 증발되어 비중이 가벼워진다. 신선한 달걀은 10% 식염수에 가라앉는다.

다. 달걀 껍질

달걀 껍질의 광택, 모양, 균열의 유무 등에 의해 분류한다. 신선한 달걀은 내부를 보호하기 위해 껍질 표면이 까칠까칠하지만 저장기간이 경과할수록 큐티클층이 떨어져서 표면이 반들반들해진다. 껍질에 균열이 생기면 외부로부터 세균침입 등으로 쉽게 상한다.

② 달걀의 내부 품질검사

가. 투시검사법

투광기를 사용하여 기실의 크기, 난황과 난백의 상태를 검사하는 방법이다

나. 할란검사

달걀을 깨서 수평한 유리판 위에 놓고 검사하는 방법이다.

㉠ 난백계수(albumin index)

달걀을 깨뜨린 후 난백을 평평한 유리판 위에 놓았을 때 난백의 최대높이(h)를 난백의 지름(w)으로 나눈 값(h/w)을 난백계수라고 한다. 신선란의 난백계수는 0.14~0.17 정도로 오래된 달걀일수록 난백계수가 작아진다.

$$\text{난백계수} = \frac{\text{난백의 높이}}{\text{난백의 지름}}$$

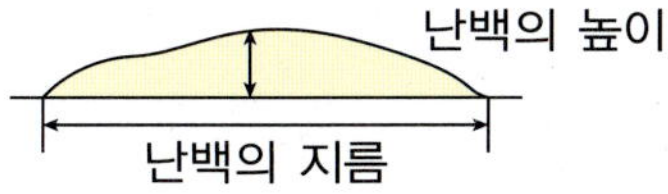

Ⓛ 난황계수(yolk index)

난황의 최대높이(h)를 난황의 지름(w)으로 나눈 값(h/w)을 난황계수 라고 한다. 신선란의 난황계수는 0.36~0.44이다. 난황계수가 0.25 이하의 것은 할란할 때 난황막이 파열된다.

$$\text{난황계수} = \frac{\text{난황의 높이}}{\text{난황의 지름}}$$

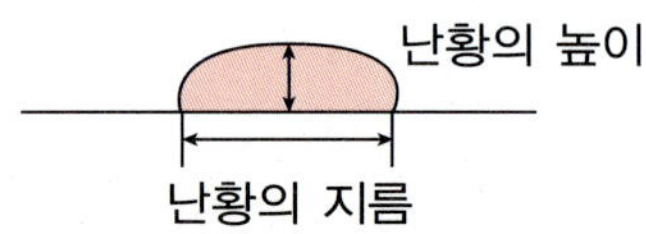

Ⓒ 호우(Haugh)단위

달걀흰자의 질을 측정하기 위한 가장 보편적인 방법이다. 달걀 무게(w)에 대한 농후난백의 높이(h)를 측정하는 것으로 달걀흰자의 질이 떨어질수록 호우단위는 줄어들게 된다. 신선한 달걀의 호우단위(HU)는 86~90이다.

$$HU=100\log(H-1.7W^{0.37}+7.6)$$

무게(w): g, 높이(h): mm

표 11-16 달걀의 성분표 (가식부 100g)

식품명	열량 (kcal)	수분 (%)	단백질 (g)	지질 (g)	탄수화물		무기질			비타민				
					당질 (g)	섬유 (g)	Ca (mg)	P (mg)	Fe (mg)	A (RAE)	B_1 (mg)	B_2 (mg)	니아신 (mg)	C (mg)
달걀	138	76.2	11.8	8.2	2.8	0	43	162	1.4	159	0.05	0.28	0.6	0
노른자위 (달걀의 36%)	353	51.4	15.3	29.8	1.8	0	139	530	5.4	463	0.22	0.44	0.1	0
흰자위 (달걀의 64%)	49	87.8	9.8	0	1.8	0	3	13	0.3	0	0.02	0.44	0.6	0

(5) 우유

우유는 양질의 단백질과 칼슘의 공급원이다. 우리나라의 식생활은 주식이 곡류이므로 전체 열량 중 당질이 차지하는 비중이 크므로 곡류에 부족한 칼슘 급원식품인 우유는 매우 중요한 식품이다.

우리나라는 우유생산이 부진하였으나 국민소득의 증가 및 영양지식의 향상으로 우유의 필요성이 인식되면서 수요량과 생산량이 크게 증가하였다. 우유의 연간 1인 공급량은 1980년에 12.8kg이었던 것이 1985년에 23.8kg으로 약 2배 이상 증가하였고 1990년 43.8kg, 1995년에는 47.5kg, 2000년 59.6kg, 2005년 62.9kg, 2010년 64.2kg으로 꾸준히 증가하였다. 2013년에는 71.3kg으로 1980년에 비하여 무려 5배 이상 섭취량이 많아졌다(자료: 농림축산식품부, 2014년).

표 11-17 우유의 성분표 (가식부 100g)

식품명	열량 (kcal)	수분 (%)	단백질 (g)	지질 (g)	탄수화물		무기질			비타민				
					당질 (g)	섬유 (g)	Ca (mg)	P (mg)	Fe (mg)	A (RAE)	B_1 (mg)	B_2 (mg)	니아신 (mg)	C (mg)
우유	61	88.4	2.8	3.3	5	0	91	83	0	0	0	0	0	0
무지방	33	91.1	3.4	0.1	4.7	0	100	95	0	0	0	0	0	0
저지방	36	91.3	2.9	0.6	4.6	0	105	95	0	0	0	0	0	0
고지방	73	86.3	3.5	4.2	5.2	0	110	100	0	0	0	0	0	0
고칼슘	53	87.5	3.1	1.3	7.3	0	300	74	0	0	0	0	0	0

1) 우유의 성분

① 단백질

우유단백질은 모든 필수아미노산을 균형 있게 가지고 있는 우수한 단백질이다. 우유단백질은 pH 4.6에서 침전하는 카제인(약 76~86%)과 침전되지 않는 유청단백질(14~24%)로 나누어진다.

가. 카제인

카제인은 인단백질로 α-카제인, β-카제인, κ-카제인, γ-카제인으로 구성되어 있다. α-카제인은 전체 카제인단백질의 50% 정도를 차지하고 β-카제인은 30%, κ-카제인은 15% 인 것에 비하여 γ-카제인은 3.5% 정도를 차지한다.

카제인은 산이나 레닌(rennin)에 의해서 응고한다. 우유에 산을 넣어 카제인의 등전점인 pH 4.6에서 침전시키면 카제인은 칼슘과 인을 함유하지 않는다. 레닌 작용으로 얻어진 카제인은 파라카제인(paracasein)이며 칼슘과 인을 함유한다.

레닌에 의하여 응고된 젤은 산으로 응고된 것과 달리 단단하고 질기지만 칼슘은 더 많이 함유하고 있다.

우유단백질의 필수아미노산 조성은 메티오닌이 약간 부족하지만 그 외에는 상당히 우수하며, 특히 곡류에 부족한 리신이 풍부하게 함유되어 있다.

표 11-18 우유단백질의 필수아미노산 조성 (단위: %)

아미노산	casein	lactoalbumin	lactoglobulin	전단백질
이소루신(isoleucine)	7.5	7.5	6.1	6.5
루신(leucine)	10.0	12.1	16.1	10.1
리신(lysine)	8.5	10.5	11.4	7.9
메티오닌(methionine)	3.5	2.6	3.4	3.3
페닐알라닌(phenylalanine)	6.3	5.0	4.5	5.0
트레오닌(threonine)	4.5	6.0	6.0	4.7
트립토판(tryptophan)	1.3	2.5	2.0	1.4
발린(valine)	7.7	6.6	6.2	7.0

나. 유청단백질

탈지유에서 카제인이 제거되고 남은 용액을 유청이라 하며, 유청에 용해되어 있는 단백질을 유청단백질이라고 한다. 우유단백질의 20% 정도로 β-락토글로불린, α-락토알부민, 혈청알부민, 프로테오즈 및 펩톤 등이다.

β-락토글로불린은 유청단백질의 주성분이며 보통 유청단백질의 약 절반을 차지하고 있으나 초유에는 그 함량이 많아서 85~90%를 차지한다. 면역체의 담체로도 중요하며 면역단백(immunoglobulin)이라 부르기도 한다. α-락토알부민도 유청단백질의 약 절반을 차지하는 주성분이다. 우유 중의 유청단백질은 열에 의하여 쉽게 응고된다. 우유는 65.6℃ 전후의 온도에서 응고되므로 가열하면 락토알부민과 락토글로불린이 열에 의하여 변성 즉, 응고되어 끓이는 그릇 바닥에 침전한다.

② 지질

우유 중 지질의 대부분은 0.1~22.0μ 크기의 지방구를 형성하여 우유 중에 유탁액으로 분산되어 있다. 우유의 지질은 98~99%가 중성지방이고, 미량의 인지질(0.2~1.0%)과 콜레스테롤(0.2~0.4%) 등이 함유되어 있다. 구성지방산은 주로 올레산, 팔미트산, 스테아르산이다. 우유지방은 분자량이 적은 휘발성 저급지방산을 많이 가지고 있는 것이 특징이며, 특히 뷰티르산을 함유하고 있어서 우유나 유제품이 변패하면 가수분해 되어 특유한 자극취를 발생한다. 인지질은 주로 레시틴과 세팔린이며 지방구의 표면에 싸여서 지방구 피막을 형성한다. 인지질에는 불포화도가 높은 지방산이 들어 있어서 우유를 가공할 때 산패를 일으켜 품질을 떨어뜨리는 원인이 되는 경우가 많다.

③ 탄수화물

우유 속의 당질은 유당이며 우유에는 4~6% 들어 있다. 유당은 칼로리원이 되는 동시에 장내 젖산균의 번식을 왕성하게 하여 유해균의 번식을 억제하는 효과가 있고 생성된 유산은 칼슘의 흡수를 촉진한다. 또한 비타민 B의 합성이 촉진되며, 무기질의 흡수도 좋아진다.

④ 무기질, 비타민

우유 중의 무기질로는 주로 칼륨, 나트륨, 칼슘, 마그네슘, 염소, 인, 황 등이 있으며 그 밖에 미량의 아연, 철, 구리, 알루미늄, 코발트, 망간, 규소, 불소, 요오드 등도 함유되어 있다. 이 중 철과 구리가 적게 함유되어 있어 우유만을 먹는 유아는 빈혈을 일으키기 쉽다.

우유는 비타민 A, B_1, B_2, C, B_6 및 니아신 등 동물의 영양에 필요한 비타민을 거의 모두 함유하고 있으나, 비타민 C는 함량이 일정하지 않고, 파괴되기 쉬우며 비타민 D는 필요량에 비하여 대단히 적게 들어있다. 비타민 A는 카로틴의 형태로 들어 있으며, 비타민 D는 프로비타민인 에르고스테롤 및 7-디하이드로콜레스테롤의 형태로 들어 있다.

2) 우유의 가열 살균법

① 저온살균법(low termperature long time pasteurization, LTLT)
60~65℃, 30분간 살균 처리하는 방법이다.

② 고온단시간 살균법(high temperature short time method, HTST)
72~75℃, 15초간 살균 처리하는 방법이다.

③ 초고온살균법(ultra-high temperature heating method, UHT)
130~135℃, 1~2초간 초고온 살균 처리하는 방법이다.

④ 초음파살균법(super sonic pasteurization)
100~200만 cycle의 초음파 작용에 의해 살균 처리하는 방법이다.

⑤ 자외선살균법(ultraviolet light treatment)
2537Å에서 살균처리 하는 것으로 독일에서 개발한 방법이다.

⑥ 적외선살균법(infrared ray treatment)
적외선 조사로 살균처리하는 방법으로 프랑스에서 개발한 방법이다.

3) 우유의 가공

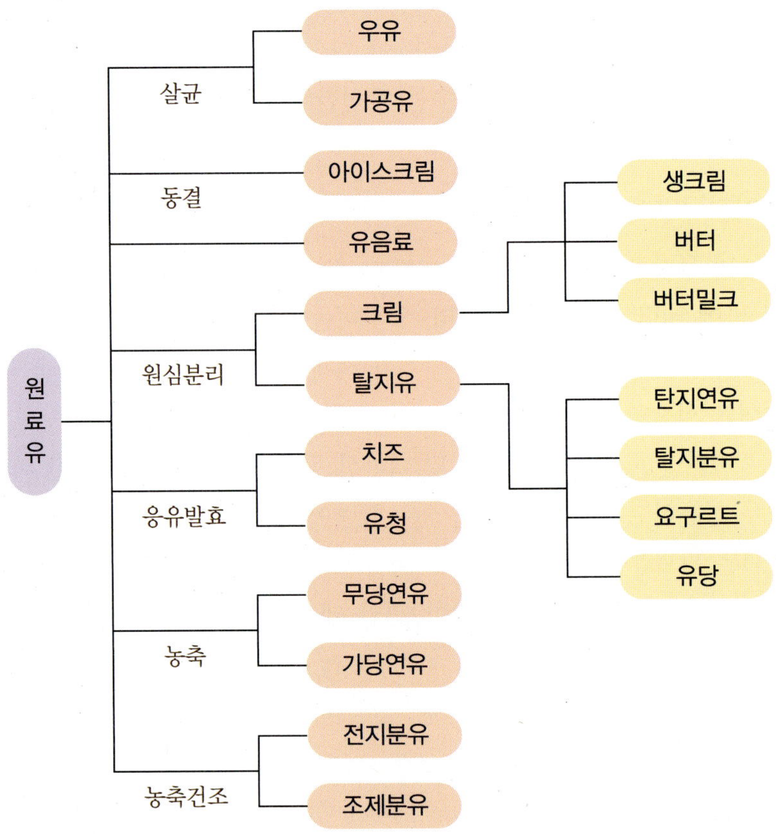

[그림 11-11] **우유 및 유제품**

표 11-19 **우유 가공품의 성분표** (가식부 100g)

식품명	열량 (kcal)	수분 (%)	단백질 (g)	지질 (g)	탄수화물		무기질			비타민				
					당질 (g)	섬유 (g)	Ca (mg)	P (mg)	Fe (mg)	A (RAE)	B_1 (mg)	B_2 (mg)	니아신 (mg)	C (mg)
분유(전지)	504	2.9	26	27	38	0	880	720	0.4	0	0	0	0	0
연유(가당)	327	25.6	7.9	8.1	0	0	258	226	0.1	0	0	0	0	0
치즈	335	43.1	20	28	0	0	497	400	12	0	0	0	0	0
요구르트 (액상)	65	83.2	1.5	0.1	0	0	39	28	0.1	0	0	0	0	0
크림 (유지방 38%)	380	55.3	2	39.2	0	0	64	48	0.4	0	0	0	0	0
아이스크림 (유지방 12%)	212	61.3	3.5	12	0	0	130	110	0.1	0	0	0	0	0
버터	755	12.6	1	83	0	0	22	22	0.1	0	0	0	0	0

① 분유

분유(milk powder)는 우유를 농축 건조시켜 분말로 만든 것으로 전지분유, 탈지분유, 조제분유 등이 있다. 전지분유는 지방이 26%, 수분은 5% 이하이다. 탈지분유는 탈지유를 건조시킨 것으로 제과, 아이스크림, 발효유 등에 쓰인다. 조제분유는 우유를 주성분으로 유아 성장에 알맞도록 유당, 비타민 등을 첨가하여 모유와 비슷하게 만든 분유이다.

② 연유

연유(condenseo milk)는 우유의 수분을 증발시켜 원래분유의 1/2~1/3로 농축시킨 것으로 무당연유와 가당연유가 있다.

무당연유는 설탕을 넣지 않았으므로 보존성이 적고 지방이 분리되기 쉬워서 변질되기 쉽다. 가당연유는 우유에 설탕을 약 15~18% 넣어 농축시킨 것이다.

③ 치즈

치즈(cheese)는 우유에 젖산이나 레닌을 첨가하여 카제인을 응고시킨 것이다. 치즈의 제법은 다음과 같다.

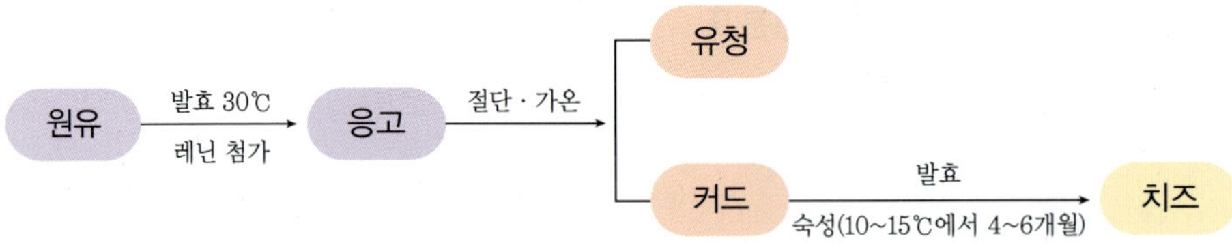

[그림 11-12] **치즈 제조 과정**

치즈는 경도에 따라서 초경질치즈(hard grating), 경질치즈(hard cheese), 반경질치즈(semi-hard cheese), 연질치즈(soft cheese)로 크게 나눌 수 있다. 수분 함량이 초경질치즈는 30~35%, 경질치즈 30~45%, 반경질치즈 45~55%, 연질치즈는 55~80%를 함유한다. 시판되고 있는 치즈에는 자연치즈(natural cheese)와 가공치즈(process cheese)가 있는데 자연치즈는 우유를 응고시키는 방법, 자르는 방법, 배양의 형태와 숙성상태(온도, 습도, 숙성 시간 등)에 따라 다양한 종류가 있다.

표 11-20 치즈의 종류

분류	수분 함량	종류	특징
초경질치즈	30%	파마산(parmesan) 로마노(romano) 그라나(grana)	• 1년 이상 숙성 • 딱딱하여 분말로 사용 • 강한 냄새, 상온보관
경질치즈	38~45%	콜비(colby) 에담(edam) 고우다(gouda)	• 2개월에서 2년 숙성 • 구멍이 작음 • 냄새가 없고 부드러움
	34~38%	체다(cheddar)	• 가장 대중적이며 구멍이 없음 • 가공치즈의 원료
		그루에르(gruyere) 에멘탈(emmenthal)	• 큰 구멍이 있음 • 샌드위치, 소스, 스낵에 사용
반경질치즈	45~55%	블루(blue) 브릭(brick) 고르곤졸라(gorgonzola)	• 곰팡이 첨가 • 4주에서 수개월간 숙성 • 전채, 샐러드, 디저트에 사용
연질치즈(숙성)	55~80%	브리(brie) 까망베르(camembert) 림버거(limburger)	• 곰팡이나 세균 배양 • 숙성시켜서 특유의 향미가 있음 • 전채, 샐러드, 디저트에 사용

분류	수분 함량	종류	특징
연질치즈(비숙성)	55~80%	코티지(cottage) 크림(cream) 모짜렐라(mozzarella)	• 숙성시키지 않음 • 피자, 라자냐, 샐러드, 샌드위치, 치즈케이크에 사용

④ 요구르트

요구르트(yoghurt)는 우유에 젖산균을 넣어 카제인을 응고시킨 발효유로 불가리아에서 처음 제조되었다. 우유 또는 탈지유에 젖산균인 락토바실러스 불가리쿠스(Lactobacillus bulgaricus)또는 스트렙토코커스 써모필러스(Streptococcus thermophilus) 등을 넣고 40℃에서 발효시킨 후 냉장한다.

⑤ 크림

크림은 우유를 원심 분리하여 지방층을 모은 것으로 유지방이 18% 이상을 함유하며 아이스크림, 제과, 제빵 등에 사용된다. 크림에는 지방에 함량에 따라 유지방 18~20%의 커피크림(coffe cream), 유지방 40%의 휘핑크림(whipping cream), 유지방 80%의 플라스틱크림(plastic cream)등이 있다. 휘핑크림은 생크림 케이크 장식에 사용하며, 플라스틱 크림은 아이스크림이나 버터의 원료로 사용된다.

⑥ 아이스크림

아이스크림(ice cream)은 크림에 분유, 설탕, 향료, 안정제, 유화제 등을 혼합하여 얼린 것이다. 아이스크림은 성분 함량, 첨가물, 제법에 따라 플레인 아이스크림, 아이스 밀크, 셔벳, 빙과 등으로 나뉘며, 경화여부에 따라 하드 아이스크림과 소프트 아이스크림으로 나뉘기도 한다. 냉동 중에 교반으로 인해 공기를 혼입하여 부피를 증가시키는 것을 오버런(overrun)이라 하고, 오버런 증가율(overrun percentage)이 지나치면 제품의 수축이 일어나 푸석거리는 결점이 있다. 따라서 아이스크림 제조 시에 적합한 오버런은 90±10%로 보고 있다.

$$\text{overrun}(\%) = \frac{\text{아이스크림의 체적} - \text{mix의 체적}}{\text{mix의 체적}} \times 100$$

⑦ 버터

버터(butter)는 우유의 지방을 교반(churning)하여 얻어진 지방을 굳혀서 만든 것이다.

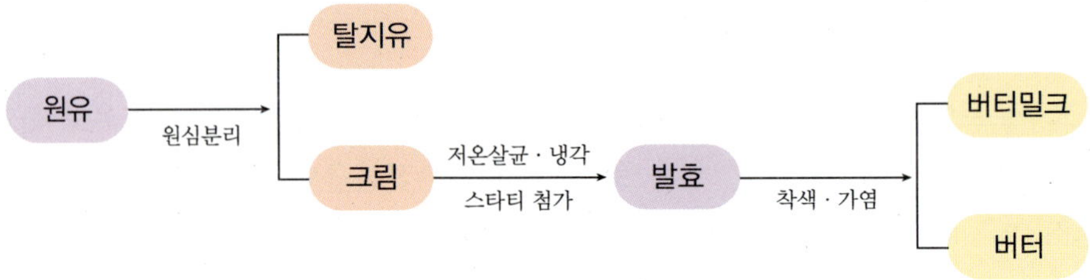

[그림 11-13] **버터 제조과정**

(6) 콩

콩(soybean)은 식물성 단백질 급원식품이다. 미국, 중국, 브라질과 아르헨티나 등이 주생산국이고, 전 세계 대두의 약 1/2 이상이 미국에서 생산되고 있다. 콩류에는 대두콩을 비롯하여 강낭콩, 완두콩, 녹두, 팥 등이 있다.

1) 콩의 종류

① 대두콩

콩의 성분 중 가장 중요한 것은 단백질로 35~36%를 함유하고 있다. 콩단백질은 글로불린에 속하는 글리시닌이 대부분이고 전체 단백질의 84%를 차지한다. 글리시닌은 필수아미노산인 이소루신, 루신, 페닐알라닌, 트레오닌 등이 골고루 함유되어 있어 영양적으로도 우수하다. 곡류에 부족한 리신과 트립토판의 함량이 높아 콩을 곡류와 함께 섭취하면 단백가를 보완하는 데 아주 효과적이다. 콩의 당질은 약 31%이며 섬유질은 약 5%가 포함되어 있다.

콩의 지질 함량은 18%로 높으므로 식용유로 이용된다. 콩의 지방산은 리놀레산 50%, 올레산 24%가 대부분을 차지한다. 무기질은 주로 칼륨과 인이며, 그 밖에 나트륨과 마그네슘 등이 들어 있다. 비타민은 B군이 많이 들어 있으며, 비타민 A와 D도 들어 있으나, 비타민 C는 거의 없다. 콩에는 사포닌(saponin)이

0.3~0.5% 함유되어 있는데 기포성이 있어 삶으면 거품이 생기고, 장을 자극하는 성질이 있어 과식하면 설사의 원인이 된다.

콩의 영양성분들은 유방암, 골다공증, 고지혈증 예방뿐만 아니라 비만, 혈당 및 콜레스테롤을 조절하는 효과가 있는 것으로 알려져 더욱 많은 관심을 받고 있다.

② 강낭콩

강낭콩(kidney bean)은 모양이 인체의 신장(kidney) 형태를 지녀 kidney bean이라고 한다. 강낭콩의 주성분은 당질이 63.9%, 단백질이 21.2%이며, 주된 단백질은 글로불린이다. 필수아미노산으로는 리신과 루신, 트립토판이 다량 함유되어 있고, 비타민 B_1과 B_2도 많이 함유되어 있으므로 쌀밥과 혼식하면 탄수화물의 대사에 도움을 준다. 익지 않은 푸른 꼬투리의 경우 스트링 빈(string bean)이라 하며 단백질과 비타민 A, B_1, B_2, C 등이 풍부하여 채소로 이용되기도 한다. 강낭콩은 이뇨 작용과 자양강장에 효과가 있으며, 섬유질이 풍부하여 변비 예방이나 치료에도 효과적이다. 우리나라에서는 쌀과 함께 밥을 지으며 떡고물이나 제과·제빵에도 이용된다.

③ 완두

완두(peas)의 원산지는 지중해 연안으로 중국에는 5세기경에 전해졌고, 우리나라의 재배역사는 오래되지 않았다. 완두콩은 단백질이 20.7%를 차지하며 주로 글로불린으로 이루어져 있다. 구성아미노산은 리신과 트립토판이 다량 함유되어 혼식을 할 경우 곡류에 부족한 아미노산을 보충할 수 있다. 지질 중에는 레시틴이 많이 함유되어 있고, 무기질은 칼슘과 인이 많고 비타민은 B_1, B_6, 비오틴, 콜린, 비타민 C가 풍부하다.

완두는 혼식에 이용되기도 하며 떡이나 제과·제빵에 사용된다. 성숙하기 전의 푸른 콩은 통조림으로 가공하여 수프, 샐러드 등에 색감을 부여하기 위한 재료로 이용된다.

④ 녹두

녹두(green bean, mung bean)는 우리나라, 중국, 인도를 비롯한 아시아 지역이 주산지로 알려져 있다. 녹색을 띤 콩이라는 뜻으로 녹두라 불리며, 열매의 크기

는 팥보다 작지만 형태는 팥과 유사한 모양이다. 주요 성분은 당질이 약 62%이며, 섬유질이 약 4.6% 포함되어 있다. 단백질은 약 21%이며 메티오닌, 트립토판, 시스틴 같은 아미노산은 적으나 루신, 리신, 발린 같은 아미노산의 함량이 풍부하여 영양가가 높다.

녹두는 숙주나물의 원료로도 사용되며 전분의 점성이 강해 묵을 쑤는 원료로 사용된다. 청포묵, 빈대떡, 떡소나 떡고물, 녹두죽으로도 이용되고 또한 당면의 원료로도 쓰인다.

⑤ 팥

팥(small red bean)은 우리나라에서 콩 다음으로 수요가 많은 두류이다. 팥은 당질이 약 68.4%로 대부분 전분이며, 섬유질은 약 4.7%이다. 단백질은 약 19.3%이며, 주로 글로불린이다. 구성아미노산은 함황아미노산인 메티오닌, 시스틴은 적으나 리신과 트립토판은 비교적 많이 함유되어 있다. 지방질은 거의 없으며, 무기질은 칼륨과 인이 많이 함유되어 있으나 칼슘, 나트륨 등은 적은 편이다. 비타민은 B_1이 다른 곡류에 비하여 많다. 사포닌이 0.3~0.5% 함유되어 있으며, 기포성이 있어 삶으면 거품이 일고, 황화합물을 함유하여 특유의 냄새가 있다.

팥죽이나 떡고물, 양갱, 빙과 제조용으로 많이 쓰이고 제과에도 사용되고 있다.

표 11-21 콩 성분표 (가식부 100g)

식품명	열량 (kcal)	수분 (%)	단백질 (g)	지질 (g)	탄수화물		무기질			비타민				
					당질 (g)	섬유 (g)	Ca (mg)	P (mg)	Fe (mg)	A (RAE)	B_1 (mg)	B_2 (mg)	니아신 (mg)	C (mg)
콩(노란콩)	400	9.7	36.2	17.8	30.7	5.0	245	620	6.5	0	0.53	0.28	2.2	0
콩(검정콩)	382	11.0	35.2	18.2	31.1	4.7	220	576	7.7	0	0.36	0.25	2.3	0
강낭콩	338	10.4	21.2	1.1	63.9	4.0	99	338	8.9	0	0.41	0.31	1.9	0
완두	343	8.1	20.7	1.3	67.1	5.9	85	248	5.8	43.5	0.49	0.25	1.7	0
녹두	335	10.9	22.3	1.5	62.0	4.6	100	335	5.5	0	0.40	0.14	2.0	2.0
팥	337	8.9	19.3	0.1	68.4	4.7	82	424	5.6	tr	0.54	0.14	3.3	0
두부	84	82.8	9.3	5.6	1.4	0.2	126	140	1.5	0	0.03	0.02	0.2	0
두유	70	86.6	4.4	3.6	4.7	0.0	17	53	0.7	0	0.04	0.04	0.4	0
유부	381	42.9	20.4	31	0	0	295	275	4.6	0	0	0	0	0

2) 콩의 가공품

① 두부

콩에 들어 있는 주요 단백질인 글리시닌은 마그네슘이나 칼슘이온 등의 염류와 산에 불안정하여 응고되는데 이러한 성질을 이용하여 만든 것이 두부이다.

두유를 만들어 80~90℃일 때 응고제를 조금씩 넣으면서 천천히 저어주면 단백질이 응고된다. 응고된 것을 틀에 넣어 눌러주면 두부가 형성되는데, 응고제로는 식초도 이용 가능하며 간수($MgCl_2$, $CaCO_3$), 또는 응고제($CaSO_4$, $CaCl_2$)를 사용한다.

② 두유

콩을 물에 담가 2배 이상으로 불린 다음 마쇄기로 갈아서 불용성 성분인 비지를 제거하여 만든 콩의 물 추출액으로 콩물 또는 콩국이라고도 한다. 두유에 함유되어 있는 단백질은 수용성 단백질이고, 그중 85% 정도가 글리시닌(glycinin)과 콘글리시닌(conglycinin)이다. 두유의 일반성분조성이 우유와 비슷하여 우유 알레르기가 있는 유아나 젖당(lactose) 소화에 어려움이 있는 성인에게는 바람직한 우유 대체 음료이기도 하다. 가공두유는 콩우유에 당이나 메티오닌, 칼슘, 비타민 C와 D 등의 영양강화제를 조합한 다음 유화시키고 살균하여 병이나 멸균팩에 충전한 것이다.

③ 유부

일반 두부를 단단하게 만들고 수분이 적게 압착하여 얇게 잘라 기름에 튀긴 것이다. 처음에 110~120℃ 정도의 온도에서 살짝 튀긴 다음, 180~200℃의 온도에서 다시 튀겨 내면 팽화되면서 독특한 풍비와 쫄깃한 텍스처를 갖는다. 다공질로 되어 있어 양념을 잘 흡수하며 조리법에 따라 정방향, 삼각형, 정방향, 둥근형의 모양이 있고 맛이 담백해 우동, 유부초밥, 전골요리 등 다양한 요리에 이용된다.

④ 조직콩단백

탈지 콩에서 단백질을 분리하여 육류와 비슷한 조직으로 만들어 육류대용품으로 쓰고 있으며 조직콩단백(textured soy protein, TSP)이라 한다. 농축콩단백은 70% 정도의 단백질을 함유하고 이것에서 비단백물질을 더 제거한 것을 분리콩단백이라 하며 90% 이상의 단백질을 함유한다. 콩단백 제품은 보수성, 결착성, 유화성, 거품성 등의 기능적 특성이 높아 식품 가공에서 여러 용도로 이용되고 있다.

제12장

무기질·비타민

1. 무기질
2. 비타민

1. 무기질

무기질(mineral)은 광물질이라고도 하며, 식품을 500~600℃로 태우면 무기질의 대부분이 재로 남기 때문에 회분(ash)이라고도 한다.

무기질은 생체의 중요한 구성성분이자 조절성분으로 생체 내에 존재하는 무기질의 양은 약 4%를 차지하고 있다. 무기질은 인체 내에서 스스로 합성하지 못하므로 반드시 외부로부터 섭취해야 하는 영양소이다.

(1) 무기질의 종류

식품 및 인체의 구성성분으로 중요한 생리 작용을 하는 무기질은 약 20여 종이며 인체내 체중의 약 2~4%를 차지한다. 식품에 비교적 많이 함유된 원소는 칼륨(K), 칼슘(Ca), 나트륨(Na), 마그네슘(Mg), 인(P), 황(S), 염소(Cl)등이 함유되어 있으며 이들을 다량원소라고 한다. 철(F), 구리(Cu), 요오드(I), 아연(Zn), 코발트(Co), 망간(Mn), 불소(F), 셀레늄(Se) 등은 미량원소라고 한다.

1) 칼슘

칼슘(calcium, Ca)은 인체를 구성하는 무기성분 중에서 가장 많은 양을 차지하고 있다. 특히 뼈의 무기성분은 대부분이 석회로 구성되어 전 석회의 99%는 뼈에 있다. 칼슘은 골격과 치아의 구성분이 되어 이를 단단하게 하고, 여러 효소를 활성화시키며, 혈액응고 반응을 촉진, 신경의 흥분성, 자극에 대한 감수성을 억제 또는 진정하게 한다.

칼슘이 부족하면 신경과민 및 골다공증이 생기며, 어린이는 성장 정지, 뼈와 치아의 발달도 저하된다. 칼슘의 흡수는 섭취하는 식품에 따라 달라지는데 곡류나 두류에 있는 피틴(phytin)과 채소와 과일에 들어 있는 수산(oxalic acid)도 칼슘 흡수를 방해한다. 또한 칼슘에 비해 많은 양의 인, 철, 아연과 비타민 D 부족, 식이섬유 등도 칼슘흡수를 저해한다. 대부분의 흡수는 주로 소장에서 이루어지며 유당, 유산, 단백질, 아미노산, 비타민 C 등 장내에 산성을 주는 물질이 있으면 흡수가 좋아진다. 또한 성장이나 임신 등의 생리적 칼슘 요구량이 증가할 때와 부갑상선호르몬, 칼슘섭취 부족 시에 흡수량이 증가하고 식품 중의 칼슘과 인의 비율이 1:1 또는 1:1.5일 때 흡수가 잘 된다. 비타민 D가 있으면 이 비율이 약간 틀려도 흡수가 좋아진다. 한국인 영양소 섭취기준에 의하면 우리나라 성인의 하루 칼슘 권장섭취량은 남자 800mg, 여자 700mg이다. 50세 이상 여성의 경우 800mg을 권장한다. 폐경 후 1~2년은 뼈에서 칼슘이 가장 많이 빠져나가는 시기이고 폐경으로 여성호르몬이 급격히 줄면 칼슘이 빠져나가는 것을 막지 못해 골밀도가 급격하게 감소하기 때문이다.

표 12-1 식품 중의 칼슘 함량 (mg/100g)

식품	함유량	식품	함유량
멸치	2,200	얼린 두부	590
보리새우	1,800	김	500
녹미채	1,400	한 천	400
탈지분유	1,200	콩	190
곤포류	700~1,200	요구르트	150
전지분유	890	양배추	145
가공치즈	630	우 유	100
참깨	630		

2) 인

인(phosphorus, P)은 뼈, 핵단백질, 인지질을 형성하고 근육, 혈액, 뇌에 들어있다. 인은 칼슘과 함께 뼈의 구성분이 되고, 핵단백질, 효소, 인지질, 단백질, 조효소의 구성 성분이 된다. 근육의 수축기능, 에너지대사, 신경자극의 전달기능, 체액의 완충 작용, 효소의 작용 조절, 삼투압 조절 등의 기능이 있다. 인은 일반 식품에 널리 분포되어 있다. 한국인 영양소 섭취기준에 의하면 우리나라의 성인 하루 인의 권장섭취량은 남녀 모두 700mg이다.

표 12-2 식품 중의 인 함량 (mg/100g)

식품	함유량	식품	함유량
쌀겨	1,500	가공치즈	800
멸치	1,500	얼린 두부	710
효모	1,100	코코아	700
보리새우	1,100	달걀노른자	570
오징어	1,000	김	510
탈지분유	980	대구	500
참깨	850	콩	470

3) 나트륨, 염소

나트륨(sodium, Na)은 체내에 약 50g 정도 함유되어 있으며, 칼륨과 대조적으로 주로 세포외액에 존재한다. 나트륨도 칼륨과 같이 체액의 산, 알칼리 평형 및 삼투압을 조절하는 데 관계하며 염소(Chlorine, Cl)는 나트륨과 칼륨의 생리 작용을 보조해 준다. 나트륨과 염소는 주로 소금에서 섭취되며 체액에 염분이 부족하면 수분을 몸 밖으로 방출하여 농도를 유지하고, 또 너무 많으면 갈증을 일으켜서 수분을 보충하게 된다. 한국인 영양소 섭취기준에 의하면 우리나라 성인의 하루 나트륨 충분섭취량은 1,500mg으로 만성질환의 예방을 위해서는 소금을 5g 이하로 줄이는 것이 좋다.

표 12-3 식품 중의 소금 함량 (g/100g)

식물성식품	함량	동물성식품	함량	가공식품	함량
시금치	0.07	닭고기	0.10	베이컨	0.90
무청	0.04	달걀	0.10	소시지	0.40
셀러리	0.50	다랑어	0.50	어묵	0.70
풋고추	0.01	청어	1.10	크래커	0.90
고구마	0.02	꽁치	2.20	오이피클	0.70
당근	0.10	멸치	0.20	마늘장아찌	2.30
사과	0.10	대구	8.20	배추김치	1.10
귤	0.20	해삼	1.90	새우젓	8.60
미역	5.70	새우	10.70	치즈	1.10
김	2.20	오징어	1.00	베이킹파우더	10.6

자료 : 식품의약품안전처

표 12-4 찌개, 국, 면류의 나트륨 함량 (단위: mg)

음식	나트륨	음식	나트륨
된장찌개	2,000	육개장	2,900
김치찌개	2,000	자장면	2,400
순두부찌개	1,400	물냉면	2,800
어묵국	2,400	우동	2,400
갈비탕	1,700		

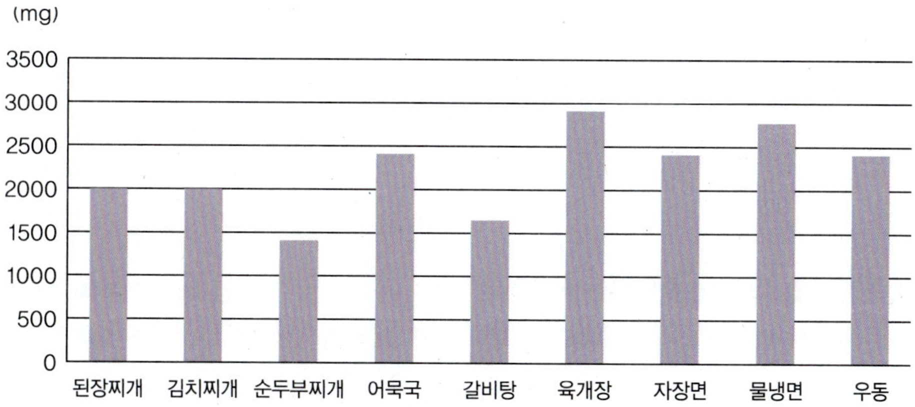

[그림 12-1] 찌개, 국, 면류의 나트륨 함량

표 12-5 각종 음식의 나트륨 함량 (단위: mg)

음식	나트륨	음식	나트륨
김밥	800	마늘종무침	600
비빔밥	1,300	떡볶이	900
카레라이스	1,100	순대	1,300
배추김치	300	햄치즈샌드위치	1,000
열무김치	300		

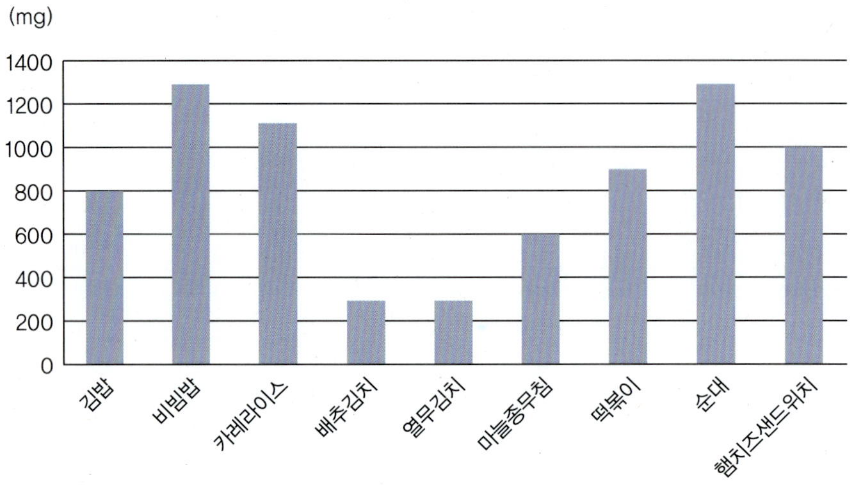

[그림 12-2] 각종 음식의 나트륨 함량

표 12-6 소금 1g 해당되는 식품의 양 (소금 1g ,나트륨 400mg)

식품	중량(g)	식품	중량(g)
소금	1	쌈장	12.2
멸치다시다	2.5	청국장	18.0
화학조미료	5.0	토마토케첩	30.3
국간장	5.5	버터	54.2
양조간장	6.7	마요네즈	87.9
된장	9.0	마가린	88.3
고추장	12.1		

자료 : 식품의약품안전처

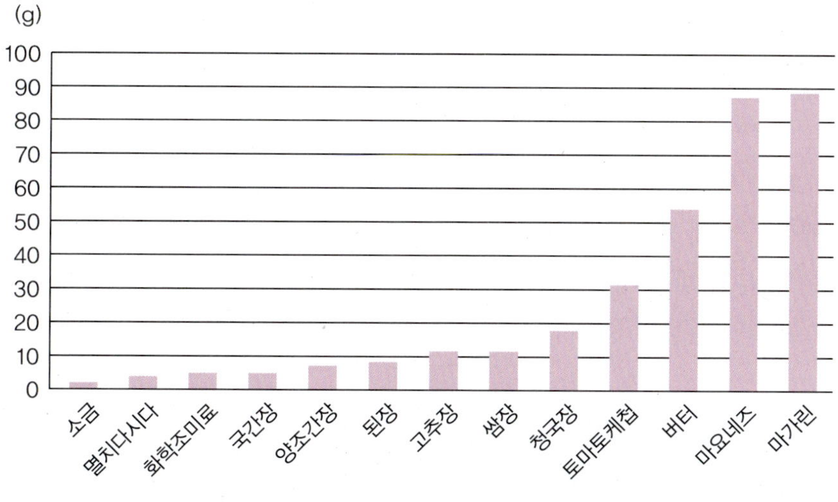

[그림 12-3] 소금 1g 해당되는 식품의 양

4) 마그네슘

마그네슘(magnesium, Mg)은 인체에 약 25g 가량 함유되어 있으며 뼈, 근육 속에 많고 혈액, 뇌신경, 체액에 들어있다. 마그네슘은 뼈의 중요한 구성 성분이며, 신경의 흥분을 억제하고 효소 작용을 촉진시키며, 체액의 산·알칼리 평형에도 관여한다. 마그네슘이 결핍되면 신경의 흥분과 영양장애 등이 나타난다. 마그네슘은 엽록소의 성분으로 일반 녹엽식물에 상당량이 함유되어 있어 부족 현상을 일으키는 경우는 거의 없다.

5) 칼륨

칼륨(potassium, K)은 동·식물의 조직 속에 들어 있고, 나트륨은 세포외의 체액 속에 많이 들어 있다. 칼륨은 나트륨과 함께 체액의 산·알칼리 평형과 세포의 삼투압을 조절하며, 근육의 수축 및 신경의 자극 전달에 관여하고, 특히 신경의 흥분을 억제한다. 칼륨이 결핍되면 세포의 기능이 나빠지고, 발육부진, 생식력 감퇴, 심장 및 소화기능 약화 등이 나타난다. 칼륨은 일반식품에 널리 분포되어 있고, 특히 식물성 식품에 많이 함유되어 있으므로 칼륨 부족이 되는 경우는 거의 없다.

6) 황

황(sulfur, S)은 인체에 약 100~120g 가량 함유되어 있으며 주로 메티오닌, 시스테인, 시스틴 등의 함황아미노산 및 단백질의 구성분이 되고, 그 밖에 비타민 B_{12}, 비오틴, 담즙산, 당지질, 황산 등에 구성 성분으로 들어 있다. 황이 부족하면 단백질 구성에 영향이 있게 되며 특히 털, 손톱, 발톱과 같이 황을 많이 필요로 하는 부분의 발육이 늦어진다. 황은 일반 식품의 단백질 중에 널리 분포되어 있으므로 결핍 현상은 생기지 않는다.

표 12-7 다량 무기질의 성질과 함유식품

무기질	생리 작용	결핍증상	함유식품
칼슘 (calcium, Ca)	골격과 치아 형성 혈액 응고 촉진 근육의 수축이완 신경의 흥분억제 삼투압의 유지	골격과 치아의 발육부진 골연화증 구루병 혈액응고 불량 내출혈	우유 및 유제품 뼈째 먹는 생선 해조류 녹색채소
인 (phosphorus, P)	골격구성 핵산, 인지질의 구성성분 산, 알카리 평행조절 효소활성화	골격과 치아의 발육부진 골연화증 성장부진 구루병	멸치, 새우, 오징어, 김, 난황
나트륨 (sodium, Na)	삼투압 및 pH 조절 신경의 흥분 억제 근육의 수축작용	식욕부진 소화불량	식탁염, 젓갈, 생선, 치즈
염소 (chloride, Cl)	삼투압 및 pH 조절 위액의 산성유지 소화에 관여	위액의 산도저하 식욕부진 소화불량	식탁염
마그네슘 (magnesium, Mg)	골격과 치아의 구성성분 근육이완, 신경안정 당질대사효소의 조효소	근육통 신경흥분 신부전	녹색채소, 견과류, 콩류
칼륨 (potassium, K)	삼투압 및 pH 조절 근육의 수축 신경흥분억제	세포기능저하 발육부진 생식력감퇴 소화기능약화	곡류, 채소류, 과일류
황 (sulfur, S)	함황아미노산, 당지질, 비오틴의 구성성분 항독소작용 세포단백질의 구성요소	손톱과 발톱의 발육부진 모발의 발육부진 체단백질의 질적 저하	육류, 어류, 우유, 달걀, 콩류

7) 철

철(iron, Fe)은 인체에 약 3~4g가량 함유되어 있는데, 그중 60~70%가 헤모글로빈에, 3~5%가 근육의 미오글로빈에 들어 있다.

혈액 중의 헤모글로빈은 체내에서 산소와 탄산가스를 운반하는 골수에서 만들어지고, 그 수명이 40~100일이므로 계속해서 만들어져야 하기 때문에 철이 부족하면 헤모글로빈의 생성이 적어지므로 빈혈을 일으킨다. 특히, 여자는 생리적으로 많은 철을 손실하므로 더 많은 양을 섭취해야 하며, 임신부는 태아에게 많은 양을 소모시켜야 하므로 철의 섭취량이 부족하면 빈혈을 일으킨다. 철의 체내 흡수를 증가시키는 것은 비타민 C, 비타민 D, 구리와 동물성 단백질인 육류, 어류, 가금류 등의 섭취이다. 철의 흡수를 방해하는 것은 인산, 피틴산, 수산, 카페인 등이다. 철의 함유량이 많은 식품은 쇠간, 참깨, 콩, 난황 등이고 채소, 과일은 수분이 많으므로 철의 함량은 적다. 한국인 영양소 섭취기준에 의하면 우리나라의 성인의 일일 철분 권장섭취량은 남자 10mg, 여자 14mg이다.

표 12-8 식품 중 철의 함량 (mg/100g)

식물성식품	함량	동물성식품	함량
고춧잎	3.3	쇠고기	3.6
시금치	2.5	소간	8.0
무잎	2.0	돼지고기	2.1
콩	6.4	닭고기	1.0
참깨	10.5	난황	5.5
호두	2.2	뱀장어	1.6
자두	0.3	참치	2.3
건포도	2.1	꽁치	1.5
유부	4.6	멸치	7.5
김	4.5	모시조개	13.3
다시마	2.4	굴	3.9
효모	6.3	햄	0.6

8) 요오드

요오드(iodine, I)는 인체에 0.02~0.025g 정도 함유되어 있고, 그중 대부분 갑상선 호르몬인 티록신(thyroxine)에 들어 있다. 갑상선에 요오드가 부족해지면 갑상선종을 일으켜서 갑상선의 기능이 저하된다. 요오드는 다시마, 새우, 조개류, 간유 등에 많이 들어있다. 한국인 영양소 섭취기준에 의하면 우리나라 성인의 일일 요오드 권장섭취량은 남녀 모두 150㎍이다.

표 12-9 식품 중 요오드의 함량 (㎍/100g)

식물성식품	함량	동물성식품	함량
시금치	2	대구	100
당근	15	대구간유	500
밀	3	새우	1,160
보리	7	조개류	600
귀리	20	대합	620
다시마	200~76,200	우유	5
식물성기름	10	버터	15

9) 아연

아연(zinc, Zn)은 췌장에 존재하며 인슐린의 구성성분으로 혈당 강하 즉, 당뇨를 막는다. 또한 아연은 효소와 호르몬의 구성성분으로 면역기능에도 작용한다. 아연이 부족하면 핵산과 단백질의 합성을 방해하여 단백질 부족으로 두뇌발달을 지연시키고, 과량섭취는 구리의 흡수를 막아 면역기능 방해로 빈혈을 일으키기도 한다. 아연은 해산물, 식물의 종자, 동물의 간과 육류, 우유, 견과류와 땅콩 등에 들어있다. 한국인 영양소 섭취기준에 의하면 우리나라 성인의 일일 아연 권장섭취량은 남자 10mg, 여자 8mg이다.

10) 구리

구리(copper, Cu)는 인체의 근육, 간장, 혈액 등에 100~150mg 정도 미량이 들어 있다. 그리고 아스코르브산 산화효소(ascorbic acid oxidase), 폴리페놀 옥시다아제(polyphenol oxidase) 등의 효소와 하등 동물의 혈색소인 헤모시아닌

(hemocyanin)은 구리를 구성성분으로 함유한다. 구리는 철이 헤모글로빈을 형성할 때 촉매 작용을 하게 된다. 구리가 부족하면 철이 많더라도 조혈 작용이 방해되어 빈혈이 되는 수도 있다. 한국인 영양소 섭취기준에 의하면 우리나라 성인의 일일 구리 권장섭취량은 남녀 모두 800㎍이다.

11) 불소

불소(fluorine, F)는 뼈와 치아의 에나멜질에 미량으로 존재하며, 결핍하면 충치에 걸리기 쉽다. 1ppm 정도의 불소를 함유한 음료수를 섭취하면 충치를 막을 수 있다. 불소는 육류, 달걀, 우유 등에도 조금씩 들어 있으나 주로 음료수로부터 섭취하는 경우가 많다. 한국인 영양소 섭취기준에 의하면 우리나라 19세~29세 성인의 일일 불소 충분섭취량은 남자 3.5mg, 여자 3.0mg이다.

12) 망간

망간(manganese, Mn)은 식물의 성장에도 필요하고, 동물에 있어서도 미량이나마 없어서는 안 된다. 망간은 조혈, 효소, 생식 작용에 필요하며, 채소, 콩류, 곡물에 많다. 한국인 영양소 섭취기준에 의하면 우리나라 성인의 일일 망간 충분섭취량은 남자 4.0mg, 여자 3.5mg이다.

13) 코발트

코발트(cobalt, Co)는 빈혈에 유효한 성분으로 비타민 B_{12} 중에 존재하고 장의 비타민 B_{12}의 생성균에 필요하며 채소, 간, 어류에 들어 있다.

14) 셀레늄

셀레늄(selenium, Se)은 글루타치온 과산화효소(glutathione peroxidase)의 구성성분으로 산화방지제인 비타민 E와 같은 역할을 하여 셀레늄 농도가 적절하면 비타민 E의 절약작용을 한다. 또한 지방대사에 관여하고 중금속 독성에 대한 보호작용을 한다. 셀레늄이 부족하면 암, 심장질환, 기형, 간경화 등을 일으키고, 과잉되면 피부의 발진, 탈모, 부종과 위장장애가 나타난다. 동물성 식품 중 우유, 조개류, 특히 내장육에 많고, 식물성 식품에는 곡류, 종실류, 견과류 등에 많다. 한국인 영양소 섭취기준에 의하면 우리나라 성인의 일일 셀레늄 권장섭취량은 남녀 모두 60㎍이다.

표 12-10 미량 무기질의 성질과 함유식품

무기질	생리 작용	결핍증상	함유식품
철 (iron, Fe)	헤모글로빈의 구성성분 조효소의 성분 효소의 활성화	저혈색소성빈혈 피로 유아발육부진	간, 달걀노른자, 육류, 녹황색채소
요오드 (iodine, I)	갑상선호르몬의 성분 기초대사관여	갑상선종	간유, 새우, 조개류, 해조류,
아연 (zinc, Zn)	인슐린의 구성성분 효소와 호르몬의 구성성분 면역기능	단백질합성 방해 발육장애 빈혈 탈모	간, 육류, 우유, 견과류, 해산물
구리 (copper, Cu)	헤모글로빈의 합성촉진 철의 흡수와 운반에 관여	저혈색소성빈혈	간, 해조류, 채소류, 달걀
불소 (fluorine, F)	골격, 치아의 경화 충치 예방	충치유발 골다공증	육류, 달걀, 우유, 음료수
망간 (manganese, Mn)	발육에 관여 효소의 보조인자	생식작용불능 성장장애	곡류, 콩류, 채소류,
코발트 (cobalt, Co)	비타민 B_{12}의 구성성분 적혈구 생성에 관여	비타민 B_{12} 결핍증 악성빈혈	채소, 간, 어류
셀레늄 (selenium, Se)	항산화제 지방대사 관여 중금속 독성 보호작용	암 심장질환 기형 간경화	우유, 내장육, 곡류, 종실류, 견과류

(2) 산성 식품과 알칼리성 식품

식품에 존재하는 무기질은 알칼리 생성원소와 산 생성원소로 나눌 수 있고, 알칼리 생성원소와 산 생성원소를 가지는 비율에 따라 알칼리성 식품과 산성 식품으로 나눈다.

무기질은 체내에서 양이온과 음이온으로 존재하는데 금속은 양이온, 비금속은 음이온으로 된다. 양이온은 Na^+, K^+, Ca^{2+}, Mg^{2+}, Fe^{2+}, Cu^{2+}, Mn^{2+}, Co^{2+}, Zn^{2+}으로 과일류, 채소류, 해조류, 고구마, 대두, 우유 등에 많이 함유되어 있고,

체내에서 분해되어 알칼리 생성원소가 되므로 알칼리성 식품이라고 한다. 음이온은 Cl^-, Br^-, I^-, SO_4^{2-}, PO_4^{3-}이며, 곡류, 육류, 어류, 달걀, 버터, 치즈, 두류(강낭콩, 녹두, 대두 제외) 등에 많이 함유되어 있으며 체내에서 분해되어 산 생성원소가 되므로 산성 식품이라고 한다.

산성 식품을 너무 많이 섭취하면 혈액이 산성 쪽으로 기울어져 산중독증(acidosis)에 걸리게 된다. 하지만, 알칼리성 식품은 과잉으로 섭취하더라도 생체 내에서 배설과 조절이 비교적 잘 되기 때문에 알칼리 중독증에 걸리는 일은 없다. 식품의 산도 및 알칼리도는 다음과 같다.

표 12-11 식품의 산도와 알칼리도

알칼리성 식품			산성 식품		
식품명		알칼리도	식품명		산도
해조류	다시마 미역	40.0 16.0	곡류	백미 현미 보리 밀가루 옥수수	4.3 9~14 10.0 3.4 5.0
채소류	시금치 양배추 호박 당근 무	15.6 4.9 1.0 10.0 10.0	어패류	오징어, 문어 도미 대합 참치 굴	10~20 8.6 7.5 15.3 10.0
과일류	귤 감 사과 오렌지	3.6 2.7 3.0 5.0	육류	쇠고기 돼지고기 닭고기	12~13 12~13 6.2
감자류	감자 고구마	5.4 4.3	난·유류	난황 치즈 버터	19.2 4.3 4.0
유즙	모유 우유	3.0 0.3	두류	완두콩 땅콩	2.5 3.0
두류	대두 팥	10.2 7.3			

2. 비타민

비타민(vitamin)은 미량의 유기 화합물로 인체 내에서 합성되지 않으므로 식품을 통하여 섭취해야 한다. 생체에 필요한 비타민의 양은 미량이며 일반적으로 에너지 전환과 대사 조절에 관여하고 체내 효소의 조효소로서 생체 촉매역할을 한다. 생명(vital)에 필요한 아민(amine)이라 하여 'vitamine'이라 하였으나, 대부분의 비타민이 아민을 가지고 있지 않음이 밝혀져 –e 자를 뺀 'vitamin'이라고 쓰게 되었다.

지금까지 30여 종의 비타민이 밝혀졌으며, 발견 순서에 따라 알파벳으로 명시하였으나 구조가 밝혀지면서 화학명칭으로 불리고 있다.

비타민은 용해성에 따라 유지에 녹는 지용성 비타민(비타민 A, D, E, K)과 물에 녹는 수용성 비타민(비타민 B 복합체, 비타민 C)으로 구분하며 성질은 [표 12-12]와 같다.

표 12-12 지용성 비타민과 수용성 비타민의 성질

성질	지용성 비타민	수용성 비타민
용해도	지방과 지방용매에 용해, 물에 불용	물에 용해, 지방에는 불용
대사	지방과 함께 흡수되며 림프계를 통해 이동	당질, 아미노산과 함께 소화, 흡수되며 문맥순환(간)으로 들어 감
배출	담즙을 통하여 체외로 매우 서서히 배출	소변을 통하여 빠르게 배출
저장	간 또는 지방조직에 저장	필요량 이상은 배설, 저장하지 않음
공급	필요량을 매일 공급할 필요 없음	필요량을 매일 절대적으로 공급
조리 중 손실	조리수 중 손실되기 어려움	조리수를 통하여 손실

(1) 지용성 비타민

지용성 비타민에는 비타민 A, D, E, F, K 등이 있다.

1) 비타민 A

비타민 A(retinol)는 지용성 비타민으로 제일 처음 발견한 것으로서 항안 건조 인자라고 한다. 비타민 A는 성장을 촉진시키고 피부 특히, 점막조직의 상피세포 기능과 시력을 정상적으로 유지시켜 준다. 비타민 A가 결핍되면 눈의 망막에 비타민 A가 공급되지 못하기 때문에 야맹증이 되고, 상피세포가 건조하여 건성안염이 생긴다.

비타민 A에는 동물계에 존재하는 A_1(바닷고기, 육지동물의 간), A_2(민물고기의 간)와 식물계에 존재하는 카로티노이드가 있다.

카로티노이드는 동물의 체내에 들어가서 비타민 A의 효력을 나타내는 프로비타민 A로서 α−, β−, γ−카로틴과 크립토잔틴 등이 있으며, 이 중에서 β−카로틴의 효력이 가장 크다.

비타민 A는 물에는 녹지 않으나 지방 및 유기용매에 잘 녹는 담황색의 결정으로, 이중결합을 가지고 있어 공기 중의 산소, 빛, 열 등에 의해 산화·분해되기 쉽다. 산·알칼리에 대해서 비교적 안정되며, 천연식품 중 비타민 A는 항산화 작용을 갖는 물질들과 공존하고 있으므로 비교적 안정적이다. 최근에 비타민 A의 단위는 국제적인 추세에 따라 레티놀활성당량(Retinol Activity Equivalents, RAE)을 채택하였고, 단위를 RE(Retinol Equivalents)에서 RAE(Retinol Activity Equivalents)로 변경하면 식품 중 카로티노이드의 비타민 A 전환율은 1/2배로 줄어들게 된다. 한국인 영양소 섭취기준에 의하면 우리나라 성인의 일일 비타민 A 권장섭취량은 남자 800㎍RAE, 여자 650㎍RAE이다.

이들의 구조식은 다음과 같고, 식품 중 비타민 A의 함량은 [표 12-13]과 같다.

표 12-13 식품 중 비타민 A의 함량 (RAE/100g)

식품	함량	식품	함량
간유	30,000~50,000,000	당근	635
달걀노른자	600	파슬리	250
소간	1,500	시금치	240
뱀장어	1,050	오렌지	6
버터	407	김	1,875

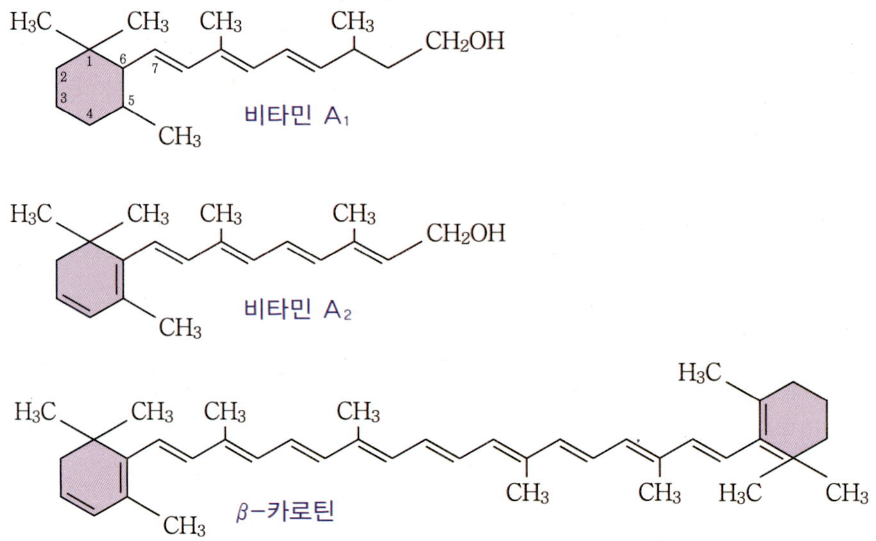

[그림 12-4] **비타민 A의 구조**

2) 비타민 D

비타민 D는 석회화(calcification)와 관계가 있으므로 칼시페롤(calciferol)이라고 부른다. 비타민 D는 칼슘과 인을 결합시켜 뼈에 침착시키는 작용이 크다. 비타민 D의 결핍은 곱추병, 골연화증을 일으킨다.

비타민 D에는 D_2(에르고칼시페롤, ergocalciferol)와 D_3(콜레칼시페롤, cholecalciferol)가 있다. 비타민 D_2는 생선 간유 중에 소량 함유되어 있고 비타민 D_3는 생선 간유 중에 다량 포함되어 있다.

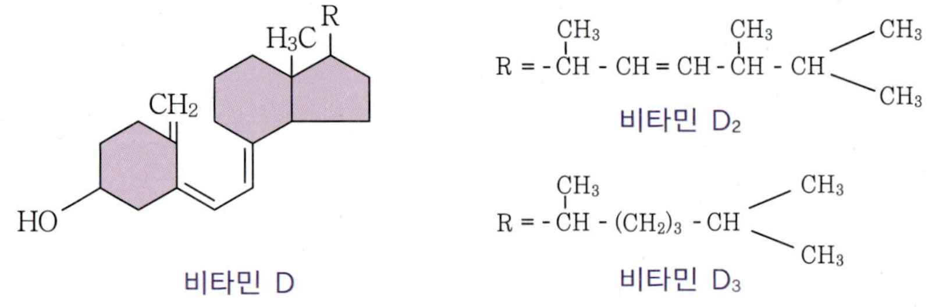

[그림 12-5] **비타민 D의 구조**

비타민 D_2와 D_3의 전구물질은 각각 에르고스테롤과 7-디하이드로콜레스테롤(7-dehydro-cholestrol)이다. 이들 전구물질은 자외선 조사에 의해서 각각 D_2와 D_3로 변한다. 한국인 영양소 섭취기준에 의하면 우리나라 성인의 일일 비타민 D 충분섭취량은 남녀 모두 10㎍이다. 식품 중 비타민 D의 함량은 [표 12-14]과 같다.

표 12-14 식품 중 비타민 D의 함량 (I.U./100g)

식품	함량	식품	함량
대구간유	10,000	정어리	530
달걀	50	버터	80
소, 돼지 간	100	우유	2
뱀장어	150	버섯	60

3) 비타민 E

비타민 E는 출산(tocos)과 관계가 있다고 하며 토코페롤(tocopherol)이라고 부른다. 비타민 E는 동물의 생식세포의 기능을 유지시켜 주며 항산화 작용을 한다. 비타민 E는 토콜(tocol)의 유도체로서 크로만(chroman) 핵에 결합하는 메틸기의 위치에 따라 α, β, γ, δ 의 네 가지 토코페롤이 있고 그 효력은 100:33:1:1이다.

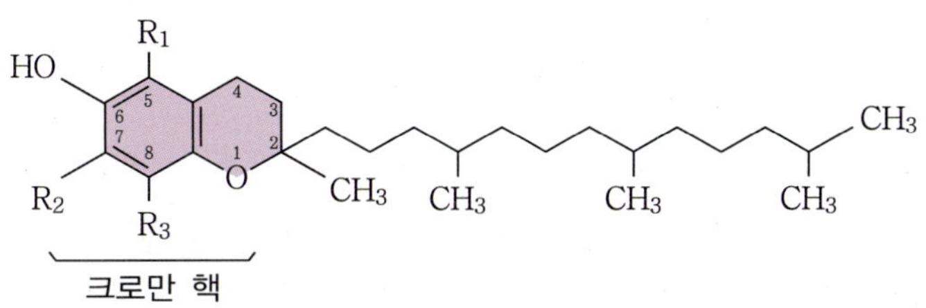

토콜{2-메틸-2-[트리메틸 트리데실]-6-히드록시크로만}

[그림 12-6] 비타민 E의 구조

표 12-15 비타민 E의 종류

종류	R_1	R_2	R_3	화학명	생물합성
알파 토코페롤 (α-tocopherol)	CH_3	CH_3	CH_3	5, 7, 8-trimethyl tocol	100
베타 토코페롤 (β-tocopherol)	CH_3	H	CH_3	5, 8-dimethyl tocol	약 33
감마 토코페롤 (γ-tocopherol)	H	CH_3	CH_3	7, 8-dimethyl tocol	약 1~5
델타 토코페롤 (δ-tocopherol)	H	H	CH_3	8-methyl tocol	1

비타민 E는 면실유, 땅콩기름, 콩기름, 올리브유 등의 식물성 기름에 많고 동물성 기름에는 매우 적게 들어있다. 한국인 영양소 섭취기준에 의하면 우리나라 성인의 일일 비타민 E 충분섭취량은 남녀 모두 12mg α-TE이다. 식품 중 비타민 E의 함량은 [표 12-16]과 같다.

표 12-16 식품 중 비타민 E의 함량 (mg/100g)

식품	함량	식품	함량
달걀노른자	3.0	참기름	5.0
소간	1.6	올리브유	8.0
우유	3.3	땅콩기름	16.0
밀배아	30.0	아마인유	23.0

4) 비타민 K

비타민 K(phylloquinone)는 혈액응고와 관계있는 비타민으로 K란 혈액의 응고라는 독일어 koagilation에서 붙여진 이름이다. 비타민 K에는 천연물에 존재하는 K_1, 미생물이 합성하는 K_2, 화학적으로 합성된 K_3(menadione) 등 세 가지가 있다. 비타민 K_1은 물에 녹지 않는 담황색 유상 물질로서 열에는 비교적 안정하나 광선이나 산, 알칼리 및 산화에는 불안정하다. 비타민 K_2는 담황색 결정으로 알칼리에 대해서는 비타민 K_1보다 안정하다. 비타민 K의 결핍증은 조류에서 많이 볼 수 있고 포유동물은 장내 세균에 의하여 합성되므로 결핍증이 잘 일어나지 않는다.

비타민 K는 시금치, 양배추 등 녹색 채소에 많고, 토마토, 간, 콩, 해조, 달걀 등에도 상당량 들어 있으며 곰팡이, 효모 등의 번식을 방지하므로 식품의 방부제로도 이용되고 있다. 한국인 영양소 섭취기준에 의하면 우리나라 성인의 일일 비타민 K 충분섭취량은 남자 75㎍, 여자 65㎍이다. 식품 중 비타민 K의 함량은 [표 12-17]과 같다.

표 12-17 식품 중 비타민 K의 함량 (㎍/100g)

식품	함량	식품	함량
돼지간	111	밀	17
닭간	13	완두	50
우유	8	감자	10
시금치	161	당근	5
양배추	70	꿀	25
토마토	12		

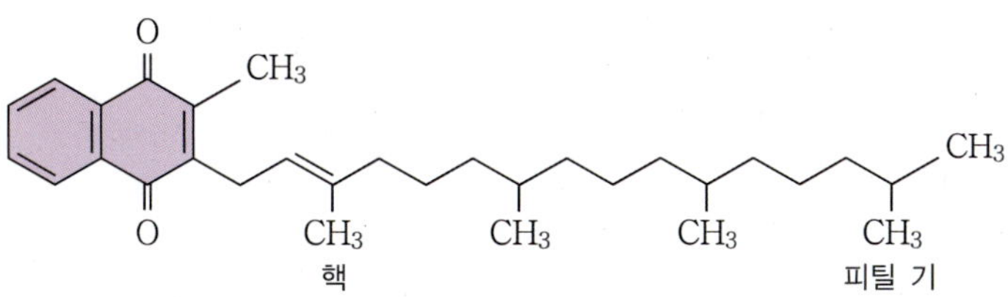

2-메틸나프토퀴논
비타민 K_1[2-메틸-3-피틸-1,4-나프토퀴논]

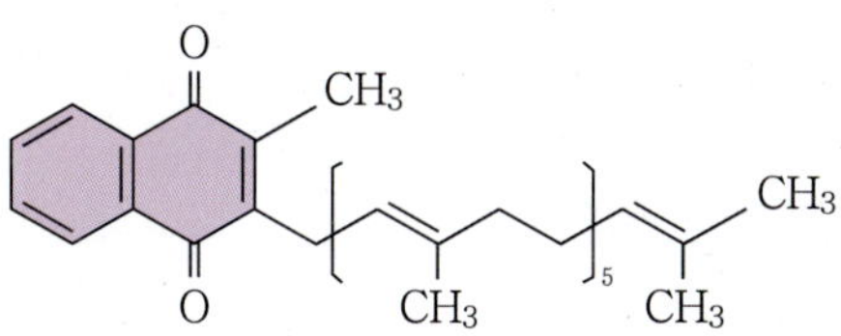

비타민 K_2[2-메틸-3-디파네실-1,4-나프토퀴논]

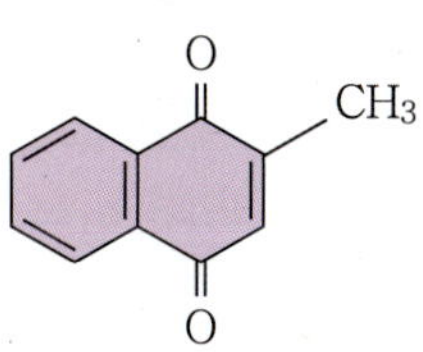

비타민 K_3[2-메틸-1,4-나프토퀴논 : 메나디온]

[그림 12-7] 비타민 K의 구조

5) 비타민 F

비타민 F는 필수지방산을 말하며, 리놀레산, 리놀렌산, 아라키돈산이 이에 속한다. 그러나 아라키돈산은 생체 내에서 리놀레산, 리놀렌산으로부터 합성될 수 있다. 이들 지방산의 필요량은 다른 비타민보다 많으므로 최근에는 비타민 F를 필수지방산으로 부르기도 한다.

비타민 F가 결핍되면 사람에게는 습진, 기관지염 등의 증상이 나타나고 쥐의 경우에는 성장 정지, 탈모, 피부염, 생식감퇴 등의 증상이 나타나게 된다. 또한 비타민 F는 모세혈관의 저항성을 높이고 고혈압 원인의 하나인 혈관 중의 콜레스테롤을 용해, 유출시키므로 혈압강하 작용이 있다.

표 12-18 지용성 비타민의 성질과 함유식품

종류	생리 작용	결핍증	성질	함유식품
비타민 A (레티놀)	성장촉진, 눈 보호, 상피 세포 보호, 세포분화 및 증식	야맹증, 안구건조증, 피부 각질화, 유아성장지연	산소·빛·금속에 불안정	간유, 버터, 당근, 시금치, 파슬리, 김
비타민 D (칼시페롤)	칼슘, 인의 항상성 조절, 골조직 형성	구루(곱추)병, 골연화증, 골다공증, 유아 발육부진	열·광선·산소에 안정, 알칼리·산에 불안정	간유, 간, 버터, 버섯, 달걀
비타민 E (토코페롤)	생식기능 정상화, 산화방지, 비타민 A의 흡수 증가	불임증, 적혈구 수명 단축, 빈혈	열·산에 안정, 알칼리·빛에 불안정	아마인유, 땅콩기름, 올리브유, 콩기름
비타민 K (필로퀴논)	혈액응고	혈액응고 지연, 신생아 출혈	열·산에 안정, 알칼리·빛·산화제에 불안정	간, 녹색채소, 달걀, 미역, 김
비타민 F (필수지방산)	산화·환원반응에 관여	피부염, 성장 정지		식물성 기름

(2) 수용성 비타민

수용성 비타민은 비타민 B_1, B_2, B_6, B_{12}, 니코틴산, 니코틴아마이드, 판토텐산, 엽산, 비오틴, 비타민 C, 비타민 P 등이 있다.

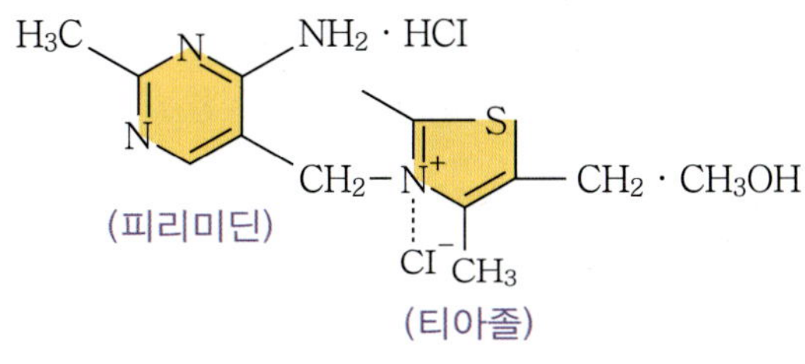

[그림 12-8] 비타민 B_1의 구조

1) 비타민 B_1

비타민 B_1(thiamine, aneurine)은 항신경염성 비타민이라고도 한다. 당질 대사 및 에너지대사에 중요한 역할을 하는 조효소 중 하나이다. 티아민이 결핍되면 초기에는 식욕 감퇴, 위장 운동 감퇴, 부종, 권태감, 신경쇠약, 공포증 등이 생기고, 심해지면 각기병에 걸리며, 동물에서는 주로 다발성 신경염 등의 증상이 나타난다. 티아민을 많이 함유하고 있는 식품은 간, 어란, 달걀노른자, 돼지고기, 햄, 우유, 분유, 어패류, 건조 효모, 콩류 등이며 식물성 식품이 동물성 식품보다 그 함량이 많다. 곡류에는 배아와 겨 등에 많으나 도정하면 거의 손실된다. 티아민의 분해효소인 티아미나아제(thiaminase)는 대합, 조개 등 패류와 잉어, 정어리 등 어류 및 고사리, 민물고기의 내장 등에 있고 티아민을 파괴한다. 이 효소는 가열하면 불활성화한다.

마늘의 매운맛 성분인 알리인이 알리나아제에 의하여 알리신이 되고 이것이 티아민과 결합하여 알리티아민(allithiamine: thiamine allyl disulfide, TAD)이 되면 흡수가 티아민보다 더 잘 되며 생리적 효과도 크므로 티아민제제로 많이 이용되고 있다.

한국인 영양소 섭취기준에 의하면 우리나라 성인의 일일 비타민 B_1 권장섭취량은 남자 1.2mg, 여자 1.1mg이다. 식품 중 비타민 B_1의 함량은 [표 12-19]와 같다.

표 12-19 식품 중 비타민 B_1의 함량 (mg/100g)

식물성식품	함량	동물성식품	함량
시금치	0.12	돼지고기	0.60
콩나물	0.15	소간	0.30
풋고추	0.20	대구	2.50
마늘	0.33	우유	0.03
콩	0.60	달걀노른자	0.25
쌀겨	1.00		
땅콩	1.09		
고추장	0.35		

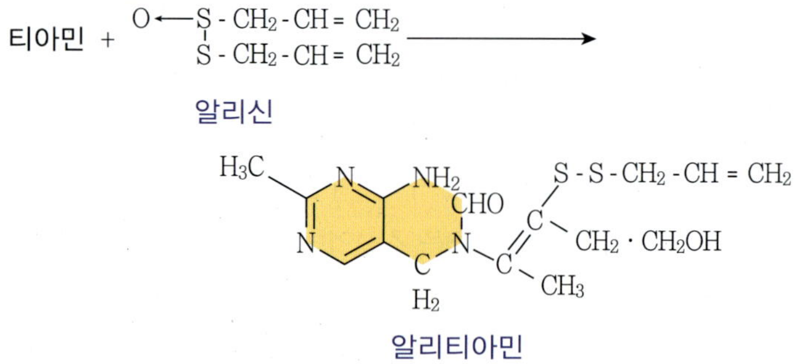

[그림 12-9] 비타민 B_1과 알리신의 결합

2) 비타민 B_2

비타민 B_2(riboflavin)는 동물의 성장 촉진인자로 알려져 있다. 체내에서 주로 존재하고 있는 플라빈 조효소는 플라빈 모노뉴클레오티드(flavin mononucleotide, FMN)와 플라빈 아데닌 다이뉴클레오티드(flavin adenine dinucleotide, FAD)의 형태이고 당질, 단백질, 지질 대사의 산화·환원 작용에 관여한다. 비타민 B_2는 단독에 의한 결핍보다 다른 비타빈 B복합제가 부족할 때 생기며 입과 인두 점막에 구각염, 구내엽, 설염, 지루성 피부염이 유발된다. 비타민 B_2는 우유나 유가공품, 효모, 간, 달걀, 김, 녹색 채소 등 동·식물계에 널리 분포한다. 한국인 영양소 섭취기준에 의하면 우리나라 성인의 일일 비타민 B_2 권장섭취량은 남자 1.5mg, 여자 1.2mg이다. 식품 중 비타민 B_2의 함량은 [표 12-20]과 같다.

표 12-20 식품 중 비타민 B_2의 함량 (mg/100g)

식물성식품	함량	동물성식품	함량
시금치	0.30	쇠고기	0.05
셀러리	1.00	소간	2.20
송이버섯	1.40	우유	0.15
간장	0.08	치즈	0.45
된장	1.00	분유	1.30

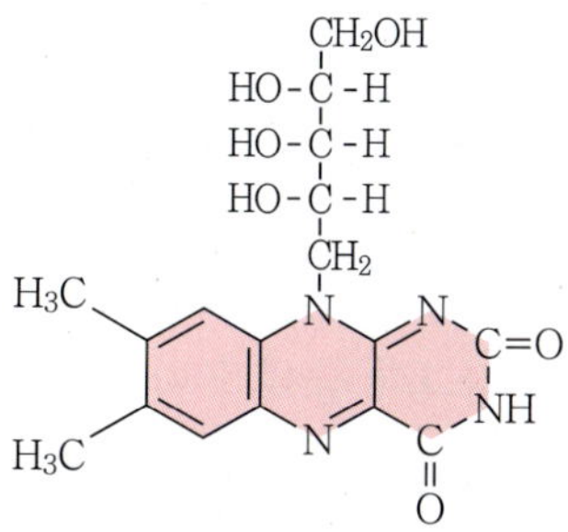

리보플라빈
(6,7-디메틸-9-1'-
리비틸-이소알록사진)

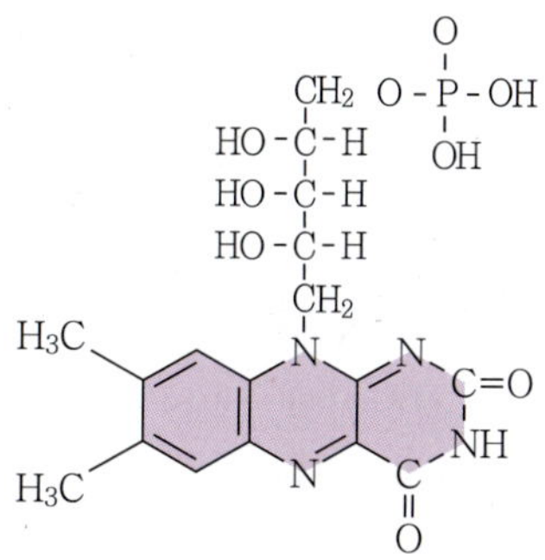

FMN

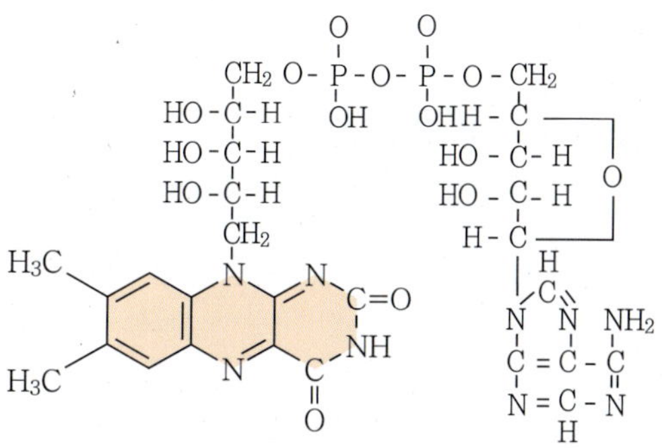

FAD

[그림 12-10] 비타민 B_2, FMN과 FAD의 구조

3) 니아신

니아신(nicotinic acid, niacin)은 자연계에서는 주로 니코틴아마이드(nicotinamide, niacin amide)로 존재하며, 인체 내에서는 필수아미노산인 트립토판으로부터 니아신이 60:1 정도로 합성된다.

[그림 12-11] 니아신과 니코틴아마이드의 구조

니아신이 부족하면 피부와 점막에 약한 손상이 일어나고, 심각하게 결핍되면 피부염, 설사, 정신이상, 색소 침착이 일어나는 펠라그라 증세가 나타난다. 니아신은 효모, 밀배아, 간, 땅콩, 커피 등에 풍부하며, 과일이나 채소에는 부족한 편이다. 한국인 영양소 섭취기준에 의하면 우리나라 성인의 일일 니아신 권장섭취량은 남자 16mg NE, 여자 14mg NE이다. 식품 중 비타민 니아신의 함량은 [표 12-21]과 같다.

표 12-21 식품 중 니아신의 함량 (mg/100g)

식물성식품	함량	동물성식품	함량
감자	1.0	쇠고기, 돼지고기	5.0
마늘	0.4	소간	17.0
현미	4.5	닭고기	8.6
찹쌀	5.0	달걀	0.1
보리	7.0		
보리쌀	7.8		
녹두	13.2		
참깨	7.8		
땅콩	30.0		

4) 비타민 B_6

천연에 존재하는 비타민 B_6에는 피리독신(pyridoxine), 피리독살(pyridoxal), 피리독사민(pyridoxamine)의 세 가지가 있다.

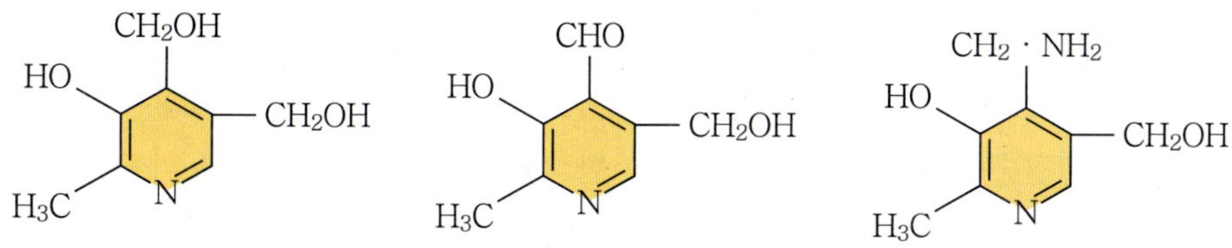

피리독신 피리독살 피리독사민

[그림 12-12] 비타민 B_6의 세 가지 구조

이들은 어느 것이나 무색의 결정으로 열, 산, 알칼리에는 안정적이지만 중성 또는 알칼리성에서 빛을 받으면 분해되며, 산화제에 약하다. 비타민 B_6의 인산염은 아미노산 대사에 관여하는 조효소이다.

비타민 B_6가 부족하면 두드러기, 구각염, 선염, 피부염 등 비타민 B_2의 결핍증과 유사한 증상이 나타나고 흰쥐의 경우에는 피부염과 펠라그라와 같은 증상이 심해진다. 비타민 B_6를 많이 함유하고 있는 식품으로는 간, 효모, 쌀겨, 소맥 배아, 곡류, 육류, 어육 등이다. 한국인 영양소 섭취기준에 의하면 우리나라 성인의 일일 비타민 B_6 권장섭취량은 남자 1.5mg, 여자 1.4mg이다. 식품 중 비타민 B_6의 함량은 [표 12-22]와 같다.

표 12-22 식품 중 비타민 B_6의 함량 (mg/100g)

식물성식품	함량	동물성식품	함량
시금치	83	쇠고기	80
양배추	290	돼지고기	200
고구마	320	소간	800
바나나	300	닭고기	100
밀배아	600	달걀	21
땅콩	300	우유	6
		치즈	70

5) 비타민 B_{12}

비타민 B_{12}(cobalamine)는 분자 중에 금속인 Co를 갖는다. 비타민 B_{12}는 핵산 합성, 단백질대사 등에 관여하며, 성장 촉진 및 조혈 작용에 효과가 있으므로 이것이 결핍되면 성장 정지와 악성 빈혈의 증세가 나타난다. 비타민 B_{12}는 동물의 간장에 가장 많이 들어 있으며 육류, 유제품, 난류 등의 동물성 식품에 많고 식물성 식품에는 함유량이 적다. 비타민 B_{12}는 장내 세균에 의하여 합성되므로 사람에게는 결핍증이 잘 나타나지 않는다. 한국인 영양소 섭취기준에 의하면 우리나라 성인의 일일 비타민 B_{12} 권장섭취량은 남녀 모두 2.4㎍이다. 식품 중 비타민 B_{12}의 함량은 [표 12-23]과 같다.

표 12-23 식품 중 비타민 B_{12}의 함량 (㎍/100g)

식물성식품	함량	동물성식품	함량
쌀	0	쇠고기	0.5~2.9
밀	0	돼지고기	0.1~2.8
효모	0.1	소간	30~50
맥주	0.2~0.4	돼지간	18~22
된장	0.15~0.90	정어리	2.6

6) 엽산

엽산(folic acid)은 프테린(pterine), 파라-아미노벤조산(p-aminobenzoic acid), 글루탐산으로 구성된 것으로 비타민 M이라고도 한다. 산에 불안정하나, 열에 비교적 안정한 황색 또는 등황색의 작은 결정이다. 강한 산성일 때는 열, 산소, 빛에 의하여 분해되고 약한 알칼리성에서는 열에 안정하나 빛으로 분해된다.

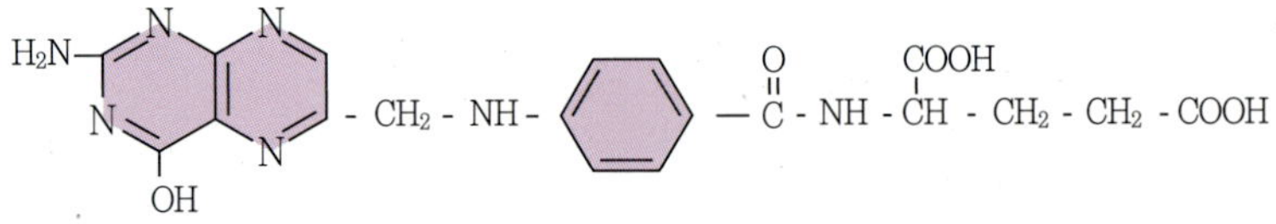

[그림 12-13] **엽산의 구조**

엽산은 개미산, 포름알데히드, 메틸기 등의 C_1단위의 물질대사에 관여하는 조효소로서 성장 및 조혈 작용에 필요하며, 부족하면 악성 빈혈의 원인이 된다. 엽산은 동·식물과 미생물에 널리 분포하고, 특히 간, 효모, 녹색 채소, 소맥 배아, 귤, 닭고기, 햄 등에 많이 들어 있다. 일반 식품에 널리 분포되어 있으며 장내 세균에 의하여 합성되므로 결핍증은 잘 일어나지 않는다. 한국인 영양소 섭취기준에 의하면 우리나라 성인의 일일 엽산 권장섭취량은 남녀 모두 400㎍ DFE이다. 식품 중 엽산의 함량은 [표 12-24]와 같다.

표 12-24 식품 중 엽산의 함량 (㎍/100g)

식물성식품	함량	동물성식품	함량
시금치	280	쇠고기	100
당근	100	돼지고기	100
바나나	100	소간	380
밀	190	닭고기	200
밀배아	300	달걀	85
땅콩	280	연어	860

7) 판토텐산

판토텐산(pantothenic acid)은 베타-알라닌(β-alanine)과 판토텐산으로 구성된 것이며 흡습성이 있고 끈끈한 미황색 유상 물질로서 물, 에테르, 빙초산에 녹는다. 그런데 중성 상태에서는 가열로 분해되지 않으나 산, 알칼리성에서는 쉽게 가수분해 된다.

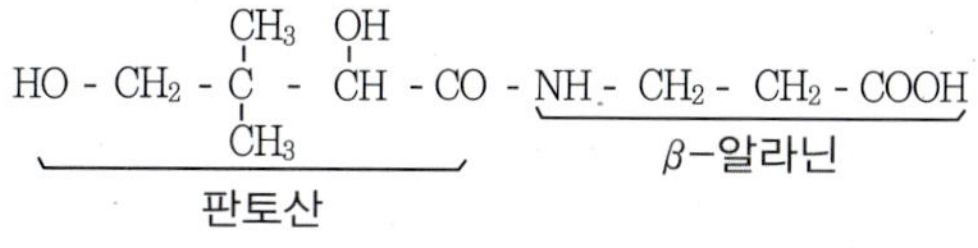

[그림 12-14] 판토텐산의 구조

판토텐산은 지질 및 당질 대사에 중요한 역할을 하는 보효소 A(coenzyme A)의 구성분이다. 그 결핍증으로는 닭의 피부염, 흰쥐의 성장 장애, 탈모, 피부염, 개의 간지질 변성 등을 들 수 있다.

그러나 사람의 결핍증에 대해서는 잘 알려져 있지 않다. 이것은 판토텐산이 장내 세균에 의하여 합성되고, 식품에 널리 분포되어 있으므로 결핍증이 잘 일어나지 않기 때문이다. 판토텐산은 식품 일반에 널리 분포되어 있는데 특히, 쇠간에 많고, 난류, 콩류, 효모 등에 많이 함유되어 있다. 한국인 영양소 섭취기준에 의하면 우리나라 성인의 일일 판토텐산 충분섭취량은 남녀 모두 5mg이다. 식품 중 판토텐산의 함량은 [표 12-25]와 같다.

표 12-25 식품 중 판토텐산의 함량 (mg/100g)

식물성식품	함량	동물성식품	함량
토마토	0.37	쇠고기	0.90
고구마	1.10	돼지고기	1.00
양배추	0.18	소간	6.10
쌀	0.40	닭고기	1.70
밀가루	0.57	달걀	1.70
쌀겨	2.40	우유	0.28

8) 비오틴

비오틴(biotin)은 비타민 H라고도 한다.

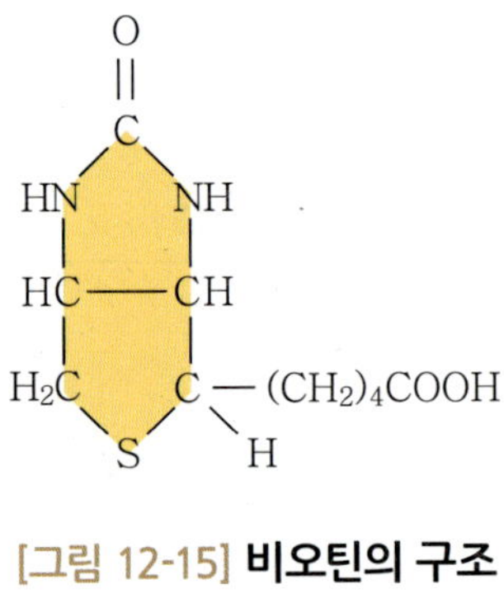

[그림 12-15] 비오틴의 구조

달걀흰자의 단백질인 아비딘과 쉽게 결합하여 불활성화 시키지만, 달걀흰자를 가열하면 아비딘이 변성하여 비오틴이 분리되므로 흡수·이용할 수 있다. 사람에게는 비오틴의 결핍증이 거의 일어나지 않는다. 한국인 영양소 섭취기준에 의하면 우리나라 성인의 일일 비오틴 충분섭취량은 남녀 모두 30㎍이다. 식품 중 비오틴의 함량은 [표 12-26]과 같다.

표 12-26 식품 중 비오틴의 함량 (mg/100g)

식물성식품	함량	동물성식품	함량
시금치	0.007	우유	0.005
콩	0.01	달걀	0.009
효모	0.16	굴	0.009

9) 비타민 C

비타민 C는 항괴혈병 인자이며 생체 산화·환원 반응에 관여한다. 환원형은 강한 비타민 C의 작용을 나타내며 산화형보다 두 배의 효력을 갖고 있다. 비타민 C는 콜라겐이나 스테로이드 호르몬을 합성하며, 철의 흡수를 촉진시키고, 감기에 대한 저항력을 증가시키는 효과가 있다. 최근에는 소화관 내에서 발암물질의 하나인 니트로아민(nitroamine)의 생성을 강하게 저해하는 작용 외에도 면역능력의 증강, 항종양 작용, 항동맥경화 작용, 항혈압 작용, 항히스타민 작용 등이 보고되고 있다.

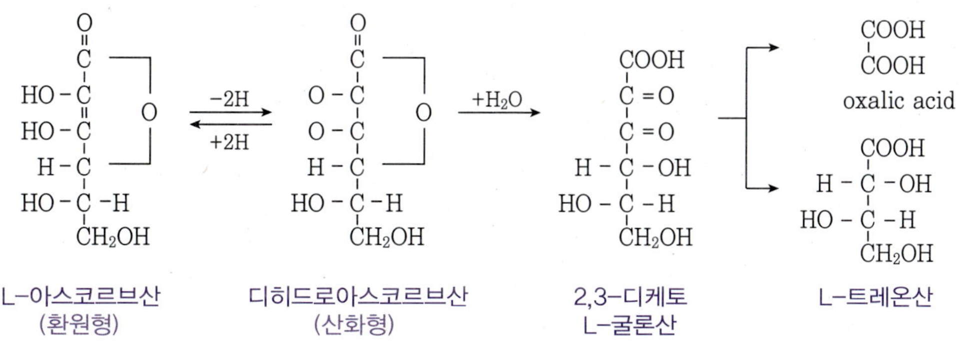

[그림 12-16] 비타민 C의 구조와 변화

결핍 증상은 괴혈병, 가벼운 빈혈, 세균 감염에 대한 저항력 감퇴, 해독 기능 저하, 창상 치유의 지연, 피부 색소의 침착 증가 등이다. 비타민 C는 주스, 고추, 완두콩, 감귤류, 브로콜리, 파슬리, 무청, 양배추 외엽, 딸기, 키위 등 과일 및 채소류에 다량 들어있다. 한국인 영양소 섭취기준에 의하면 우리나라 성인의 일일 비타민 C 권장섭취량은 남녀 모두 100mg다. 식품 중 비타민 C의 함량은 [표 12-27]과 같다.

표 12-27 식품 중 비타민 C의 함량 (mg/100g)

식품	함량	식품	함량
시금치	100	고구마	30
배추	40	파	50
양배추	240	고추	128
무청	150	토마토	20
콩나물	25	귤	40
파슬리	200	홍차	204

10) 비타민 P

모세관의 삼투성을 정상적으로 유지시켜주며, 감귤류 과피에 들어있는 헤스페리딘, 메밀의 루틴 등이 이에 속한다. 비타민 C와 함께 모세혈관의 강화 작용을 하므로 부족하게 되면 혈관의 저항력이 약화되고 피부에 혈액이 침투하여 보라색 반점이 생긴다.

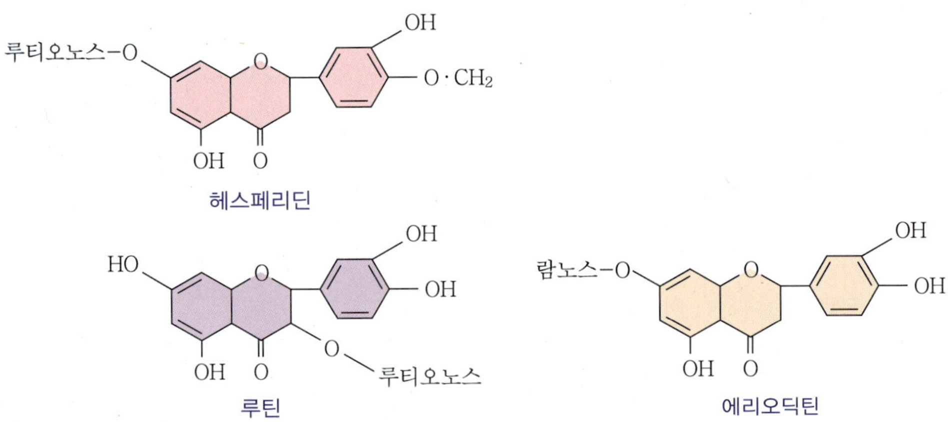

[그림 12-17] 비타민 P의 구조

표 12-28 수용성 비타민의 성질과 함유식품

종류	생리 작용	결핍증	성질	함유식품
비타민 B_1 (티아민)	당질대사 촉진, 식욕 및 소화기능 자극, 신경기능 조절	각기병, 식욕감퇴, 부종, 권태감, 신경쇠약	산·빛에 안정, 알칼리에 분해 산소·열에 불안정	쌀겨, 콩, 마늘, 돼지고기, 소간
비타민 B_2 (리보플라빈)	성장촉진, 탄수화물, 단백질, 지질 대사, 입안 점막 보호	성장저해, 구내염, 설염, 구각염	산·열·산소에 안정, 빛에 분해	우유, 분유, 달걀, 간, 녹색채소
니아신	열량소 산화환원 작용	펠라그라, 피부염, 점막 손상	안정	간, 땅콩, 보리, 육류
비타민 B_6 (피리독신)	단백질 대사 관여, 지방 합성	두드러기피부염, 구각염, 습진	산·알칼리·산소에 안정, 빛·열에 분해	간, 배아, 육류, 어류, 고구마, 바나나
비타민 B_{12} (시아노코발라민)	핵산합성, 혈액생성, 성장촉진	악성 빈혈, 성장정지	열에 안정, 산·알칼리에 불안정	간, 육류, 우유
엽산 (폴라신)	항빈혈작용, 핵산합성	거대적아구성 빈혈	산·빛·산소에 불안정	녹색채소, 간, 육류, 연어
판토텐산	에너지생성, 지방산합성, 스테롤 합성, 헤모글로빈 합성	피로, 불면, 빈혈	산·알칼리에 불안정	간, 곡류, 두류, 감자
비오틴	포도당·지방산 합성	탈모, 발톱깨짐, 위장증상	알칼리·산화제에 불안정	우유, 달걀, 굴, 시금치
비타민 C (아스코르브산)	콜라겐·스테로이드호르몬 합성, 감기예방, 철분흡수촉진	괴혈병, 면역기능저하, 해독기능저하, 피부색소 침착	산에 안정, 열·알칼리·미량 금속에 불안정	양배추, 파슬리, 고추, 시금치, 감귤류, 딸기
비타민 P	혈관 강화작용, 혈관 삼투압 유지	모세혈관저항력 약화, 피부에 보라색 반점	산에 안정	메밀, 토마토, 감귤, 오렌지

FOOD SCIENCE

제13장

채소·과일·해조·버섯류

1. 채소류
2. 과일류
3. 해조류
4. 버섯류

1. 채소류

채소류는 식용부위에 따라 크게 뿌리채소류, 잎채소류, 열매채소류, 화채류로 분류한다.

(1) 뿌리채소류

뿌리를 이용하는 채소로 무, 당근, 우엉, 연근, 마늘, 생강, 도라지, 더덕 등이 있다. 다른 채소류에 비하여 당질 함량이 더 높고 수분 함량이 적다[표 13-1].

1) 무

무(radish)는 십자화과에 속하는 식물로서, 우리나라에서는 옛날부터 재배되어 왔으며 즐겨 먹는 뿌리채소류 중 하나이다. 무에는 비타민 C가 다량 들어 있고(15~20mg%), 특히 껍질 부분에 많다. 무에는 아밀라아제, 아미다아제, 글리코시다아제 등의 효소가 들어 있어 전분의 소화를 도와준다.

무청에는 비타민 A와 C가 많으며, 특히 비타민 C의 함량은 90mg%나 되며 나트륨, 칼슘, 칼륨 등의 무기질과 식이 섬유가 많이 들어 있다. 무의 매운맛을 내는 함황성분은 항균, 항암, 기침, 감기에 효과가 있고 니코틴 독을 제거하고 가래를 삭이는 효과도 있다.

2) 당근

당근(carrot)은 원산지가 아프가니스탄 북부로 알려져 있다. 당근은 β-카로틴이 풍부하여 비타민 A 급원식품으로 시금치의 두 배 이상 들어 있다. 당근은 조직이 단단하며 지용성 성분이 많으므로 생식보다는 기름과 함께 조리하였을 때 흡수율이 높아진다. 당근에는 아스코르브산 산화효소가 들어 있어 비타민 C가 많은 무, 오이와 같은 채소와 함께 조리하면 비타민 C를 파괴시킨다. 이때 식초를 넣거나 열처리를 하면 비타민 C 파괴를 억제 할 수 있다.

3) 우엉

우엉(great burdock)은 원산지가 동양이며 뿌리를 식용으로 한다. 당질은 주로 이눌린이며 당질의 약 절반을 차지하고, 그 밖에 소량의 펜토산 및 당분이 들어 있다. 비타민 C는 3mg% 정도 들어 있다. 무기질은 칼륨이 약 40%를 차지하고 있으며, 나머지가 마그네슘과 칼슘 등이다. 우엉을 절단하여 방치할 때 갈변하는 것은 우엉 속의 탄닌이 산화효소와 공기 중의 산소로 산화되기 때문이다. 이와 같은 변색을 방지하려면, 우엉을 물에 담가두거나 식초물에 담가 산성으로 하였을 때 산화효소 작용이 억제된다.

4) 연근

연근(lotus root)의 원산지는 인도이며, 수련과의 다년생 식물로서 지하경을 이용한다. 고형 성분의 대부분은 당질이고 자체 내의 아밀라아제에 의하여 소화가 잘 된다. 비타민 A, B 류는 없고 비타민 C는 약간 들어 있다. 무기질은 주로 칼륨이고 인, 나트륨 등도 들어 있다. 연근 역시 우엉과 마찬가지로 절단하면 갈변되기 쉬우나 묽은 식초에 담그면 방지할 수 있다.

5) 마늘

마늘(garlic)의 원산지는 중앙아시아로 우리나라에서는 충남 서산, 경북 의성 등에서 주로 생산된다. 가을에 심어서 다음해 6~7월에 수확하며 재배하는 곳에 따라 논마늘과 밭마늘로 나뉜다. 마늘은 수분이 60%, 단백질이 약 5% 함유되어 있으며, 당질은 주로 과당의 4분자 축합물인 테트라 사카라이드(tetra-saccaride)이다. 비타민 중에서 B_1, B_2가 풍부하다. 마늘의 냄새는 디알릴설파이드(diallylsulfide)이며, 매운맛은 주로 알리신(allicin)이다. 알리신은 생마늘을 썰거나 다질 때 알리인(alliin)이 알리나아제(alliinase)에 의해 분해되어 생성된 것이다. 이 효소는 산이나 열에 약하므로 가열한 마늘이나 마늘장아찌에는 매운맛이 거의 없다. 비타민 B_1과 알리신이 결합된 알리티아민(allithiamin)이 0.1mg% 정도 존재하는데 알리티아민은 비타민 B_1의 체내 흡수, 이용률을 높여준다. 마늘은 항균 작용이 뛰어나 세균의 발육을 억제하며, 항암효과가 있는 것으로 알려져 있다. 위액 분비와 혈액순환을 촉진하고 혈중 콜레스테롤을 낮추어 줌으로써 동맥경화를 억제하기도 한다.

6) 생강

생강(ginger)의 원산지는 동남아시아로 우리나라에서는 충남 서산, 전북 전주, 전남 나주산이 유명하다. 보통 5월에 뿌리를 심어 8~11월에 수확한다. 생강의 매운맛 성분은 진저론(zingerone), 진저롤(zingerol), 쇼가올(shogaol) 등이다. 이들 성분은 위점막을 자극하여 위액 분비를 증가시키고 소화를 촉진하는 작용이 있다.

향신성 채소로 생선의 비린내와 육류의 누린내를 제거하며, 살균 작용이 있어 생선회에 곁들이기도 한다. 또한 디아스타아제(diastase)가 존재하여 육류의 연화에도 사용되며 항산화력이 인정되고 있다.

표 13-1 뿌리채소류의 성분표 (가식부 100g)

식품명	열량 (kcal)	수분 (%)	단백질 (g)	지질 (g)	탄수화물		무기질			비타민				
					당질 (g)	섬유 (g)	Ca (mg)	P (mg)	Fe (mg)	A (RAE)	B_1 (mg)	B_2 (mg)	니아신 (mg)	C (mg)
무	18	94.3	0.8	0.1	4.4	0.6	26	23	0.7	4	0.03	0.02	0.4	15
당근	37	89.5	1.1	0.1	8.6	2.5	40	38	0.7	635	0.06	0.05	0.8	8
우엉	69	80.3	3.1	1.0	15.5	3.4	56	72	0.9	0	0	0.06	0.5	3
연근	70	80.2	2.1	0.1	16.4	2.4	22	67	0.9	0	0.11	0.01	0.3	57
마늘	126	63.1	5.4	0.0	30.0	1.0	10	164	1.9	0	0.15	0.32	0.4	28
생강	53	83.3	1.5	0.2	13.9	1.6	13	28	0.8	0	0.03	0.04	1.0	5
도라지	74	77.8	2.0	0.1	19.2	4.7	45	70	1.3	1	0.02	0.06	6.0	14
더덕	78	76.7	2.9	0.1	19.5	5.2	24	130	1.5	0	0.16	0.11	0.7	11

7) 도라지

도라지(Chinese bellflower)의 원산지는 중국, 한국, 일본 등으로 다년생초이고, 뿌리를 나물로 이용한다. 대부분 2~3년째 수확하는 것이 일반적이다. 우리나라를 제외한 다른 나라에서는 약용으로 쓰인다.

단백질, 지질, 당류, 칼슘과 철분 등을 많이 함유하고 있으며 사포닌 성분을 지니고 있어 약용가치가 높아 예로부터 한약명으로 길경이라 하여 거담, 진해, 기침의 치료제로 이용하여 왔다. 특히 섬유질이 많고, 최근에는 항암 효과가 높다고 알려져 있다. 도라지에는 알칼로이드류와 배당체류의 쓴맛이 있어 찬물로 우려낸 다음 조리한다.

8) 더덕

더덕(wild root)의 원산지는 우리나라, 중국, 일본 등으로 2~8월에 수확한 것은 약용으로 쓰이며 뿌리가 희고 곧게 쭉 뻗은 것이 좋다. 뿌리를 식용으로 하며 인삼과 모양이 비슷하나 뿌리에 가로로 주름이 많이져 있다. 어린 순을 나물로 먹기도 하나 일반적으로 뿌리를 먹는다. 칼슘이 비교적 많으며 사포닌류와 스테롤류가 많이 들어 있다. 특히 약용성분은 콘도놉신(condonopsin)으로 알칼로이드의 일종이다. 티아민, 리보플라빈, 단백질, 지질, 당류, 인, 철 등 성분을 많이 함유하고 있으며 뿌리에 사포닌, 잎에 플라보노이드가 있어 혈중 콜레스테롤과 지질의 함량을 낮추며 혈관 확장 및 혈압강하의 효과가 있다.

더덕은 생김새가 인삼과 비슷하여 한방에서는 사삼이라 하였고, 폐의 기능을 강화시켜 주기 때문에 기관지염, 해소병의 약재로 이용되어 왔다. 최근에는 항암효과와 변비예방 및 치료에 효능이 있는 식이섬유가 다량 함유되어 있는 것이 밝혀져 약용을 겸한 건강식품으로 매우 인기가 높다.

(2) 잎채소류

배추, 양배추, 시금치, 파, 상추, 미나리, 쑥갓, 죽순, 셀러리 등으로 일반적으로 공통된 특징은 다음과 같다[표 13-2]. 엽록소를 많이 함유하고 있으며 섬유질이 많아 변비를 막는 데 효과가 있고, 특유의 향기가 있으므로 식욕을 증진시킨다. 비타민 A, B, C의 급원이 되며, 특히 비타민 C가 많다. 또한 칼륨과 칼슘이 많으며, 알칼리성 식품이므로 산을 중화하여 체액을 중성으로 유지시켜주는 역할을 한다. 유기산도 약간 들어 있어 피로 회복에 도움을 준다. 그러나 수분이 많고 단백질과 당질의 함량이 적어서 열량원이 되지 못하며, 수확 후에도 호흡 작용으로 부패하기 쉬워 저장성이 떨어진다.

1) 배추

배추(Korean cabbage)는 십자화 채소로 야생종은 지중해지역 중앙아시아 등에 분포하였으나 중국으로 유입되면서 채소의 형태로 발달하였다. 중국에서는 "백가지 채소가 배추만 못하다"고 할 정도로 많이 이용한다. 18세기 중엽에 중국에서 들어온 결구배추는 1900년대 초 가을 김장배추로 재배 되었다. 그 후 품종개량이 이루어져 오늘날 배추의 형태로 재배되어 김치의 주재료로 쓰인다. 배추의 비타민은 비교적 풍부하며 특히 비타민 C가 많고 무기질 중에는 칼슘이 가장 많다.

2) 양배추

양배추(cabbage)의 탄수화물은 주로 당분, 펜토산, 펙틴, 셀룰로오스 등이다. 아미노산 조성은 육류와 비슷하며 리신이 많은 식물성 식품이다. 무기질은 칼륨, 칼슘, 인, 철, 망간 등이 들어 있고 특히, 칼륨이 많다. 녹엽 부분에는 비타민 A, B_1, C와 칼륨을 상당량 함유하고 있으며, 특히 비타민 C는 무보다 훨씬 많다. 삶아서 조리하면 비타민 C가 대부분 파괴되므로 생식하는 것이 좋고, 백색부에는 비타민 A 및 C의 함량이 적다.

특수 성분으로는 프로고이트린(progoitrin)이라는 함황 배당체가 미로시나아제의 작용에 의하여 고이트린으로 변하며, 이것은 갑상선종 발생 인자이지만, 보통 식용하는 정도의 양배추로는 문제가 안 된다. 양배추를 삶으면 불쾌한 냄새와 맛을 내게 되는데, 이는 디메틸디설파이드(dimethyl disulfide)와 디메틸설파이드(dimethyl sulfide) 등 휘발성 함황 물질이 생기기 때문이다.

3) 시금치

시금치(spinach)에는 비타민 B류, C 및 β-카로틴이 많이 함유되어 있다. 시금치에는 1.03~1.24%의 수산을 함유하고 있어서, 다량 섭취하면 칼슘 흡수를 방해할 수 있으나 보통 섭취하는 정도는 문제되지 않는다. 무기질은 칼륨, 철이 많으며, 단백질은 2.8%가량 함유하고, 곡류에서 부족하기 쉬운 리신, 트립토판 등의 아미노산을 다량으로 함유하고 있다.

4) 파

파(welsh onion)에는 특유한 자극취와 매운맛 등이 있는데, 이는 함황 휘발성 물질 때문이다. 이들 물질은 열에 의하여 분해되기 쉽다. 생식하면 이들 휘발성 물질이 자극제로 작용하여 소화액의 분비를 왕성하게 하고 진정제나 발한 작용도 한다. 최루성 및 향기 성분인 알리인은 알리나아제에 의해서 알릴티오설피네이트(allyl thiosulfinate), 알릴티오설포네이트(allyl thiosulfonate), 알릴디설파이드(allyl disulfide) 등으로 분해된다.

알리신은 비타민 B_1의 이용률을 높여준다. 파류의 비타민은 푸른 부분에 비타민 A, 흰 부분에 비타민 B_1, C를 보통으로 함유하고 있다.

5) 상추

상추(lettuce)는 고구려의 특산물로 유명하며 수나라 사람들이 그 종자를 얻기 위해 비싼 값을 내야했으므로 천금채(千金菜)란 이름으로 불리기도 했다. 상추는 주로 날로 먹기 때문에 조리에 따른 영양 손실이 적다. 사과산, 구연산 등을 함유하고 있어 상큼한 맛이 나며 특히 비타민 A가 많다. 상추를 많이 먹으면 흔히 잠이 온다고 하는데, 이는 신경안정 작용을 하는 락투신(lactucin)이라는 성분 때문이다.

6) 미나리

미나리(dropwort)는 동남아시아, 오세아니아까지 널리 분포되어 있으며 우리나라에는 고대시대부터 식용하였다. 미나리에는 β-카로틴이 풍부하며, 무기질에는 칼슘, 철이 많으며 식이섬유가 많아 변비에 효과가 있으며 스트레스 해소에 도움이 된다. 미나리에는 해독 작용이 있으며 신진대사를 촉진한다.

7) 쑥갓

쑥갓(crown daisy)은 원산지가 지중해 연안이며 우리나라에는 조선 초기에 중국을 거쳐 들어 왔다. 비타민 A, C와 칼슘, 철이 많다. 비타민 C를 파괴하는 효소인 아스코르비나아제가 함유되어 있어 비타민 C의 파괴량이 많다. 무기질로는 칼슘, 철이 다른 잎채소보다 많으며, 섬유소가 많아 변비에 효과적이다.

8) 죽순

죽순(bamboo shoot)은 대나무류의 어린 눈으로 그 종류가 많다. 죽순은 단백질을 약 3.5% 함유하고 있는데, 단백질의 1/3이 각종 아미노산 및 유기염기 등 비단백태이며, 이것이 감칠맛의 원인이 된다. 특히 티로신이 많아서 삶으면 티로신의 흰색 가루가 나온다.

9) 셀러리

셀러리(celery)는 유럽 전역과 서방 아시아에 걸쳐 야생으로 생산되며, 식용되는 줄기는 특이한 향미가 있어 생식 외에 수프, 주스 등에 섞어 애용한다. 향기 성분은 세다노닌산(sedanonic acid), 세다놀(sedanol), 세다놀리드(sedanolide) 등이다.

표 13-2 잎채소류의 성분표 (가식부 100g)

식품명	열량 (kcal)	수분 (%)	단백질 (g)	지질 (g)	탄수화물		무기질			비타민				
					당질 (g)	섬유 (g)	Ca (mg)	P (mg)	Fe (mg)	A (RAE)	B_1 (mg)	B_2 (mg)	니아신 (mg)	C (mg)
배추	10	95.6	0.9	0.0	3.0	0.7	37	25	0.5	0	0.06	0.03	0.5	17
양배추	19	93.5	0.6	0.1	5.4	0.6	29	25	0.5	0.5	0.04	0.03	0.3	36
시금치	27	90.4	2.8	0.5	5.3	0.6	43	48	2.5	240	0.12	0.28	0.5	66
파	29	91.4	1.2	0.2	6.7	1.7	25	26	1.0	0.5	0.02	0.04	0.3	11
상추	14	94.6	12	0.3	3.2	0.8	29	18	1.1	25	0.10	0.08	0.4	10
미나리	16	93.0	1.5	0.1	4.3	1.0	24	45	2	125	0.06	0.12	1.5	10
쑥 갓	21	90.9	3.5	0.1	4.6	1.4	38	47	2.0	313	0.07	0.14	0.3	18
죽순	13	93.0	3.3	0.3	2.3	1.6	14	77	1.1	1.5	0.16	0.06	0.6	7
셀러리	22	91.1	1.8	0.2	5.5	0.9	17.7	53	1.4	54	0.16	0.18	0.8	47

(3) 열매채소류

과채류는 열매를 식용하는 채소를 말하며 호박, 오이, 토마토, 가지, 고추 등이 여기에 속하고, 일반적으로 당질 함량이 낮고 수분 함량이 높다[표 13-3].

1) 호박

호박(pumpkin)은 원산지는 페루의 안데스 산록인데, 15세기말 콜럼버스가 발견하여 유럽에 전했다. 우리나라에는 임진왜란 이후에 들어 왔다. 호박은 처음에는 사찰에서 많이 심어 승려들이 주로 먹었기 때문에 승소(僧蔬)라 부르기도 했다. 그러나 차츰 조선시대 서민의 부식으로 정착되었으며 어려울 때 구황식품으로 먹기도 했다.

애호박은 대부분이 수분(약 97%)이며 비타민 C는 9mg%이다. 호박이 익어감에 따라 붉은색을 띠는 것은 주로 카로틴으로 2~6.7mg% 정도 들어 있으며 비타민 C가 약 20mg% 함유되어 있으나, 공존하는 비타민 C 산화효소에 의하여 파괴되기 쉽다. 저장 중에는 전분이 감소하고 유리당이 증가하여 단맛이 높아진다. 호박씨에는 단백질과 불포화지방산이 많아 혈중 콜레스테롤을 낮춰 고혈압과 동맥경화증을 예방한다.

2) 오이

오이(cucumber)는 인도가 원산지이며 우리나라 여름철 식품으로서 중요한 과채류로 생식하거나 김치로 식용된다. 오이에 들어 있는 회분 중에는 칼륨이 많고 미량의 철, 마그네슘, 구리 등이 들어 있으며, 전형적인 알칼리성 식품이다. 주성분은 당질로서 글루코오스 등이 들어 있고 비타민은 A, C가 많다.

오이김치나 오이장아찌를 담으면 발효로 생성된 산에 의하여 엽록소의 녹색이 퇴색하는데, 김치를 담글 때 놋쇠 토막을 넣으면 구리가 엽록소의 마그네슘과 치환되어 녹색이 유지된다.

3) 토마토

토마토(tomato)의 원산지는 남미이며, 종류가 다양하다. 중요한 영양 채소의 하나로서 생식 외에 수프, 샐러드의 재료 또는 토마토주스, 토마토 퓌레, 토마토 케첩 등의 가공 원료로 이용된다. 토마토는 완숙됨에 따라 클로로필이 분해되고 카로티노이드 색소가 생성되므로 적색이 증가한다. 따라서 토마토의 색소는 주로 카로틴과 리코펜이다.

비타민 A, B, C가 많이 들어 있고 특히 토마토의 비타민 C는 가열, 조리에 비교적 안정하다. 무기질로는 칼륨이 많고 전체 회분의 60%를 차지하며 염소, 인 등이 들어 있다. 구연산, 사과산 등 유기산이 들어 있으며 향기 성분은 카르보닐 화합물 및 저급 알코올류 등이다. 토마토 중에는 스테로이드계의 알칼로이드인 토마틴(tomatin)이 존재하는데, 이것은 곰팡이의 번식을 억제하는 효과가 있다.

4) 가지

가지(eggplant)는 중앙아시아가 원산이며, 당질의 함량이 많고 조단백질도 소량 들어 있다. 무기질은 칼륨이 많고 비타민 B_1, B_2, 소량의 비타민 C를 함유한다. 짙은 보라색의 독특한 가지 빛깔은 안토시안계 색소 나스닌(nasunin)에 의하며, 조리 방법에 따라 빛깔의 변화가 현저하다. 과육 중의 페놀라아제와 클로로겐산 및 그 관련 물질에 의하여 퇴색한다. 소금은 페놀라아제의 작용을 저해하여 빛깔의 변화, 퇴색 등을 저지하고 Al^{3+}, Fe^{3+} 등 금속 이온은 색소와 복합체를 형성하여 심청색을 나타낸다. 가지를 소금으로 절이면 고운 자색이 되고 조리 가공할 때 백반이나 녹슨 쇠붙이를 넣으면 색이 고정된다. 가지로 김치를 담그면 발효하여 젖산이 생겨서 산성이 되기 때문에 적색을 띠게 된다.

5) 고추

고추(red pepper)는 열대 아메리카가 원산지인 가지과 채소이다. 고추는 왜겨자라는 이름으로 일본에서 들어 왔다. 고추의 매운맛은 캡사이신 성분에 따라 구분된다. 카로틴이나 비타민 B_1, B_2, C가 풍부하고 칼륨, 인, 칼슘 등 무기질을 함유한다. 고추의 붉은색은 캡산틴에 의한 것이고 감칠맛은 베타인과 아데닌이다. 최근에는 개량고추가 많이 개발되어 아삭이고추, 오이고추 등 당도를 높이고 새로운 맛과 질감을 주는 고추 품종이 많다.

표 13-3 열매채소류의 성분표 (가식부 100g)

식품명	열량 (kcal)	수분 (%)	단백질 (g)	지질 (g)	탄수화물		무기질			비타민				
					당질 (g)	섬유 (g)	Ca (mg)	P (mg)	Fe (mg)	A (RAE)	B_1 (mg)	B_2 (mg)	니아신 (mg)	C (mg)
호박	26	93.0	0.9	0.1	5.6	1.2	30	36	0.4	17	0.16	0.02	0.4	9
오이	12	96.1	0.8	–	2.8	0.8	13	21	0.7	3.5	0.22	0.01	0.3	–
토마토	18	94.3	0.8	0	4.5	1.0	6	12	0.5	6	0.04	0.01	0.5	12
가지	17	94.6	0.8	0.1	4.0	2.0	18	24	0.2	31.5	0.18	0.03	0.4	2
고추	26	91.9	1.2	0.2	6.0	5.6	13	28	0.4	1.5	0.20	0.04	0.8	–

(4) 화채류

화채류는 꽃을 식용하는 채소를 말하며 브로콜리와 콜리플라워가 있다[표 13-4].

1) 브로콜리

브로콜리(broccoli)는 녹색의 꽃봉오리 다발을 먹는데 콜리플라워에 비해 단백질, 무기질, 비타민 C와 비타민 B_2가 많고, 아연과 구리도 많다. 특히 양배추 종류 중에서 항암 효과가 좋은 설포라판(sulforaphan)을 다량 함유하고 있다. 녹색이 진하고 꽃봉오리가 밀집되어 단단한 것일수록 좋다.

2) 콜리플라워

콜리플라워(cauliflower)는 꽃양배추라고도 하며 줄기 끝에 흰색의 꽃봉오리 다발을 먹는다. 비타민 C가 100g당 99mg이나 들어 있고, 필수아미노산인 리신과 히스티딘이 많이 있어 쌀을 주식으로 하는 동양인에게 좋다. 순백색이 좋고, 꽃봉오리가 밀집되어 둥근 모양으로 단단한 것이 좋다.

표 13-4 화채류의 성분표 (가식부 100g)

식품명	열량 (kcal)	수분 (%)	단백질(g)	지질 (g)	탄수화물		무기질			비타민				
					당질 (g)	섬유 (g)	Ca (mg)	P (mg)	Fe (mg)	A (RAE)	B_1 (mg)	B_2 (mg)	니아신(mg)	C (mg)
브로콜리	33	88.6	5.0	0.3	5.0	1.7	64	195	1.5	64	0.12	0.26	1.1	98
콜리플라워	22	92.4	1.9	0.1	4.6	0.1	12	304	0.6	1	0.07	0.09	0.3	99

2. 과일류

과일은 색이 아름답고 향기가 좋으며, 과육과 과즙이 많고 단맛이 있다. 감미는 고형물의 대부분을 이루고 있는 설탕, 포도당, 과당 등의 당분에 기인하며 과일 고유의 탄수화물로서 펙틴질을 함유하고 있다. 과일은 유기산이 많은 액즙을 가지고 있어서 상쾌한 맛을 주며, 유기산의 종류는 주로 사과산, 주석산, 구연산, 탄닌산 등인데, 과일의 종류에 따라 함유하는 산이 각각 다르다.

과일 중의 무기질은 영양상 중요하며, 칼륨, 인, 철, 칼슘 등이 풍부하다. 비타민 C는 대부분의 과일에 많이 들어 있으며 특히 레몬, 오렌지에 많다. 비타민 A는 일반적으로 적으나 감 등의 과일에는 카로틴의 형태로 많이 함유되어 있다.

과일의 향기 성분은 유기산 및 여러 가지 에스테르류, 테르펜류, 알데히드류, 알코올류, 아세톤 등에 의하며 개미산, 아세트산, 카프로산 및 아밀에스테르아세트알데히드(amyl ester acetaldehyde) 등이 중요한 방향 성분들이다.

과일류는 과육이 발달된 형태에 따라 인과류, 핵과류, 장과류, 견과류 등으로 분류한다.

(1) 인과류

꽃받침이 발달하여 결실을 맺은 과일로 씨방 안에 종자가 있고 과일의 꼭지와 배꼽이 서로 반대편에 있다. 사과, 배, 감, 감귤류, 파파야가 있다[표 13-5].

1) 사과

사과(apple)는 세계적으로 한랭하고 건조한 지방에서 많이 생산되며, 홍옥, 부사 등 그 종류가 매우 다양하다. 사과의 주성분은 당류로서 그 함량은 10~14%이고, 당분으로서는 과당이 많으며 포도당, 설탕이 들어 있다. 전분은 미숙과에 소량 들어 있다.

유기산은 사과산을 주로 함유하고 그 밖에 구연산, 호박산, 주석산 등이 들어 있으며, 비타민 A와 B_1은 극히 소량이고, 비타민 C는 5~10mg% 정도 들어 있다. 무기질로는 칼륨과 철이 비교적 많다. 방향 성분은 개미산, 아세트산, 뷰티르산 등 저급 유기산의 아밀에스테르 등이 주성분으로 되어 있다.

사과는 저장성이 있는 과일이지만, 장기간 저장하면 당분과 산이 감소된다. 사과의 가공품으로는 과즙, 사과주, 건조사과, 사과잼, 사과 통조림 등이 있다.

2) 배

배(pear)는 일본종, 서양종, 중국종의 세 가지로 크게 나누는데, 서양종은 육질이 부드러운 반면 일본종은 비교적 단단하고 과육이 거칠다. 당질 중에서 과당이 많고 설탕, 포도당도 소량 들어 있으며, 산은 주로 사과산이 많다. 그 밖에 구연산, 주석산을 소량 함유한다. 비타민은 소량의 B_1, B_2 및 C가 함유되어 있다.

과육 내의 석세포는 펜토산이며 분해하면 자일로스, 아라비노스 등을 생성한다.

3) 감

감(persimmon)은 단감과 떫은 감이 있는데, 이들은 또 여러 가지의 품종으로 나누어진다. 감의 성분 중에서 다른 과일과 뚜렷하게 다른 점은 탄닌을 다량으로 함유하고 있는 것이다. 감의 탄닌은 플로로글루신(phloroglucine)과 갈릭산으로 된 시부올(shibuol)이며, 이것은 수용성이고 덜 익은 감에 그 함량이 많다. 탄닌 세포막이 약하여 파괴되기 쉽고 수용성이므로 과육에 녹아나와 떫은맛을 낸다. 그러나 감이 익어감에 따라 분자간 호흡으로 아세트알데히드가 생성되고, 시부올이 이와 반응하여 불용성인 물질로 변화되기 때문에 떫은맛을 느끼지 않게 되고, 당분이 증가하여 단맛을 갖게 된다.

감의 당분은 대부분이 전화당이고 미량의 설탕도 존재한다. 비타민류는 A가 237 RAE로 많은 편이며, 비타민 C는 약 13mg% 들어 있다. 감의 가공품에는 곶감이 있는데, 곶감에 생기는 흰 가루는 당분으로서 과당과 포도당이다.

4) 감귤류

감귤류(citrus fruits)는 우리나라에서는 기후적으로 보아 제주도 및 남해지방으로 극히 한정되어 있고, 우리나라에서 재배될 수 있는 밀감류는 온주밀감이며 그 외에 여름밀감, 네이블오렌지, 레몬, 금귤 등 그 품종이 대단히 많다.

감귤류의 당과 산의 함량비는 품종과 재배법에 따라 다르고 신맛은 주로 구연산과 아스코르브산에 의하며 단맛은 설탕, 포도당, 과당에 의한다. 펙틴질이 많고, 특히 껍질에 많아서 건물량으로 20~40%나 된다. 감귤류에는 헤스페리딘, 나린진 등의 플라바논 배당체를 함유한다. 헤스페리딘은 용해성이 적어서 밀감 통조림의 백점이나 투명한 주스 혼탁의 원인이 된다.

5) 파파야

파파야(papaya)는 열대 아메리카가 원산지로 즙이 많으며 공 모양 또는 긴 달걀 모양으로 무게는 0.2~3kg 이다. 녹색을 띤 노란색에서 붉은색을 띤 노란색으로 변하고, 과육은 짙은 노란색 또는 자주색을 띤 빨간색이며 두껍고 콩알만 한

많은 씨가 젤리 같은 것에 싸여 있다. 단백질 분해효소인 파파인(papain)은 고기의 연화 작용과 단백질의 소화를 돕는다. 생식하거나 잼 또는 설탕에 절인 과자 등을 만들기도 하고, 종자는 향신료로도 이용한다.

표 13-5 인과류의 성분표 (가식부 100g)

식품명	열량 (kcal)	수분 (%)	단백질 (g)	지질 (g)	탄수화물		무기질			비타민				
					당질 (g)	섬유 (g)	Ca (mg)	P (mg)	Fe (mg)	A (RAE)	B_1 (mg)	B_2 (mg)	니아신 (mg)	C (mg)
사과(부사)	57	83.6	0.3	0.1	15.8	0.5	3	8	0.3	1.5	0.01	0.01	0.1	4
배(신고)	39	88.4	0.3	0.1	10.9	0.6	2	11	0.2	0	0.20	0.01	0.1	4
단감	83	72.3	0.9	0.0	23.0	0.9	6	34	3.9	237	0.06	0.14	0.6	13
감귤	42	87.8	1.0	0.1	10.8	0.2	9	18	0.6	71	0.07	0.15	0.7	48
파파야	38	88.9	0.7	0.1	9.8	2.2	22	12	0.8	4.5	0.09	0.02	0.3	37

(2) 핵과류

과육의 중간에 씨방이 발달하여 딱딱한 핵을 이루고 그 안에 종자가 들어 있는 과일로 복숭아, 매실, 앵두, 살구, 자두, 망고, 아보카도 등이 있다[표 13-6].

1) 복숭아

복숭아(peach)의 주성분은 당분으로 설탕이 많고 그 함량은 품종에 따라 다소 차이가 있다. 복숭아는 섬유질이 많고 무기질로는 칼륨이 많으며, 비타민류는 모두 적게 들어 있다. 산으로는 구연산, 사과산이 들어 있고, 향기 성분은 개미산, 아세트산, 카프릴산 등의 에스테르, 아세트알데히드 등이며 카프롤락톤(caprolactone), 아세트락톤(acetlactone) 등 락톤류의 존재가 특징적이다.

백도는 표피와 과육에 시아니딘 배당체 색소를 가지고 있어서 적색을 띠며 이와 같은 적색을 띤 과육을 통조림 하면, Sn^{2+}, Fe^{2+}과 반응하여 자색으로 변하므로 품질이 떨어진다. 황도의 색소는 베타-카로틴, 제아잔틴, 크립토잔틴 등의 카로티노이드이다. 복숭아의 씨에는 아미그달린이 들어 있다. 가공품으로 복숭아 통조림, 복숭아잼 등이 있다.

2) 매실

매실(plum)의 원산지는 중국 중남부이며, 종류는 여러 가지가 있으나 일반적으로 강한 신맛을 내는 것이 매실의 특징이다. 신맛은 다량의 유기산에 의하며 주로 구연산과 사과산이고, 당질은 약 8~10% 함유하며 주로 과당이 많다. 매실의 씨에는 배당체인 아미그달린이 들어 있고, 이것은 배당체 분해에 의하여 분해하면 벤알데히드(benaldehyde)와 시안화수소(HCN)를 생성한다. 덜 익은 매실은 씨가 연하여 깨어지기 쉬운데, 이때 아미그달린이 분해되어 강한 독성을 가지는 시안화수소를 생성하므로 중독에 걸리기 쉽다. 가공품으로는 매실주, 매실 엑스, 염지매실(우메보시) 등이 있다.

3) 앵두

앵두(sweet cherry)는 그 종류가 많으며 대개 외국종이 크고 맛이 있다. 당질은 약 15% 함유하며 주로 과당, 포도당, 설탕이다. 유기산으로는 사과산, 호박산, 구연산, 주석산 등이 들어 있다. 과육은 부드러워 생식을 많이 하지만 그 외에 과일주나 주스로도 이용된다.

4) 살구

살구(apricot)의 원산지는 중국이고, 미국의 캘리포니아가 세계 최대 생산지이다. 우리나라에서는 경북, 충남이 주요 산지이다. 국내산은 유기산이 많아 산미가 강하지만, 유럽 종은 크고 유기산도 적고 당도와 향이 좋다. 90%가 과육이며 비타민 C는 5mg%로 적은 편이지만, 비타민 A는 148.5 RAE로 과일 중에서 많은 편이다. 유기산은 품종에 따라 1~3%로 신맛이 강하며 주로 사과산이고 소량의 구연산이 포함되어 있다. 과육의 색은 많은 양의 카로틴과 약간의 리코펜에 의하여 황색을 띤다. 펙틴이 많이 있어 잼으로 가공하기 좋다. 살구 씨는 행인이라 하며 아미그달린이 약 3% 정도 함유되어 있고, 한방에서 해열, 진해, 거담 등의 효능이 있어 기침, 천식, 기관지염, 인후염, 급성폐렴, 변비에 사용한다. 생과, 통조림, 잼, 술, 소스, 건과 등으로 이용하며 건조 시에는 3~4시간 훈증 처리하여 말린다.

5) 자두

자두(plum)의 원산지는 중국으로 품종은 동양자두, 서양자두가 있으며 색은 주황색, 홍색, 검붉은색, 자색, 황색, 황백색 등이 있다. 동양자두는 포모사, 피자두, 산타로사 등의 품종이 있으며 수분이 많고 새콤달콤하여 생과로 먹기에 좋다. 서양자두는 모양이 타원형이며 검은 청자색이고 건과로 많이 이용한다. 당분은 약 5%이고, 유기산은 주로 사과산이고 비타민, 무기질이 풍부하다. 말린 자두에는 칼슘, 인, 철, 칼륨이 풍부하다. 생과, 잼, 젤리의 원료, 통조림, 과일주 등으로 이용되고, 말린 자두는 아침식사나 과자의 장식용으로 쓰인다.

6) 망고

망고(mango)는 넓은 달걀 모양으로 길이 3~25cm, 넓이 1.5~10cm이다. 익으면 노란빛을 띤 녹색이나 노란색 또는 붉은색을 띠며 과육은 노란색 또는 주황색이다. 과당, 포도당, 설탕이 주성분이며, 유기산으로는 구연산이 함유되어 있다. 과일 중에는 비타민 A가 많은 편으로 과육의 홍황색은 베타-카로틴에 의한 것이다. 과육은 즙이 많고 단맛이 강하며 특유의 향기를 가져 생것으로 먹거나 샐러드드레싱, 소스, 통조림, 젤리 또는 아이스크림에 넣어 먹기도 한다.

7) 아보카도

아보카도(avocado)는 악어의 등처럼 울퉁불퉁한 껍질 때문에 악어배라고도 하며 멕시코와 남아메리카가 원산지이다. 과육은 버터처럼 부드럽고 노란색을 띠며 고소한 맛과 독특한 향기가 난다. 지방 함량이 가장 높은 과일로 알려져 있고, 지질은 주로 불포화지방산이다. 빵에 발라 먹거나 아보카도 기름으로도 사용한다.

표 13-6 핵과류의 성분표 (가식부 100g)

식품명	열량 (kcal)	수분 (%)	단백질 (g)	지질 (g)	탄수화물		무기질			비타민				
					당질 (g)	섬유 (g)	Ca (mg)	P (mg)	Fe (mg)	A (RAE)	B_1 (mg)	B_2 (mg)	니아신 (mg)	C (mg)
복숭아(백도)	36	89.4	0.6	0.1	9.1	0.7	5	19	0.1	-	0.03	0.02	0.7	-
복숭아(황도)	45	87.0	0.7	0	11.8	1.2	4	15	0.3	21	0.34	0.02	0.4	0
매실	34	89.4	1.1	1.1	7.8	2.9	28	24	3.7	1	0.06	0.02	0.5	11
앵두	61	82.9	1.1	0.3	15.2	1.2	23	30	0.5	0.5	0.06	0.04	0.7	17
살구	30	91.4	0.9	0.2	7.1	1.6	5	14	0.5	148.5	0.03	0.02	0.3	5
자두	26	93.2	0.5	0.6	5.3	2.2	3	12	0.2	0	0.04	0.03	0.3	5
망고	64	82.0	0.6	0.1	16.9	1.3	15	12	0.2	51	0.04	0.06	0.7	20
아보카도	187	71.3	2.5	18.7	6.2	5.3	9	55	0.7	4.5	0.10	0.21	2.0	15

(3) 장과류

중과피와 내과피로 구성되어 있고, 하나의 과일은 하나의 자방으로 되어 있다. 육질이 부드럽고 그 속에 즙이 많은 과일로 작은 종자도 많이 있다. 포도, 무화과, 딸기, 바나나, 파인애플, 키위 등이 여기에 속한다[표 13-7].

1) 포도

포도(grape)는 당분이 많고 그 함량은 품종에 따라 다르며, 보통 14~15%이다. 그러나 유럽산은 보통 20% 이상이다. 포도는 성숙함에 따라 당분이 증가하고 산이 감소하며, 완숙하면 당분이 최대로 된다. 산의 함량은 약 1%이며, 주석산과 사과산이 많다. 과즙 또는 포도주를 만들 때 즙액 중에 주석이 석출되는데, 이것은 주석산의 칼륨염이다. 무기질로는 칼륨이 많고, 비타민 A, B류, C 등이 있으나 그 함량은 적다. 포도는 생식용으로 많이 소비되고 있으며 가공품으로는 포도주스, 건포도, 포도시럽, 포도주 등이 있다.

2) 무화과

무화과(fig)는 소아시아, 유럽 남부가 원산지이다. 당분이 풍부하여 13%나 되며, 대부분이 전화당이고, 설탕, 펜토산도 함유하고 있다. 무화과는 단백질 분해효소인 피신(ficin)을 함유하고 있어 육식을 섭취한 후에 무화과를 먹으면 소화가 잘 된다.

3) 딸기

딸기(strawberry)는 나무딸기와 풀딸기 및 양딸기 3종류가 있다. 외국 특히 미국에서는 라스베리(raspberry), 블랙베리(black berry), 블루베리(blueberry), 크랜베리(cranberry), 아사이베리(acaiberry) 등이 재배되고 있다. 단맛과 신맛이 잘 조화되어 있으며 향기가 풍부하여 생식하는 외에 잼, 젤리 등의 가공품도 제조된다. 성분은 딸기의 종류에 따라 다르나 일반적으로 유기산이 많아서 신맛이 많고 당분은 적다. 유기산으로서는 90% 정도가 구연산이고 소량의 사과산을 함유하며, 당분으로서 포도당과 과당이 대부분이다. 무기질로는 칼륨, 인, 칼슘 등이 들어있고 비타민 C를 많이 함유하고 있다.

4) 바나나

바나나(banana)는 열대성 과일로서 10℃ 이상의 기온에서 생육하고 결실을 맺는데, 원거리 수송에는 미숙한 것을 따서 수송 중에 익힌다. 가식부의 약 60%가 당질이며, 미숙한 것에는 전분이 많고, 완숙하면 전분이 분해 감소하여 환원당 등의 당분이 증가한다. 펙틴의 함량은 약 0.4%이고, 미숙한 것에는 불용성의 프로토펙틴으로 존재하며, 완숙함에 따라 펙틴, 펙트산으로 전환되어 과육이 연해진다.

단백질은 약 1.2% 함유하며 주로 프롤라민과 글루텔린으로 되어 있으며, 무기질로는 칼륨, 나트륨, 철이 많다. 비타민은 그 함량이 적다. 바나나의 황색은 카로틴, 잔토필의 존재에 의하며, 카로틴 성분은 미숙한 것에는 적고 숙성하면 증가한다.

말린 바나나에는 단백질이 약 5%, 당분이 약 60% 정도 들어 있으므로 열대지방에서는 주식으로 많이 이용된다.

5) 파인애플

파인애플(pineapple)은 열대산으로 하와이, 인도, 대만 등지에서 재배된다. 신맛과 독특한 향기가 있고, 산의 함량이 1% 정도이며 구연산과 사과산이 주체를 이루고 주석산도 들어 있다. 과일의 가식부는 약 80%이고, 당분이 약 20%로 많은 편인데 그중에서 설탕이 많고, 포도당, 과당, 만니트(mannite) 등으로 구성되어 있다. 파인애플에 함유된 단백질 분해효소인 브로멜린(bromelin)은 고기의 연화 작용과 단백질의 소화를 돕는다. 무기질로는 칼륨이 많고, 비타민은 일반적으로 그 함량이 적으며, 비타민 A는 주로 카로틴의 형태로 들어 있다.

6) 키위

키위(kiwi fruit)는 중국다래를 말하는데, 동양의 과일이 뉴질랜드의 대표적인 과일로 바뀌게 되었고, 열매의 겉모양이 뉴질랜드의 키위새를 닮았다고 하여 키위라는 영어 이름을 갖게 되었다. 단맛과 함께 상큼한 맛이 나는데, 덜 익은 것은 신맛이 강하고 익을수록 단맛이 강해서 취향에 따라 선택할 수 있다.

키위는 100g당 64kcal로 열량이 낮고, 철분과 비타민 C가 풍부하며 칼슘, 칼륨, 구리, 엽산, 섬유소 등 여러 가지 영양이 골고루 함유되어 있다. 과즙에는 액티니딘(actinidin)이라는 단백질 분해효소가 있어 고기를 먹고 난 뒤의 후식이나 연육제로 이용된다. 또한 키위에는 다른 과일에는 거의 없는 비타민 E가 많아 노화 방지, 순환기계 질환 및 불임 예방에 효과가 있다. 나트륨은 적고 칼륨이 많아 고혈압에도 좋다. 샐러드, 주스, 술, 잼, 아이스크림에 이용된다.

표 13-7 장과류의 성분표 (가식부 100g)

식품명	열량 (kcal)	수분 (%)	단백질 (g)	지질 (g)	탄수화물		무기질			비타민				
					당질 (g)	섬유 (g)	Ca (mg)	P (mg)	Fe (mg)	A (RAE)	B_1 (mg)	B_2 (mg)	니아신 (mg)	C (mg)
포도(캠벨얼리)	59	83.7	0.5	0.3	15.3	0.2	4	29	0.5	0	0.04	0.02	0.5	0
무화과	54	84.6	0.6	0.1	14.3	1.9	26	16	0.3	1.5	0.03	0.03	0.2	2
딸기	35	89.7	0.8	0.2	8.9	0.5	7	30	0.4	–	0.03	0.17	0.5	71
바나나	80	76.9	1.2	0.2	21.1	0.2	4	18	0.7	1	0.03	0.06	1.0	10
파인애플	55	84.4	0.5	0	14.9	1.6	9	11	0.3	26	0.34	0.04	0.3	–
키위	64	82.8	0.8	1.0	14.8	3.6	30	24	1.0	2	0.13	0.03	0.5	72

(4) 견과류

견과류는 잎이나 뿌리에서 만들어진 것인데, 껍질이 아주 단단하고 겉껍질을 벗기면 속껍질에 싸여 있다. 흡수된 영양분이 종자 내의 저장기관에 모여서 발달한 부분을 식용으로 이용하는데 곡류와 두류처럼 그 안에 들어 있으며 밤, 은행, 호두, 잣, 아몬드 등이 속한다[표 13-8].

1) 밤

밤(chestnut)은 당질을 주성분으로 하며, 이 중에 약 50%가 전분이고 당분으로는 포도당, 설탕이 상당히 많으며 덱스트린도 들어 있다. 단백질은 약 3%이고 질이 좋은 알부민을 함유한다. 무기질로는 칼륨이 많고 인, 칼슘도 있으며, 비타민은 미량의 비타민 A, 비타민 B_1을 함유한다.

표 13-8 견과류의 성분표 (가식부 100g)

식품명	열량 (kcal)	수분 (%)	단백질 (g)	지질 (g)	탄수화물		무기질			비타민				
					당질 (g)	섬유 (g)	Ca (mg)	P (mg)	Fe (mg)	A (RAE)	B_1 (mg)	B_2 (mg)	니아신 (mg)	C (mg)
밤	167	57.8	3.2	0.6	37.1	3.4	28	68	1.6	4	0.25	0.08	1.0	12
은행	184	54.2	5.4	1.7	37.4	2.0	5	156	1.1	7.5	0.40	0.04	1.6	14
호두	663	3.5	15.4	66.7	12.6	15.2	92	332	2.2	2	0.24	0.09	1.1	0
잣	640	3.5	15.4	61.5	17.6	-	21	486	15.9	0	0.58	0.05	1.3	0
아몬드	598	4.6	18.6	54.2	19.7	10.4	230	500	4.7	0.5	0.24	0.92	3.5	0

2) 은행

은행(ginkgo nuts)은 단백질의 함량이 많고, 그 종류가 알부민으로서 양질이다. 당질로서는 전분이 많고, 무기질로는 칼륨, 인이 들어 있다.

3) 호두

호두(walnut)의 원산지는 북유럽으로, 단단한 껍질을 깨고 그 안의 배유를 꺼내 먹는다. 지방이 약 60%로 많고 단백질도 약 20%로 많으며 그 질도 좋다. 특히 트립토판, 리신이 많고 비타민 B_1도 많으나 다른 비타민류는 적다.

4) 잣

잣(pine nuts)은 해송자, 백자, 송자, 실백이라고 하며 우리나라를 비롯하여 일본, 중국, 시베리아 등지에 분포한다. 지방 함량이 매우 높고, 리놀레산, 리놀렌산 등 불포화지방산이 다량 함유되어 있다. 단백질 함량도 높으며 아미노산 조성도 매우 우수하다.

또한 비타민 B_1이 풍부하고, 호두나 땅콩보다 철이 풍부해 빈혈에도 좋다. 하지만, 인이 많고 칼슘이 적으므로 해조류나 우유와 같은 칼슘이 많은 식품을 함께 먹어 보완하는 것이 좋다.

5) 아몬드

아몬드(almonds)의 주산지는 지중해 연안 제국과 미국의 캘리포니아주이고, 식용부분은 단단한 핵 속의 알맹이로, 경핵종과 연핵종이 있으며 연핵종은 식용의 단 아몬드(sweet almond)와 에센스용의 쓴 아몬드(bitter almond)가 있다. 쓴 아몬드로부터 쓴 아몬드 오일을 추출하여 향미재료로도 사용한다. 단 아몬드는 달고 향기로우며 초콜릿이나 과자, 술안주로 이용되고 다진 알맹이는 튀김옷으로도 사용된다.

3. 해조류

해조류(algae, sea weed)는 바다에 사는 식물의 총칭으로 바닷말이라고도 하며 기원전 3000년경부터 인류가 이용했으며 서양보다는 동양이 많이 이용하여 왔다. 특히 우리나라, 일본, 타이완, 하와이 등지에서 가장 많이 식용한다. 우리나라에 서식하는 해조류의 종류는 500여 종이며 식용할 수 있는 것은 50여 종이다.

광합성으로 독립영양생활을 하며 클로로필을 함유하는 하등식물로 서식하는 장소에 따라 구분할 수 있는데, 바다 깊이가 얕은 곳부터 녹조류(green algae: 파래, 청각, 클로렐라), 갈조류(brown algae: 미역, 다시마, 톳), 홍조류(red algae: 김, 우뭇가사리) 순으로 분포하고 있다. 우리나라 해조류의 생산은 갈조류인 다시마와 미역이 약 66%를 차지하고, 보통 생식보다는 건조한 다시마, 다시마 가공품, 건미역 등으로 가공하고, 홍조류인 김도 건조한 것으로 이용한다.

해조류는 일반적으로 소화율은 낮으나 무기질 함유율이 10~40%로 나트륨, 칼륨, 칼슘, 인, 철, 요오드와 브롬 등이 들어 있고, 카로틴, 비타민 B_2와 비타민 C 등이 비교적 많이 들어 있는 편으로 영양적 가치가 높은 식품이다[표 13-9].

1) 미역

미역(seaweed)은 미역과에 속하는 갈조류로 분포지역은 한국, 일본 등이고 뿌리, 줄기와 잎의 구분이 뚜렷하고 모양은 길이 1~2m, 폭 50cm의 길고 넓은 잎 모양이다. 미역의 종류에는 넓미역, 돌미역, 물미역, 보리미역, 양식미역 등이 있다.

건미역에는 단백질 20%, 당질 36.3%와 지질 2.9%가 들어 있고 철분, 요오드와 같은 필수 무기질 이외에 칼슘, 칼륨, 나트륨, 마그네슘, 인, 황, 아연 등을 소량 지니고 있다. 비타민 A, B_1, B_2, C와 니아신이 풍부하며 강한 알칼리성 식품이다.

미역의 점질물질은 알긴인데, 이 물질은 뿌리보다는 잎이나 줄기에 많이 들어 있다. 미역의 다당류는 인체에 소화·흡수되지 않고 그대로 배설되므로, 열량원으로 이용되지 않고, 알긴산과 같은 당류는 금속 흡수성이 강하다. 또 5~15% 정도 함유하고 있는 섬유질은 다당류와 함께 정장 작용을 한다. 라미닌은 염기성아미노산의 일종으로 혈압강하 작용이 있다.

미역은 산모의 체내에 생긴 노폐물과 염분을 수분과 함께 배출시켜 부기를 내리게 하여 산후 회복에 좋고, 특수성분으로 퓨코갈락탄(fucogalactan), 황산 에스테르의 항콜레스테롤 효과가 있어 성인병 예방에 우수한 식품이다. 품질이 좋은 건조 미역의 특징은 줄기보다도 잎이 많고, 검은색에 가까운 색깔을 내며 심이 가늘고 광택이 있다.

2) 다시마

다시마(sea tangle)는 다시마과에 속하는 갈조류로 한자명은 해태, 곤포이다. 우리나라에서는 거제도, 제주도, 흑산도에서 많이 난다. 다시마의 품질은 채취시기별로 다른데 7월 중순부터 9월 상순의 것이 좋다.

다시마의 성분으로는 종류에 따라 차이가 있는데, 건조제품 기준으로 수분

12.3%, 단백질 7.4%, 당질 45.2%, 섬유 4.1%, 지질 3.4%이다. 감칠맛의 주성분은 글루탐산(420mg%), 아스파트산, 주석산, 만니톨 등이며 탄수화물 중 40%는 알긴산 20%와 라미나린 등 난소화성 다당류이다. 칼륨, 칼슘, 마그네슘 등의 무기질 함량이 높고, 요오드 등이 많아 체내의 불필요한 염분의 배출에 도움을 준다. 다시마의 녹갈색은 카로틴, 잔토필, 엽록소 등의 색소에 기인된 것이다.

과거에는 글루탐산나트륨을 다시마로부터 추출·분리하여 조미료로 사용하였다. 다시마에 들어 있는 라미닌이라는 아미노산과 알긴산은 혈중 콜레스테롤과 혈압을 낮추는 효과가 있고, 점질물로서 공업용품이나 식품첨가물로도 이용되고 있다.

건조다시마 표면의 하얀 가루는 만니톨이며, 염분이 있어 짠맛이 난다. 좋은 다시마는 두껍고, 흑색에 약간 녹갈색을 띠며 잔주름이 없고 표면에 흰 가루가 고루 퍼져 있는 것이다.

3) 김

김(laver)은 보라털목 보라털과의 홍조류로 해태라고도 한다. 우리나라에서는 서해안, 남해안, 제주도에 많이 분포한다. 채취 시기는 1, 2월이 최적기이고 1월 중순의 김이 핵산을 가장 많이 함유하여 맛이 좋다.

마른 김의 성분으로는 단백질 38.6%, 당질 40.3%, 섬유질 1.7%, 지질 1.7%가 함유되어 있다. 탄수화물의 종류로는 한천이 가장 많으며 그 밖에 헤미셀룰로오스, 솔비톨, 듈시톨 등이 들어있다. 단백질 함량이 식물 중에서는 매우 높을 뿐 아니라 특히 트레오닌, 발린, 루신, 이소루신, 리신, 메티오닌, 페닐알라닌, 트립토판 등의 필수아미노산이 많아 질이 매우 좋다. 비타민 중에는 카로틴이 많아 비타민 A의 좋은 공급원이 된다. 그 밖에 비타민 B_2, 니아신, 비타민 C가 많이 함유되어 있고 마그네슘, 인, 아연, 철분, 요오드 등 무기질이 많은 알칼리성 식품이다. 또한 고소한 맛과 단맛은 시스틴과 만닛에서 오며 감칠맛은 글리신과 알라닌에 기인되고 디메틸설파이드로 독특한 향기를 낸다.

색소로는 붉은색의 피코에리스린(phycoerythrin), 청색의 피코시아닌(phycocyanin), 녹색의 클로로필 등이 있다. 구우면 피코에리스린이 피코시안으로 바뀌기 때문에 청록색으로 변하는 것이다. 김은 오래되고 습기가 많으면 붉어지는데 이는 오랫동안 광선 또는 공기와 접촉하여 잔토필이나 클로로필이 분해되기 때문이며,

구워도 녹색으로 변하지 않는다. 좋은 김은 빛깔이 검고 광택이 나며 향기가 진하다. 파래가 섞이지 않고 두껍지 않으면서 두께가 고르고 불에 구우면 청록색으로 변하는 것이 좋다. 김의 장기보관을 위해서는 수분 함량을 4~6%로 유지하는 것이 좋고, 구운 김(수분 4% 정도)으로 저장하는 것이 바람직하다.

4) 우뭇가사리

우뭇가사리(agar)는 우뭇가사릿과에 속하는 다년생의 홍조류로 약 400여 종이 있고, 우리나라에서는 남해안과 제주도에 분포한다. 우뭇가사리의 성분으로는 단백질 4.2%, 당질 18.5%, 지질 0.2%가 함유되어 있다. 우무와 한천의 원료로 이용되며 배변 작용을 좋게 하고 칼로리가 적어 다이어트 식품으로 많이 이용된다.

한천은 미생물 배지로 주로 사용되며 식용으로는 양갱, 잼, 젤리 등에 펙틴 대용으로 사용한다. 이 밖에 요구르트의 유청 분리방지, 양조공업의 청징제, 식품공업의 안정제, 겔 형성제 등으로 사용되고 있다.

표 13-9 해조류의 성분표 (가식부 100g)

식품명	열량 (kcal)	수분 (%)	단백질 (g)	지질 (g)	탄수화물		무기질			비타민				
					당질 (g)	섬유 (g)	Ca (mg)	P (mg)	Fe (mg)	A (RAE)	B_1 (mg)	B_2 (mg)	니아신 (mg)	C (mg)
미역	97	16.0	20.0	2.9	36.3	2.4	959	307	9.1	277.5	0.26	1.00	4.5	18
다시마	87	12.3	7.4	1.1	45.2	4.1	708	186	6.3	48	0.22	0.45	4.5	18
김	121	10.4	41.8	1.5	36.4	0.5	265	690	15.3	974	0.65	1.13	9.8	16
우뭇가사리	46	70.3	4.2	0.2	18.5	0	183	47	3.9	180	0.04	0.43	1.1	15

4. 버섯류

버섯류는 식물학적으로 곰팡이와 같은 종류로 담자균류에 속하며, 엽록소를 가지지 않은 균류 중에서 자실체가 육안으로 볼 수 있을 정도로 삿갓 모양으로 크게 발달한 것을 일반적으로 버섯이라 한다.

버섯류의 종류는 전 세계적으로 약 18,000여 종이 있고, 이 중에서 식용버섯으로 알려져 있는 것은 약 600여 종, 우리나라에 알려져 있는 식용버섯은 약 200여 종이 있으나, 일반인들에게 식용으로 이용되는 버섯은 20~30여 종에 불과하다. 식용 버섯의 대표적인 종류로는 목이버섯, 흰목이버섯, 싸리버섯, 꾀꼬리버섯, 능이버섯, 갓버섯, 송이버섯, 표고버섯, 느타리버섯, 팽나무버섯, 맛버섯, 비늘버섯, 배젖버섯, 기와버섯 등이 있다. 우리나라 사람들은 송이버섯과 표고버섯을 좋아하고, 서양 사람들은 양송이를 특히 좋아하는데, 세계적으로 가장 많이 재배되고 있는 것은 양송이이며, 다음으로 느타리버섯, 목이버섯, 표고버섯의 순이다.

버섯은 향미가 좋고 영양가가 풍부하며 약용가치가 있어 애용되고 있으나, 일반적으로 부패 및 변질되기 쉬워 저장성이 떨어진다. 식용버섯 중 표고버섯, 느타리버섯, 목이버섯, 양송이버섯은 인공재배에 의한 생산이 많고, 주로 저장성을 높이기 위해 통조림, 병조림, 염장 및 건조 등의 방법을 사용한다.

식용버섯의 성분[표 13-10]은 수분이 70~95%이며 단백질이 2.0~3.9% 함유되어 있고, 그중의 반은 비단백태 질소로 이루어져 있다. 지질은 0.2~0.4%로 적은 편이다. 탄수화물은 3~6% 정도로 펜토산, 만닛, 글루코오스, 트레할로오스(trehalose), 덱스트란 등이 들어 있어, 버섯 음식의 맛을 좋게 한다. 비타민으로는 비타민 B_1, B_2와 비타민 D의 모체인 에르고스테린(ergosterin)이 0.2~0.3% 정도 들어 있다. 특히 표고버섯에 들어 있는 핵산성분인 구아닐산은 버섯 특유의 감칠맛을 내는 성분으로 핵산계 조미료의 원료로 사용하고 있다. 버섯의 단백질 소화율은 약 74% 정도이며 여러 가지 비타민류, 무기질과 효소가 들어 있어 알칼리성 식품이다. 또한 버섯에는 암 발생을 억제하는 물질과 콜레스테롤의 흡착을 방해하는 물질이 있고, 비타민과 식이섬유가 있어 암, 뇌졸중, 심장병 등 성인병 예방과 개선에 효과가 있다.

표 13-10 버섯류의 성분표 (가식부 100g)

식품명	열량 (kcal)	수분 (%)	단백질 (g)	지질 (g)	탄수화물		무기질			비타민				
					당질 (g)	섬유 (g)	Ca (mg)	P (mg)	Fe (mg)	A (RAE)	B_1 (mg)	B_2 (mg)	니아신 (mg)	C (mg)
표고버섯(생)	18	90.8	2.0	0.3	6.1	8.3	6	28	0.6	0	0.08	0.23	4.0	tr
표고버섯(건)	179	10.6	18.1	3.1	63.7	37.9	19	268	3.3	0	0.48	1.57	19.0	0
양송이버섯	17	90.8	3.5	0.1	4.8	2.1	7	102	1.5	0	0.07	0.53	4.0	0
느타리버섯	17	90.9	2.6	0.1	5.8	1.7	1	54	0.5	0.5	0.21	0.11	0.9	3
송이버섯	32	89.7	1.9	0.2	7.3	6.5	3	34	3.5	tr	0.19	0.30	0.8	0
팽이버섯	29	89.8	2.7	0.3	6.4	0.9	2	89	1.2	0	0.24	0.34	5.2	12
목이버섯(건)	293	9.2	10.5	0.3	75.5	62.9	293	301	6.9	0	0.43	0.78	2.1	0
석이버섯(건)	174	15.1	4.4	1.8	77.4	52.9	78	57	54.6	0	0.10	0.01	1.6	0
싸리버섯	20	90.1	2.8	0.6	5.7	-	41	44	6.2	0	0.09	0.43	46.3	3

1) 표고버섯

표고버섯(shiitake fungus)은 느타리버섯과의 버섯으로 봄부터 가을까지 밤나무·떡갈나무 따위의 고목에서 나는데, 우리나라·중국·일본에 분포한다. 일 년 내내 생산되지만 3~5월과 9~11월의 봄, 가을이 제철이다.

표고버섯에는 비타민 A와 C는 전혀 함유되어 있지 않지만 비타민 B_1, B_2와 니아신 등의 B군이 풍부하다. 건조한 표고버섯에는 비타민 D_2와 그 전구체인 에르고스테롤이 많고, 체내에서 비타민 D는 칼슘의 흡수를 촉진시켜주는 역할을 한다. 표고버섯은 칼슘과 인, 철, 아연 등의 함유량이 많아서 무기질의 급원으로서도 매우 중요하다.

표고버섯의 주된 맛성분은 5′-구아닐산(guanylic acid), 만니톨과 트레할로오스 등에 의한 것이고, 5′-구아닐산은 생표고버섯에는 거의 없고 가열이나 조리과정에서 생긴다. 특히 다른 버섯류에 비해 글루탐산 등의 유리아미노산이 많이 함유되어 있다. 표고의 독특한 향기 성분은 생표고버섯의 경우 주로 마스터게올(matsutakeol)과 3-옥타민(octamin)에 의한 것이며, 건표고버섯은 건조과정에서 레티오닌산(letionic acid)이 분해되어 생성된 황함유 화합물인 레티오닌(letionin)

에 의한 것이다. 렌티난(lentinan) 등의 다당류는 면역 증강 작용을 하고 에리다데린(eridaderin)은 혈압 강하 작용이 있다.

2) 양송이버섯

양송이버섯(mushroom)은 세계 각국에서 널리 재배하는 담자균류 주름버섯목 주름버섯과의 식용버섯으로 서양송이 또는 머시룸(mushroom)이라고도 한다. 양송이의 향기 성분은 주로 렌티오닌(lenthionine)이고 단백질이 많고 비타민 B_1, B_2, 니아신과 에르고스테롤 등이 함유되어 있으며, 유리아미노산으로 아르기닌, 히스티딘, 이소루신, 리신, 페닐알라닌, 프롤린 및 티로신이 함유되어 있다. 소화효소인 아밀라아제, 말타아제, 프로테아제 등이 풍부하여 다른 음식물의 소화흡수를 돕는 작용을 한다.

3) 느타리버섯

느타리버섯(oyster mushroom)은 담자균류 주름버섯목 느타리과의 버섯으로 형태가 굴 껍질과 비슷하여 붙여진 이름이다. 버섯활엽수의 고목에 군생하며, 특히 늦가을에 많이 발생한다. 참나무, 오리나무와 미루나무 등의 활엽수에 생기지만 볏짚을 이용한 인공재배도 하고 있다.

느타리버섯은 육질이 부드럽고 맛이 좋으며 비타민 D_2의 전구체인 에르고스테롤이 많아서 고혈압, 동맥경화 예방 및 치료, 요통예방, 손발마비 억제, 항종양 및 적혈구 용혈 작용, 알레르기 반응 억제 등에 효과가 있다.

4) 송이버섯

송이버섯(pine mushroom)은 담자균류 주름버섯목 송이과의 버섯으로 분포지역은 한국, 일본, 중국, 대만 등이다. 인공재배가 어렵고 가을에 잠깐만 나기 때문에 값이 비싸고 귀하다. 자연송이는 20~60년생 적송림의 뿌리에서 자라며 향기와 맛이 매우 좋고 질감 또한 뛰어나다.

송이버섯 특유의 향기는 메틸신나메이트(methyl cinnamate), 메틸에스테르, 마스터게올에 기인된다. 송이버섯의 향기는 열에 매우 약하기 때문에 살짝 굽고 국이나 찌개에 넣을 때도 먹기 직전에 잠깐 끓이는 것이 좋다. 전분과 단백질을 가수분해시키는 효소가 풍부하여 위에 부담을 주지 않는다.

송이버섯의 성분은 수분 90.2%, 단백질 2.4%, 지질 0.4%, 탄수화물 5.3%, 조섬유 1.0%이며 비타민과 무기질이 풍부하다. 특히, 비타민 B_1, B_2와 에르고스테롤 등이 많다. 좋은 품질의 송이버섯은 갓이 전혀 펴지지 않아야 하고 자루가 굵고 짧아야 한다. 또한 은백색으로 살이 두껍고 탄력이 있으며 향기가 진한 것이 좋다. 송이는 채취하여 주로 생송이로 수출되고 일부는 냉동, 염장 및 통조림으로 가공된다.

5) 팽이버섯

팽이버섯(velvet-stemmed agaric)은 담자균류 주름버섯목 송이과의 버섯으로 일명 겨울버섯(또는 팽나무버섯)이라고도 한다. 늦가을에서 봄까지 뽕나무, 감나무, 아카시아, 포플러 등 활엽수의 썩은 고목이나 그루터기에 다발로 생긴다. 습기가 있으면 표면에 끈끈한 점성이 생기며, 살이 두꺼운 것일수록 품질이 좋다.

팽이버섯에는 항암물질이 들어 있어서 주 4~5회 이상 먹으면 암에 의한 사망률이 낮다는 일본의 연구 보고가 있으며, 소화율이 높고 위궤양 예방, 고혈압 방지와 피부미용 등에 효과가 있다.

6) 목이버섯

목이버섯(ear mushroom)은 담자균류 목이과이다. 표고와 같이 참나무류 원목에 종균을 접종하여 인공재배하고 있으며 색깔은 갈색이고, 광택이 있으며 사람의 귀 모양과 비슷하게 생겼다. 갓의 지름은 2~6cm이다. 물에 닿으면 부드러운 젤라틴질의 겔상이 되나 건조하면 수축되어 단단해지고 물을 먹으면 다시 원형으로 된다.

목이버섯에는 단백질 11.4%, 당질 61.4%, 칼슘 233mg%, 인 270mg%, 철 32.8mg%와 에르고스테롤이 다른 버섯류에 비하여 비교적 다량 함유되어 있다. 섬유소와 교질상 물질의 함량이 많아 위장의 정장 작용이 있으며, 혈액응고를 억제하는 작용이 뛰어나다. 또한 혈액 정화 작용을 하여 피부미용, 빈혈, 성인병 등에도 좋다.

7) 석이버섯

석이버섯(manna lichen)은 석이과로 바위나 돌 등에 이끼처럼 붙어서 자란다. 지름 5~10cm로 표면은 회색이고 약간 매끈하나 안쪽은 검정색으로 거칠거칠하다. 단백질, 칼슘, 인과 철 등이 비교적 많이 함유되어 있으며 아미노산으로는 알라닌, 페닐알라닌, 루신, 글루탐산 등이 많고, 레시틴, 섬유소도 많다. 습기가 있으면 부드럽지만 마르면 부서지기 쉬워진다.

8) 싸리버섯

싸리버섯(clustered coral)은 싸리버섯과로 여름에서 가을까지 활엽수림내 땅 위에 나는 산호 모양의 버섯이다. 밑 부분은 굵기 3~5cm인 흰 토막과 같은 자루이고 위쪽으로 가지를 쳐서 차차 가늘고 짧은 집단으로 되어 위에서 보면 꽃배추 모양이다. 맛있는 식용 버섯이나 독성이 있으므로 뜨거운 물에 살짝 데쳐서 하루 정도 독을 우려내고 조리해야 안전하다. 싸리버섯은 흰색과 진한 커피색이 나는 것이 있는데 흰색은 독성이 거의 없으나, 색이 있는 것은 독성이 매우 강하다.

참고문헌

- 강신주, 식품학, 형설출판사, 1989
- 강인수 외, 식품학, 도서출판 효일, 2001
- 권태봉 외, 식품학 개론, 신광출판사, 2001
- 김경삼 외, 기초식품학, 지구문화사, 1999
- 김관우, 식품화학, 광문각, 2000
- 김광수 외, 식품화학, 학문사, 2000
- 김대곤 외, 식품학, 삼광출판사, 2000
- 김동훈, 식품화학, 탐구당, 1997
- 김상순·김순경, 식품학, 수학사, 1994
- 김순동 외, 식품화학, 학문사, 2000
- 김형수·김용희, 식품학 개론, 수학사, 1994
- 농림축산식품부 축산정책관 축산경영과, 2013
- 농촌진흥청 제 8개정판 2011 표준 식품성분표, 교문사, 2012
- 남궁석, 도해 식품학, 광문각, 2001
- 남궁석 외, 식품학 총론, 진로연구사, 2000
- 문범수·이갑상, 식품재료학, 수학사, 1996
- 박원기, 기본식품화학, 신광출판사, 1994
- 변광의 외, 식품·음식 그리고 식생활, 교문사, 2001
- 송재철 외, 최신 식품학, 교문사, 2000
- 송재철, 식품재료학, 교문사, 1994
- 심상국·양종범, 식품학, 고문사, 1999
- 심창환 외, 최신 식품학, 도서출판 효일, 2000
- 안명수, 식품과 조리원리, 신광출판사, 2001
- 안명수, 식품화학, 신광출판사, 2004
- 안용근, 효소화학, 청문각, 1997
- 이경애 외, 식품학, 파워북, 2008
- 이규한, 식품화학, 형설출판사, 1989
- 이서래·신효선, 개정증보 최신식품화학, 신광출판사, 1997
- 이성우 외, 식품화학, 수학사, 1995

- 이숙영 외, 식품화학, 파워북, 2009
- 이철호·권태완, 한국식품학입문, 고려대학교 출판부, 2003
- 이혜수 외, 조리과학, 교문사, 2001
- 장명숙, 식품과 조리원리, 도서출판 효일, 2003
- 주향란 외, 이해하기 쉬운 식품학, 효일, 2011
- 전홍기, 효소학, 세문사, 1994
- 정동효 편저, 효소학개론(증보), 대광서림, 2003
- 조신호 외, 식품학, 교문사, 2002
- 최혜미 외, 21C 영양학 원리, 교문사, 2001
- 한국대학 식품영양관련학과 교수협의회, 식품학, 문운당, 2001
- 한국식품과학회, 식품과학용어집(증보판), 대광서림, 1998
- 한국조리과학회, 조리과학용어사전, 교문사, 2003
- 한명규, 최신 식품학, 형설출판사, 1996
- 한명규, 건강기능성식품, 신광출판사, 2002
- 현형희 외 3인, 식품재료학, 형설출판사, 2003
- 홍태희 외 5인, 현대식품재료학, 지구문화사, 2001
- 2015 한국인 영양소 섭취기준, 한국영양학회, 2015

- M. Bennion, Introductory Foods, 10th ed, Prentice Hall, 1995
- J. Bower, Food Theory and Applications, 2nd ed, Macmillan, 1992
- J. M. De Man, Principles of Food Chimistry, Van Nostrand Reinhold, 1999
- O. R. Fennema Food Chemistry, Marcel Dekker, 1976
- A. T. Lehninger, Principles of Biochemistry, Worth Pub., 1982
- D. C. Nieman, Nutrition, 1st ed, Boston, WCB press, 1990
- Y. Pomeranz, Functional Properties of Food Components, 2nd ed., Academic Press, 1991
- D. K. Tressler and R. Grau, Basic Food Chemistry, AVI, 1985

찾아보기

ㄱ

ㄴ

ㄷ

ㄹ

ㅍ

ㅎ

ABC/123

저자소개

임희수

- 장안대학교 호텔조리과 교수

문성원

- 유원대학교 글로벌명품조리학과 교수

영양학·조리학 전공자를 위한 **식품학**

발 행 일	2015년 2월 25일 초판 발행 2017년 3월 1일 개정판 발행 2018년 3월 1일 개정 2쇄 발행
지 은 이	임희수·문성원
발 행 인	김홍용
펴 낸 곳	도서출판 **효일**
디 자 인	에스디엠
주 소	서울시 동대문구 용두동 102-201
전 화	02) 460-9339
팩 스	02) 460-9340
홈페이지	www.hyoilbooks.com
Email	hyoilbooks@hyoilbooks.com
등 록	1987년 11월 18일 제6-0045호
정 가	23,000원
ISBN	978-89-8489-421-1